深圳东北地区围屋建筑研究

深圳市龙岗区文体旅游局
深圳市龙岗区文物管理办公室 编著

文物出版社

封面设计：周小玮
责任印制：梁秋卉
责任编辑：张晓曦

图书在版编目（CIP）数据

深圳东北地区围屋建筑研究 / 深圳市龙岗区文体旅游局，深圳市龙岗区文物管理办公室编著．—北京：文物出版社，2014.6

ISBN 978-7-5010-4021-6

Ⅰ．①深…　Ⅱ．①深…　②深…　Ⅲ．①客家－民居－介绍－深圳市 Ⅳ．①TU241.5

中国版本图书馆CIP数据核字（2014）第123975号

深圳东北地区围屋建筑研究

编　　著　深圳市龙岗区文体旅游局
　　　　　深圳市龙岗区文物管理办公室
出版发行　文物出版社
地　　址　北京市东直门内北小街 2 号楼
邮　　编　100007
网　　址　www.wenwu.com
邮　　箱　web@wenwu.com
经　　销　新华书店
印　　刷　北京鹏润伟业印刷有限公司
版　　次　2014 年 6 月第 1 版
印　　次　2014 年 6 月第 1 次印刷
开　　本　889 × 1194　1/16
印　　张　18.5
书　　号　ISBN 978-7-5010-4021-6
定　　价　160.00 元

本课题为深圳市龙岗区“专家提升计划”资助项目

项目顾问：张　耀　张荫青

项日负责人：杨荣昌

项目组成员（以姓氏笔画为序）：

温雅惠　陈武远　陈素敏　张一兵　苏　勇

杨荣昌　曲　文　王相峰　王　颖　王　岩

一部区域历史建筑文化类型分类系统研究的力作

（代序）

《深圳东北地区围屋建筑研究》一书要我写序，刚接到该课题研究组负责人杨荣昌先生打来的电话时，着实感到惶然。因为我对古建筑知之甚少，虽然早年我和黄崇岳教授著述过《南粤客家围》和《客家围屋》两本书，而该两书主要介绍客家围屋的平面布局和文化内涵，从民俗学、人类学的角度研究客家历史文化，并未触及古建筑学范畴的围屋建筑文化类型、分类系统、形制与编年。庆幸的是，近年来配合深圳东北部地区的旧村改造，我有了机会到龙岗等地走村串巷，考察围屋的形制、结构、构建、保存现状，以历史价值、艺术价值和科学价值的维度甄别、遴选，提出保护意见，受益匪浅。

拿到书稿，先睹为快，我细细地品读，体会到它既是实践的总结，又是理论的提升，是一部学术含量很高的专著。

一　建立在田野调查和工作实践基础上的理论研究

本课题研究组的项目负责人杨荣昌研究员是考古科班出身，注重田野调查，对地层学、类型学十分敏感。杨先生曾从事国保单位——辽宁姜女石秦至西汉前期行宫建筑遗址的考古发掘与研究10余年，编著出版《姜女石——秦行宫遗址发掘报告（上下册）》（文物出版社，2011年）。南下深圳后任龙岗区文物管理办公室主任，主持组织实施两次专项田野调查，采集到丰富而又翔实具体的第一手资料：一是2006年，原龙岗区开展的第一次有关客家民居（包括围屋、围村）的专项调查；二是第三次全国文物普查。这些调查资料的积累为本课题的立项和开展基础研究，打下了坚实的基础。2010年，杨荣昌先生完成了阶段性成果——《龙岗记忆——深圳东北部地区炮楼建筑调查》（文物出版社，2011年）。

近年来，随着“建设新农村”步伐的加快，“旧村改造”如火如荼，如何保护古村落和具有保护价值的围屋，成了文物部门的当务之急。第三次全国文物普查后，深圳东北部地区公布了不可移动文物387处，其中具有一定规模、保存现状尚可、围屋特征明显的客家老围就有130多处。政府部门不可能将之全部列入文物保护单位名录，这也不符合现实情况。但又必须保证具有保护价值的传统历史建筑遗产避免“灭顶之灾”，杨荣昌先生创造性提出并实施分类评价、分级保护的方针，确定不同的保护模式和制定不同的保护策略：一是保存类，严格按照《文物保护法》的要求进行保护；二是保护类，保持整体建筑风貌与格局或对重点单体建筑进行保护的基础上，改造古建筑的内部结构，以适合现代人居生活的需要；三是整饬类，这类客家民居已基本或完全倒塌、建筑损毁严重、格局和风貌已被破坏。对这类客家民居的处置，除了文物部门普查登记、存留资料外，可根据城市规划和建设的需要，予以整治、拆除和清理。这一举措卓有成效。

本书的主要作者之一、深圳市考古鉴定所张一兵博士，我与他共事多年，了解他知识面广，先秦文献博士，出版《明堂制度研究》（中华书局，2005 年）以及博士论文《明堂制度源流考》（人民出版社，2007 年）。旁通古建筑、古书画、古家具和深港地方史研究，著述《深圳古代简史》（文物出版社，1997 年），校点《深圳旧志三种》（海天出版社，2006 年）。特别是"苦行僧"式的求索精神令人敬佩。张一兵博士在深圳博物馆和深圳市考古鉴定所工作期间，历 20 余年不辍，醉心于深圳本土传统建筑文化的调查和研究，走遍了深圳的田间巷陌，编著《深圳炮楼调查与研究》（知识出版社，2008 年）。为寻找本土传统建筑与兴梅、东江流域和香港客家、环珠江口和粤西广府、潮汕、雷廉民系乡土建筑的同异性，多次前往实地考察。张一兵博士调查乡土传统建筑的足迹不仅遍及南粤，还有目的地考察了中原、东北、西北、华东、华北以及西南地区的有关民居建筑，拍摄整理了数以百万张计的照片，笔记本一叠叠，积累了大量珍贵的田野调查资料。

田野调查和工作实践奠定了课题研究的理论基础；大有"迅雷不及掩耳"之势的"旧村改造"，呼唤着乡土建筑的保护，于是催熟了本课题研究成果。

二　建立类型体系和年代序列

本书根据深圳地区近千个村庄、上万座不同类型传统住宅建筑的实地调查资料，编制出深圳地区传统住宅建筑的谱系。提出深圳东北部地区历史文化和"围合式建筑组群"来自五个区域性文化渊源：一是本地传统文化，"宝安类型（本地传统）"，分布地域可达东晋时期的宝安县范围，主要有东莞、深圳、香港。溯源先秦古越族，是现存历史最为悠久、完全由本地的传统文化因素所组成。该类型深受广府文化影响，故又冠以"广府系统宝安类型"；二是广府传统文化，"广府类型"，来自广府中心地（广州）的传统文化因素所组成；三是客家传统文化，"客家类型"，来自闽粤赣和东江流域客家地区的传统文化因素所组成；四是闽南潮汕传统文化，"闽南潮汕类型"，来自潮汕地区的传统文化因素所组成；五是西洋传统文化，"西洋类型"，或称为"中西合璧式"建筑。在每一个"型"里，又划出多种"亚型"、多种分支、多种变体。

研究层层深入，不但寻找出每个类型的主要特征，如广府系统"宝安类型"：1. 中心巷尾神厅式村围；2. 小式飞带垂脊；3. 二水归堂式排屋；4. 宝安式小铳斗炮楼。还用"形态分解法"对具有代表性围屋的现有形态进行仔细分析。运用考古层位学的方法，寻找建造时必然遵循的四个基本步骤，四个层次：整体、单元、组件、构件。五个类型每类以 2 ~ 4 座典型性围屋列出详细的"形态特征分析表"，可谓匠心独运。

形制与年代研究是本课题的重心。在围屋调查中作者十分关注其纪年、族谱记载和口碑传说。由于年代久远，围屋初建成的原貌与现存状况相差甚远。作者从围屋建筑平面、立面、细部结构、主要构件入手，研究方法创新，获得了关键性的成果。

借鉴和引入考古学的“地层学”，构建历史建筑研究的“层位”理论是本课题研究方法的创新。所谓“层位”理论就是不同时期修缮、一层一层的修缮堆积而成的层次，称之为“层累地造成的”。为破解这种“层次”，他们又引入了一组重要概念:“扰动”、“原真性”、“标形器”。应用这个理论和概念重点对历史建筑中核心的部分——柱础与梁架，尤其是柱础，进行了比较深入的排队和分析，找到了历史建筑构件形成、演变的部分规律，这对于我们今后古建筑历史的研究大有裨益。

三　乡土建筑保护实用价值

改革开放以来，农村不断改善居住条件，全国各地“旧村改造”、“农村城镇化”等如火如荼，传统历史建筑遗产保护面临严峻挑战。

2007 年，国家文物局发出了《国家文物局关于加强乡土建筑保护的通知》。通知认为“乡土建筑作为我国文化遗产的重要组成部分，不仅是传统杰出建筑工艺的结晶，也是探索中华文明发展历程不可或缺的宝贵实物资料，蕴藏着及其丰富的历史信息和文化内涵。乡土建筑以其鲜明的地域性、民族性和丰富多彩的形制风格，成为反映和构成文化多样性的重要元素”。要求将乡土建筑作为第三次全国文物普查的重点内容。通过普查准确掌握乡土建筑的资源分布和保护现状，并对其予以登记认定，公布为不可移动文物。及时将普查中发现的具有重要价值的乡土建筑公布为历史文化名村、名镇，各级文物管理部门要认真贯彻执行。

然而，在执行乡土建筑保护过程中往往碰到技术层面的困惑和人为因素的困扰：一是文物价值评定不准确，年代认定模糊、类型不明；二是人为干预，古建维修商业化、行政干预、处置权利人干预，维修过程中的偷工减料、大幅度改变文物原貌和材质等等，极大地影响了文物保护工作的效果。

在此抛开人为因素不谈。我国幅员辽阔，民族、民系众多，构成了种类繁多、千变万化的乡土建筑，远非北宋官方颁布的一部建筑设计、施工的规范书《营造法式》、清雍正工部颁布的《工程做法》，现代刘敦桢编著的《中国古代建筑史》、梁思成编著的《 清式营造则例 》、《中国古代建筑理论及文物建筑保护的研究》，乃至当今“岭南建筑学派”的鸿篇巨制所能概括得了的，这些理论往往很难与区域乡土建筑对号入座。《深圳东北地区围屋建筑研究》至少在方法论上初步解决了区域乡土建筑类型与样式、形制与年代问题，同时也为区域乡土建筑保护的实际操作提供了诸多范例，实在是一部很好的乡土建筑保护工具书。从这个意义上说，《深圳东北地区围屋建筑研究》填补了区域历史建筑文化类型分类系统研究的空白。

深圳博物馆原馆长、研究员　杨耀林

二〇一三年十二月十六日

目　录

第一章　调查背景

第一节　自然地理环境

深圳位于广东省中南部、珠江三角洲的东南。其陆域东临大亚湾、大鹏湾，西靠珠江口伶仃洋，北与东莞市和惠州市接壤，南隔深圳河与香港特别行政区新界相接，东南和西南分别隔大鹏湾和深圳湾与香港相望。其地理形状呈东西长、南北窄的狭长形，全市总面积 1998 平方公里。深圳市现辖罗湖、福田、南山、盐田、宝安、龙岗六个行政区，光明、坪山、大鹏、龙华等四个功能区。

本区域山海资源特别丰富，自然环境优越，地形东北高、西南低，地势属低山丘陵滨海区。海岸线长达 133 公里，沙滩、岛屿、礁石、海蚀崖、洞、桥、柱等海积海蚀地貌发育齐全。区内最高的山峰是位于大鹏半岛的七娘山，海拔 867 米。气候特点属亚热带海洋性季风气候，年平均气温 22.3℃，相对湿度 80%，年平均降雨量 1933 毫米，年平均降雨日 140 天，无霜期为 335 天，常年主导风向为东南风。因地处热带边缘地区，所以植被既呈现出热带性的各种特征，又显现出热带和亚热带之间的过渡性。

深圳市范围内共有大小河流 160 余条，山脉走向多从东到西，贯穿中部，成为主要河流的发源地和分水岭。其中东北部发源于海岸山脉北麓流入东江或东江的一、二级支流的河流属东江水系，主要有龙岗河和坪山河等；西部流入珠江口伶仃洋的河流属珠江三角洲水系，主要有茅洲河、西乡河、大沙河和深圳河等；东部发源于海岸山脉南麓流入大鹏湾和大亚湾的河流及众多独流入海的小溪属海湾水系，主要有盐田河、梅沙水、葵涌河、王母水、新墟水和东涌水等。龙岗河是东江二级支流淡水河的上游段，发源于梧桐山北麓，流经本地区横岗、龙岗、坪地、坑梓等四个街道，进入惠阳境内河水流向由西南转向东北。坪山河属于淡水河一级支流，发源于三洲田海沙尖，流域大部分属于坪山街道范围。

优越的自然环境，低山丘陵加上丰富的降水，孕育了独特的地域文化。考古发掘已证明，早在 7000 多年前的新石器时代，就有先民在这块美丽的土地上繁衍和生息。以大鹏半岛咸头岭遗址为代表的咸头岭文化是环珠江三角洲地区史前人类活动圈的重要组成部分，是远古时期人类生活的最好见证；夏、商、周时期，南越部族已聚居活动在这一带山水之间。秦始皇统一中国后，这里隶属南海郡。西汉初属南越国，后归南海郡管辖。东晋咸和六年（331 年）在今南头设立东官郡，辖宝安等六县。唐至德二年（757 年），改宝安县为东莞县。明万历元年（1573 年），改名为新安县。1913 年复称宝安县。1979 年 3 月，经国务院批准撤销宝安县建制，成立深圳市。1981 年 10 月，恢复宝安县建制，归深圳市所辖。1993 年 1 月 1 日，宝安撤县设深圳市直辖的两个区——宝安区和龙岗区。

本课题所指深圳东北地区主要指 1993 年 1 月 1 日设立的龙岗区范围，也是深圳山海资源最为集中、文化特色最为浓郁的地区。本地区总面积 844.07 平方公里，包括平湖、布吉、坂田、南湾、横岗、龙岗、龙城、坪地、坪山、坑梓、葵涌、大鹏、南澳等 13 个街道和办事处。

第二节　历史文化背景

一　移民、民系与建筑文化类型

先秦时期现深圳市所辖区域属百越族的活动范围，《史记·秦始皇本纪》记载始皇三十三年（公元前 214 年），“发诸尝逋亡人、赘婿、贾人略取陆梁地，为桂林、象郡、南海，以适遣戍”。秦统一岭南后，现深圳市西南部隶属南海郡的番禺县管辖，东部地区属于南海郡的博罗县，深圳东北地区应分属番禺县和博罗县管辖。

在秦皇汉武相继统一百越以来，北方已有移民陆续南迁，但规模有限。此时进入岭南的移民路线有两条：一条是取道湘桂走廊和贺江南下，定居于西江沿岸，或顺西江而下最后抵达珠江三角洲；另一条是走南岭古道定居于连州、乐昌和坪石盆地，或者顺连江、北江而下，进入珠江三角洲。

两晋时期的持续战乱，尤其是自西晋“永嘉之乱”始，大批中原汉人继续南迁，依据其迁移路线，到达地点，可归为三大支流：一是所谓“秦雍流人”（居住在今陕西甘肃及山西的一部分士民），初沿汉水顺流而下，渡长江而抵达洞庭湖区域，远徙者，有溯湘水转至桂林，沿西江进入广东中西部；二是所谓“司豫流人”（居住于河南河北的一部分士民），初沿汝水而下长江，分布于江西的鄱阳湖区域，或顺流而下抵达苏皖中部，还有一小部分则上溯赣江抵达闽粤赣交界地；三是所谓“青徐流人”（居于今山东江苏及安徽的一部分士民），初沿淮水而下，越长江而分布于太湖流域，远者抵达浙江福建地区，东晋以至南朝宋齐梁陈的重要人物多属于这一脉（罗香林《客家源流考》，中国华侨出版公司，1989 年）。属于“秦雍流人”和“司豫流人”的两脉，在广东至少建立了 13 个县，大批移民入粤的势头一直保持到隋重新统一中国。

唐代中期以后，北方战争频繁，安史之乱导致“四海南奔似永嘉”，出现了比西晋时期更大规模的南迁移民潮。而据学者估计北宋末年的靖康之难则造成了大约 300 万北方移民南下。关于五大民系的形成，罗香林认为广府系形成于五代的南汉，与南汉刘岩建国有关；越海系、湘赣系形成于五代；闽海系、客家系形成于王审知称王入闽时期（罗香林《客家研究导论》，众文图书股份有限公司，1931 年）；语言史学界则早已经指出广府方言即粤语白话形成于两汉（王力《汉语方言学概论》）。客家民系产生于闽粤山区，是历次移民与土著文化融合的结果。这些北方移民分不同时期分布在中国东南地区的不同区域并逐步分化为不同的民系。本文讨论深圳东北地区客家围屋建筑的发展演变，与明清以来的重大历史事件及国策有关。比如明末清初的禁海、迁海，到后来的展界复界，这一时期的国策变化，恰恰对本地区居民再迁徙以及建筑文化历史的演变产生了重大影响。

在简要回顾历史上重要移民活动及民系形成后，我们的触角自然而然又回到了移民文化，让我们把目光集中在与此密切相关的建筑文化上。

现在的客家系建筑文化区主要分布在闽粤赣三省交界区域，包括闽西地区，江西南部的赣州府和粤东、粤北，再往南延伸到惠阳和深圳东北地区。粤东兴梅地区在秦汉时期已有移民沿东江而来定居此地，唐末五代以来已形成基本独特的文化区；闽西地区最早的移民来自三国时期，唐末五代时又有从江西来的移民越过武夷山进入闽西，大量移民定居闽西是在两宋（梁方仲《中国历代户口、田地、田赋统计》，上海人民出版社，1980 年）；赣南地区，秦时已在大庾、南康一带设县，但一直到唐代才有大量北来移民进入赣南山区，现在赣南地区的客家人多为明清时期从闽粤迁入的（王东《论客家民系之形成》，《客家纵横》，闽西客家学研究会，1992 年）；粤北地区在秦汉时已有北方移民定居于此，唐以后发展较快；深圳东北地区，虽然调查发现最早的客家定居者时代可追溯到南宋末年，如坪山文氏家族，但目前发现的客家民居最早始建于清康熙时期，显然无法与以上其他地区客家民居发展相提并论，正因如此，才更值得我们去进一步探讨其渊源。

观察客家民居建筑内存在着两套性质完全不同的空间系统：以祠堂为主体的礼制厅堂系统和以住屋为主体的生活居住系统。与其他民系的民居建筑相比，客家民系民居建筑最突出的特质是以祠堂为其核心“聚族而居”的空间布局，祠堂在客家人聚居生活中占有非常重要的地位。

广府系建筑文化区主要分布在粤中、粤西南，包括珠江三角洲、西江及粤西地区，粤北的北江流域和粤东的东江流域也有大量广府系建筑文化的早期遗存，至今还有许多广府语言即粤语的方言岛。早期北方移民进入岭南多取道湘桂走廊和贺江南下，定居于西江流域。唐以后多取道大庾岭，过梅关后沿北江而下，这两条线路对广府系的形成和发展以及空间布局至关重要，影响深远。珠三角地区以广州府大部分地区属于广府文化的核心区，秦汉时已有中原移民至此，汉初南越国的建立以及永嘉之乱时期，大批中原士族进入岭南，唐代开通梅关后大批北方移民迁居此地区。同本地区的客家民居建筑相比，广府建筑文化源远流长，与本地区客家建筑文化形成强烈对比。

广府系民居的平面则多为民间称之为“三间两廊”的小型“三合天井型”模式。这种形制的民居建筑根据在村落中与道路的关系通常在正面或侧面设入口。“三间两廊”作为基本单元可以组合成多种形式组群，粤中地区的村落大多采用棋盘式布局系统。深圳地区由于偏离广府系统核心区，既受到广府系统核心区的巨大影响，保有大量广府系统核心区文化元素，又有自己独特的一面，与广府核心区的棋盘式布局特征略异，围屋内部呈中心巷加神厅格局，祠堂设于围屋外面，方位取决于风水，具有相当不同的文化特质。

闽海系建筑文化区主要分布于除闽西地区除客家系外的福建地区，但闽南地区超出其范围到达广东的潮汕地区。闽南潮汕地区最早的移民来自秦汉时期，秦在此设揭阳县，三国时在晋江口又设东安县，在今漳浦以南设绥安县，东晋末至唐代均有大量移民迁入此地。闽南与粤东地区民居建筑类似，普遍采用的平面布局是在四合型左右再配以厝屋，即民居建筑的核心一般为“四合中庭型”或“三合内庭型”，潮州地区的四合中庭加左右护厝的布局最具典型性。潮汕地区的建筑文化对于本地区自清代中晚期以来的客家系建筑具有较强烈的影响。

因地域性原因，且与本地区客家系建筑的关联性较小，越海系、湘赣系建筑文化特征不在本文重点关注范围，故从略。

综上，民系的初步形成与稳定发展，直接体现在不同历史文化区的建筑形制上。换言之，不同民系的衍生促使各具特色的历史建筑文化区的形成。

还有一个不得不提的历史事件，就是在清代发生在珠三角地区的土客械斗。随着外来人口的集聚和发展壮大，土客之间、族群之间围绕土地以及族群利益的矛盾日积月累并逐步激化。其实在康熙初年珠三角地区的宗族械斗就已经频频发生。至清嘉道以后广东地区的械斗越来越激烈，其中咸丰四年（1854 年）至同治六年（1867 年）发生在广东西路的土客大械斗其规模之大、死伤之众、影响至深，在中国历史上是罕见的，死亡人数逾百万。如梁绍献在道光年间时说，清代广东的械斗规模大，参加者众，对社会经济产生了严重影响。土客械斗、宗族械斗加深了农村封建分裂状态，械斗所在地，不是建炮楼，便是筑围墙，村村相望，恃强争胜，甚至于所筑碉堡坚过城垣。由此可见，清代以来发生在土客之间以及族群之间的械斗影响之广泛，已经波及到其居住建筑文化的样式改变。

二　清初禁海、迁海与展界的社会影响

自明代开始，粤东北地区人口增长迅速，经过明代的休养生息，明末清初粤东嘉属与惠属各县已人满为患，土地资源、环境资源与人口的矛盾日益尖锐。据光绪《嘉应州志·食货》载，明洪武二十四年（1391 年）梅县共有 1686 户，人口 6889，平均每人占有田地山塘 29.6 亩，到明嘉靖十一年（1532 年）已达 3097 户，人口 38366，人口增长了 4 倍多，而人均田地山塘只有不足 9 亩，仅及明初 30% 左右。逐渐膨胀的人口再加上自然资源的恶化，迫使粤东北客家人在明清时期不得不再次大量举家外迁。明代中期时客家人已大量迁入归善县的北部地区。据考证，“在东南沿海，客家的第一次向下移动发生在明嘉靖三十三年（1554 年），他们从程乡（今梅县）、兴宁、长乐（今五华）一带，移动到海丰、归善地区”（刘佐泉《观澜溯源话客家》，广西师范大学出版社，2005 年）。明隆庆三年（1568 年）析归善县古名、宽得两都和长乐县琴江都置建永安县（民国三年，永安县改名为紫金县），永安建县时粤东北客家人已大量迁入，其来源主要是长乐、兴宁、大埔、和平以及江西、福建等地，这一时期，客家人主要迁入到归善县北部地区的永安县，即今紫金县境内。

据清雍正《归善县志·邑事纪上》记载：“明万历二十三年（1595 年），两广都御使陈大科下檄，令有司编客民入约。附檄文略：照得惠州府属如归善、永安、河源、海丰等县土旷人稀，近有隔府异省流离人等，蓦入境内，佃田耕种。”这条记载说明至少在明末清初，已有客家人迁居至惠阳、惠东以及深圳东北地区。而促使客家人大规模向归善县迁移的主要原因则是清初迁海复界的影响。“中土居大地之中，瀛海四环，

其缘边滨海而居者，是谓之裔，海外诸国亦谓之裔”，“天朝上国，无所不有，无需藉外夷以通有无”（《清朝文献通考》），自秦汉以来自给自足的经济体制，决定了清朝统治者的自大和闭关锁国的政策。顺治初年，清朝仍沿用明朝政策，继续实行禁海。有研究表明清初仍然延续实行海禁的直接原因，与东南海上郑成功抗清力量的存在紧密相关。顺治十二年（1655年）六月，闽浙总督屯泰上书朝廷请求对沿海地区渔民及商人船只出海进行严控，“无许片帆入海，违者立置重典”，这是清朝明令申严海禁的开始。但无论如何严控仍有人暗中继续支持郑成功抗清活动。顺治帝认为这是朝廷立法不严所致。顺治皇帝于十三年（1656年）六月正式下达“禁海令”，敕谕浙江、福建、广东、江南、山东、天津各省督抚提镇曰：“严禁商民船只私自出海，有将一切粮食、货物等项与逆贼贸易者，……不论官民，俱行奏闻正法，货物入官，本犯家产尽给告发之人。”（《清世祖实录》）清政府以强制手段禁止商人出海贸易，禁止渔民出海捕鱼生产，就是要达到消灭郑成功的抗清力量之目的。

然而禁海令实行了五年之后仍未能阻止沿海居民对郑成功反清力量的支持。据刘凤云先生研究：顺治十八年（1661年），海澄公黄梧密陈“灭贼五策”，疏中明确指出：“金、厦两岛，弹丸之区，得延至今日而抗拒者，实由沿海人民走险，粮饷油铁桅船之物，靡不接济，若将山东、江、浙、闽、粤沿海居民，尽徙入内地，设立边界，布置防守，则不攻自灭也。”“请将所有沿海船只悉行烧毁，寸板不许下水。凡溪河竖椿栅，货物不许越界，时刻了望，违者死无赦。如此半载，海贼船只无可修葺，自然朽烂，贼众许多，粮草不继，自然瓦解。此所谓不用战，而坐看其死也”。疏上，清廷采纳其议，于是派满大臣四人分赴各省监督实行，尤以闽省和粤东最为严急，所谓“奉使者仁暴有殊，宽严亦从而异。大抵江浙稍宽，闽较严急，粤东更甚之”。“至是上自辽东下至广东皆迁徙，筑短墙，立界碑，拨兵戍守，出界者死”。这就是所谓的“迁海令”，意在用以保证“禁海令”的实施，强迫海岛和沿海居民内迁三十至五十里，设界不得逾越。令下之后，户部尚书苏纳海奉命至闽迁海，“迁居民之内地，离海三十里，村社田宅悉皆焚弃”。“禁海令”和“迁海令”，使沿海居民流离失所，谋生无路，“百姓皆失业，流离死亡者以亿万计”，严重影响了沿海地区经济的发展，以致沿海三十至五十里内，满目荒凉。有记载曰：“福建、浙江、广东、南京四省近海处各移内地三十里，令下即日，挈妻负子载道路，处其居室，放火焚烧，片石不留。民死过半，枕藉道涂。即一二能至内地者俱无儋食之粮，饿殍已在眼前。如福清二十八里，只剩八里。长乐二十四都，只剩四都。火焚二个月，惨不可言。兴、泉、漳三府尤甚。”“初立界去海岸二十里，已犹以为近也，再缩二十里，犹以为近也，又再缩十里，凡三迁而界始定。堕州县城郭以数十计，居民限日迁入，违者辄军法从事，尽燔民间庐舍，积聚什物重不能至者悉纵火焚之，著为令。越界外出者，无论远近皆立斩。地方官知情容隐者罪如之，其失于觉察者，减死罪一等。功令既严，奉行者惟恐后期，于是四省濒海之民，老弱转死沟壑，少壮者流离四方，盖不知几百万人矣”。然而，由于禁海迁界对沿海数省社会经济的破坏极为惨烈，地方官多有上疏非议者。早在顺治十八年（1661年）五月，便有平南王尚可喜上疏要求停止内迁沿海居民。清廷虽未准行，但弛禁和开界已为相当多的地方官员所倡导。康熙七年（1668年），在郑氏已退居台湾的情况下，清廷开始弛海禁，并以广东先行（转自刘凤云《清康熙朝的禁海、开海与禁止南洋贸易》）。

萧一山在《清代通史》中说："开界之举，惟广东办理最速且善。两广总督周有德不待覆奏，即巡行界外，使迁民立时自由出界，及期开垦，给以牛种，蠲其租赋。"又说："有德修复城堡，首尾一载，而开界之事始竣。是役也，四省同时奉命，而粤省独先一岁复业者，有德力也。"然而由于禁令尚未完全解除，郑成功的力量仍盘踞在台湾，在这一时期，清政府为了打击郑氏抗清力量，始终严厉奉行海禁与迁海政策，虽一度弛禁，但以郑氏的存在而十分有限，且不得持久。

在康熙平定三藩的战争即将结束之际，朝廷内外展界开海的呼声越来越高，尤以闽粤江浙等沿海地区大员最为急切。然而直到康熙二十二年（1683 年）六月，清军攻克澎湖，七月，郑克塽、刘国轩率部归降，清政府统一台湾，结束了两岸对峙的局面。在康熙彻底消灭了郑氏的军事力量后，事情才有了转机。康熙审时度势，立即进行政策的调整，九月，康熙针对福建总督姚启圣疏请"开垦广东等省沿海荒地事宜"一折指出："今台湾降附，海贼荡平，该省近海地方应行事件自当酌量陆续实行。"（《康熙起居注》第二册，中华书局，第 1066 页）十月，两广总督吴兴祚请以广东等七府沿海地亩招民耕种，是为展界之请。十九日户部议准，康熙亦立即作出"展界"的决定。所谓"展界"，就是安排在顺治十八年前后被迫迁离的沿海居民重新复归故土，使之在沿海大片弃地上重建家园。为此，康熙谕内阁大学士等曰："前因海寇未靖，故令迁界。今若展界，令民耕种采捕，甚有益于沿海之民。其浙闽等处地方亦有此等事，尔衙门所贮本章关系海岛事宜甚多，此等事不可稽迟，著遣大臣一员前往展立界限"，"勿误来春耕种之期。"（《清圣祖实录》卷一一二，第 23 页）十一月，康熙将吏部侍郎杜臻、内阁学士席柱差往福建、广东主持沿海展界事宜，行前谕曰："迁移百姓事关紧要，当查明原产给还原主，尔等会同总督巡抚安插，务使兵民得所。"（《清圣祖实录》卷一一三，第 7 页）

闽粤两省沿海居民在经历了 20 余年的颠沛流离之后，对于能重还故土自然欣喜万分，见展界大臣，"群集跪迎，皆云：我等离旧土二十余年，已无归乡之望，幸皇上威德，削平寇盗，海不扬波，令众民得还故土，保有室家，各安生业，仰戴皇恩于世世矣。"（《清圣祖实录》卷一一六，第 3 页）可见，自顺治年间禁海迁界到康熙二十二年的展界，其前后政策的调整与变化始终受到郑氏抗清力量的左右，而展界的决策乃深得沿海民心。康熙二十三年（1684 年）十月二十五日，康熙继展界之后，正式下令开海贸易。

清初迁海复界后大量移民进入东南近海地区，奠定了原新安县地区客家的人口基础。第一波是康熙八年至二十四年的军田招垦移民，约 400 户；第二波在雍正五年以后，在朝廷重视，地方官员积极响应、主导之下，形成了又一次移民高潮，乾隆年间大量客籍人口进入，到嘉庆七年统计已达 4300 余户。此次迁徙的人口绝大部分来自客方言区，对于本地区的人口结构及空间布局、广府系和客家系建筑文化的影响达到了顶峰。这次移民潮一直持续到清乾隆嘉庆年间，香港、深圳等地的客家人聚集区基本是在这一历史背景下形成。

三 本地区历史沿革概览

据史书记载，先秦时期现深圳市所辖区域属百越族的活动范围。《史记·秦始皇本纪》记载始皇三十三年（公元前214年），“发诸尝逋亡人、赘婿、贾人略取陆梁地，为桂林、象郡、南海，以适遣戍”。秦统一岭南后，现深圳市西部隶属南海郡的番禺县管辖，东部地区属于南海郡的博罗县，深圳东北地区分属番禺县和博罗县管辖。

公元前207年，秦王朝灭亡。南海尉赵佗兼并桂林、象郡自立南越国。《史记·南越列传》曰：“佗即击并桂林、象郡，自立为南越武王。”

汉武帝元鼎五年（公元前112年）以卫尉路博德为伏波将军，主爵都尉杨仆为楼船将军“咸会番禺”。元鼎六年（公元前111年）平定南越国，“遂以其地为儋耳、珠崖、南海、苍梧、郁林、合浦、交阯、九真、日南九郡”。南海郡领“番禺、博罗、中宿、龙川、四会、揭阳”六县。直至公元前111年汉武帝平定南越国，这一时期，深圳东北地区属于南越国南海郡的番禺县和博罗县管辖。

东晋东官郡·宝安县。《广州记》载：“晋成帝咸和六年（331年），分南海立，领县六。”《晋书·地理志》载：“成帝分南海，立东官郡。”《南齐书·州郡志》：东官郡领县“怀安、宝安、海安、欣乐、海丰、齐昌、陆安、兴宁。”本地区归东官郡宝安县管辖。此外学术界还有宝安县“领县九”之说。

南朝梁武帝天监六年（507年），东官郡改为东莞郡，郡治迁增城，下辖宝安县等。又析南海郡置梁化郡，析博罗县置欣乐县，归梁化郡管辖，深圳东北地区归东莞郡宝安县和梁化郡欣乐县管辖。南朝陈祯明三年（589年）改欣乐县为归善县。归善县一名一直沿用到清朝末年。民国后改为惠阳县。

隋开皇十年（590年）废东莞郡，宝安县改属广州总管府，大业三年（607年），复南海郡辖宝安县。《隋书·地理志》载：“南海郡统县十五，……南海、曲江、始兴、翁源、增城、宝安、乐昌、四会、化蒙、清远、含洭、政宾、怀集、新会、义宁。”《苍梧总督军门志》曰：“晋成帝始置宝安县属东官郡，隋初省郡。”

深圳市所辖区域在唐朝初期属广州宝安县，到唐至德二年后隶属东莞县。宋、元时期基本属于东莞县管辖。《唐书·地理志》载：“武德四年（621年），讨平萧铣，置广州总管府。……其广州领南海、增城、清远、政宾、宝安五县。”《旧唐书·地理志》曰：“东莞，隋宝安县。至德二年（757年）九月，改为东莞县。”《广东通志》曰：宝安“唐属广州，至德二载改曰东莞，五代因之。”

唐以后，深圳东北地区大部属东莞县管辖，明万历元年（1573年），析东莞县部分地区设立新安县，县治设在原宝安县治。据康熙《新安县志》：“正德间，民有叩阍乞分县者，不果。隆庆壬申（1572年），海道刘稳始为民请命，抚按题允，以万历元年（1573年）剖符设官，赐名新安。”

明、清时期深圳东北地区分别属于归善县和新安县管辖，区划建制日趋明确。对应深圳当前的行政区划，归善县范围约相当于今深圳东北地区的龙岗区大部分、坪山新区，惠州市的惠阳、惠东地区。此三地区均位于东江中游南岸，总面积超5000平方公里。根据清康熙十四年（1657年）和乾隆四十八年（1783年）的《归善县志》

记载，明清时期实行县、乡、都（社）、图（里）制度。明代归善县有13都42里，县南淡水河流域包括今龙岗地区属上下淮都，有4个图，分别为一、三、四、五图，主要村庄有何村、黄洞、丹竹洋、椽洞、沙澳等，而椽洞靠近今坪地，清后期属龙岗约堡管辖。

清同治九年（1870年），龙岗有了明确的建制——龙岗约堡。这是龙岗历史沿革中最早的记录。当时归善县的乡村分别属县丞、典史和巡检司管理，其中龙岗约堡属碧甲司巡检（驻淡水）管理。龙岗约堡下辖8个村：荷坳、龙岗、坪山、坪地、椽洞、土湖、亲睦、塘尾。当时经济比较繁荣，已形成了龙岗圩和坪山圩。

归新安县管辖的部分，据清康熙二十七年（1688年）《新安县志》载，明末新安县分3乡7都57图509村，其中归城乡七都辖深圳、布吉、平湖、葵涌、大鹏一带。清嘉庆二十四年（1819年）《新安县志》载，新安县乡村分别属县丞、典史和巡检司管理。其中葵涌、王母峒、大鹏、南澳和龙岐等属县丞管理，且已形成了王母峒圩和葵涌圩，布吉、南岭和平湖等属官富司巡检（驻今福田赤尾村）管理。

综上所述，明清时期，今深圳东北地区分别属于归善县和新安县管辖。具体来说，今横岗、龙岗、坪地、坪山、坑梓等街道范围属归善县。布吉、坂田、南湾、平湖、葵涌、大鹏、南澳等街道范围属新安县管辖。

从民系的分布来看，到晚清时期，原新安县（宝安县）范围是以广府民系为主，归善县以客家民系为主。

民国初年，惠阳县划分警察区署管理。第二警察区署驻淡水，分管碧甲、龙岗、坪山等三个警察分所。民国二十年（1931年）8月，惠阳开始划分区乡镇管理，全县共14个区、384个乡、32个镇。其中淡水第二区辖淡水一、二、三、四、五、六镇及坪山中乡、坪山东乡、坪山西乡等67个乡。龙岗第八区辖龙岗镇、坪山镇及横岗、西坑、盛平、南约、荷坳等64乡。

民国二十六年（1937年）9月，惠阳县裁撤区公所，实行区署制。原淡水第二区与龙岗第八区合并为惠阳县政府第二区署（驻淡水），下辖22个乡镇，有龙岗镇、坑梓乡、坪山乡、长横乡等等。民国三十六年（1947年），行政院规定撤销县以下区署，复设区公所，缩并乡镇。惠阳全县设6区54乡镇。其中第二区公所辖12个乡镇，有龙岗镇、坑梓乡、坪山乡、南强乡（后改横岗乡）等。

民国初年，宝安县沿袭清末建制。今布吉、坂田、南湾、平湖、葵涌、大鹏、南澳一带，归宝安县管辖。民国十三至二十一年（1924 ~ 1932年）实行区、镇、乡建制，宝安县划分为7个区、99个乡、3个镇。其中第三区辖布吉乡、沙湾乡等，第六区辖平湖乡等，第七区辖葵涌、大鹏一带。民国二十二年（1933年）宝安县调整为5个区、37个乡、3个镇。其中第三区辖布吉乡等，第四区辖平湖乡等，第五区辖王母乡、鹏一乡、南平乡、葵华乡、沙溪乡和东和乡（今沙头角），即今沙头角至大鹏、南澳一带。民国二十六年（1937年）宝安县裁撤合并为3个区。原一二区并为一区，三四区并为二区，五区改为三区，乡镇维持原状。三区建制一直延续到新中国成立前。

1949年10月，惠阳县与惠东县合并，恢复惠阳县，正式接管宝安县的第三区。惠阳县有9区、1镇，其中龙岗区（二区）下辖7乡，有龙岗、坪地、坪山、坑梓、南强、约场、新圩乡，而南强（横岗）以前5个乡属今龙岗范围。大鹏区（四区）下辖6个乡，有东平、南平、桂岗、葵沙、鹏一、王母乡，均属今龙岗区。解放初龙岗区（二区）和大鹏区（四区）的绝大部分，今龙岗区的中部和东部，均属惠阳县，只有今布吉、南湾、坂田、平湖属宝安县。

1951年11月开始惠阳县和宝安县之间、各个乡镇之间分分合合。到1958年11月，历史上原属宝安县（新安县）的今葵涌、大鹏、南澳一带被惠阳县接管；8年后，又回到宝安县。还将历史上一直属于归善县（惠阳县）的今龙岗、横岗、坪地、坑梓、坪山一带划归宝安县。再加上一直属宝安县的布吉、平湖，就奠定了今深圳东北地区的区划建制的基础。

1979年3月，中央决定宝安县改为深圳市，1980年8月26日，又将深圳、沙头角2个镇和附城、盐田、南头、蛇口4个公社划为深圳经济特区。

1981年10月，恢复宝安县建制，归深圳市管辖，下辖深圳经济特区外的原宝安县地区。1993年1月1日，宝安县撤县建立由深圳市直辖的两个区——宝安区、龙岗区。龙岗区辖10个镇：平湖、布吉（包括坂田和南湾）、横岗、龙岗、坪山、坪地、坑梓、葵涌、大鹏、南澳镇。宝安区和龙岗区的建立，标志着深圳市特区以北广大地区的社会发展踏上新台阶。

2004年，为全面推进农村城市化，深圳撤镇设街道办事处。原龙岗区共设有平湖、布吉、南湾、坂田、横岗、龙城、龙岗、坪山、坪地、坑梓、葵涌、大鹏、南澳等13个街道办事处。

2009年6月30日，深圳市委市政府决定将原深圳市大工业区和原龙岗区坪山街道、坑梓街道，整合为坪山新区，设坪山新区管理委员会，深圳东北地区被分为龙岗区和坪山新区。

2011年12月，大鹏新区正式成立，其范围包括葵涌、大鹏、南澳三个街道。至此深圳东北地区被分为龙岗区、坪山新区、大鹏新区。

以上历史文化背景可以看出，民系的发展演变与地域性历史建筑文化的演变息息相关。自明清以来，尤其是清代中晚期这个阶段由于受康熙禁海、迁界与复界的重大影响，加之清代晚期到民国时期社会动荡不安，政治、经济等各方面都发生重大变化，正是深圳东北地区围屋建筑的发展流变比较复杂和兴旺的时期。

清初的迁界政策使深圳东北地区的社会和经济发展遭受毁灭性的打击，以至于清政府决定撤销新安县。康熙元年（1662年）“清廷勒令立界，期限3天，内迁50里，界外尽夷房地，空其人，越界者斩，本县（新安县）属地迁界三分之二”。康熙三年“再迁”，使新安县几乎所有的土地都在迁界范围内。迁界之后房屋成为废墟，土地荒芜，人民流离失所。新安县渔业、盐业等遭受重创。新安县人口由建县之初的33971人减少至2172人，因此于康熙五年撤县并入东莞县。其时，深圳东北地区的一部分属于归善县管辖，在禁海迁界中归善县同样不可避免，主要涉及龙岗、龙城、横岗、坪地、坪山、坑梓等街道。康熙二十三年（1684年）清政府正式废掉迁海令实施展界措施，推行了包括“招垦”在内的一系列休养生息政策，极大地促进了社会、经济以及人口的再恢复。闽粤赣地区由于受迁界影响较小，人口恢复较快，很快就成为了人口迁出区。新安县和归善县因受影响较大，社会生产和人口恢复比较缓慢，成为主要人口迁入地。在人口迁入的过程中，新安县西部主要为增城、东莞方面来的广府人，而深圳东北地区即归善县管辖的部分区域，则主要为梅州、兴宁、惠阳等方向来的客家人系统。

深圳东北地区客家系统的发展历程大概可以分三个阶段: 一是清代早期偏晚阶段，大约在清康熙至嘉庆年间，这一阶段是在禁海迁界之后，本地区社会经济的发展和恢复阶段。随着客家系人口大量迁入，部分家族人口繁衍快速，家族式产业发展规模快速增长，财富积累较快，兴建起一座座规模较大甚至是超大型的围屋。二是清代中晚期，大约在道光以后至辛亥革命时期。经过第一阶段的快速发展，整个社会进入全面发展和逐步走向稳定成熟的时期，地区经济规模和人口规模进一步增长，同时土地资源的有限性进一步显现，部分发展较快的家族开始向外扩张，并且随着家族人口的不断膨胀，家族不断的分家、新型客家围也不断涌现，至清末，随着社会动荡不安和清统治衰落，大型客家围建设则越来越少。三是清代晚期到整个民国时期。在被列强欺凌乃至国门全面被打开后，社会进入一个新的阶段。尤其是辛亥革命后，社会风尚逐渐开放，客家社会与外部社会的交流明显增多，社会视野逐渐开放，大批客家人开始闯荡东南亚和世界其他地方，在赚取了第一桶金的时刻，这些具有浓郁故土情结的客家人开始在家乡兴建具有西洋风情的居住建筑，璇庆新居就是这一时期围屋的典型代表，它融合了典型客家围屋及清末民国炮楼院式住宅的中式因素的同时，也把西洋式建筑的曲线装饰完美的呈献给大家。

第三节　本课题调查背景

一　研究对象

本课题所指深圳东北地区包括现在龙岗、坪山、大鹏等三个行政区和功能区的广大范围，研究对象为这个范围内的传统民居建筑——围合式住屋。

二　围屋建筑的定义

围屋是我国南方传统建筑当中一个庞大的类型。讲方言文化的谱系，在深圳东北地区主要有两种方言即广府方言与客家方言。操客家方言的人口数量约占本地区总人口的85%，操广府方言的约占15%。现在一般人，尤其是广东人，一提起围屋建筑，往往会不由自主地加上“客家”两个字，似乎“围屋”一定要和“客家”联系在一起才符合常识。原因就是近年社会宣传舆论的误导，使人以为只有客家人才建造围屋建筑，广府人和潮汕人不建造围屋建筑。其实无论是操广府方言的人群还是操闽南潮汕方言的人群乃至操客家方言的人群，都会建造和使用围屋建筑；他们的居住建筑中，都有占很大比例、数量较多的围屋建筑。

“围屋”本是一个方言词汇，在闽、粤、赣三省的大部分地区流行使用，指围合在一起、四周闭合的有防御功能的大型房屋式样。在深圳，在自己的生活中使用“围屋”这个词汇的人，大部分都是讲客家方言的客家人，也有一部分讲广府方言的广府人和讲闽南方言的闽南潮汕人；使用“围”这个词汇的人，大部分都是讲广府方言的广府人，也有一部分讲客家方言的客家人和讲闽南方言的闽南潮汕人。“围屋”定义中的主要内容“围合在一起、四周闭合的房屋式样”，与北方“四合院”的基本特征完全吻合。在这个意义上，也可以说“围屋”是“南方的四合院”。但是与“四合院”比较，“围屋”又有自己的特殊性：“四合院”的围合一般只有一种围合方式，是“以墙连屋”；“围屋”的围合则有四种方式，要么是“以屋连屋”，要么是“以墙连墙”，要么是“先墙后屋”，要么是“先屋后墙”；或者说一种是以墙围合的方式，一种是以屋围合的方式，一种是创建时以墙围合、后来需要时靠墙造屋，甚至是用“倚庐”的围合方式；还有一种是创建时只有散屋、后来需要时造墙护屋。以这些方式建造的围合式住屋都叫“围屋”。围屋是深圳东北地区民居的一个大的种类，顾名思义即围起来的房屋，其外墙既是围屋每间房子的承重外墙，也是整座围屋的防卫围墙。有围屋的大门门额上直接镌刻有“某某围”的题名。可以说围屋是我国丰富多样的建筑体系当中一个不容忽视的重要类型。

围屋是深圳东北地区建筑历史及民俗文化的活化石，目前经调查发现保存完整的围屋数量过百。以客家围为主，有少量的广府围存在，也有客家、广府和西式建筑风格相融合的混合式围屋。本地区围屋的形成是由建筑防御功能不断完善的演变而形成，充分体现了围屋住和防一体化的优越性。客家围是客家人物质与精神文明的史诗，黄崇岳与杨耀林两位先生合著的《客家围屋》比较全面的对客家围屋建筑及客家文化演变与传承进行了分析和探讨，是研究本地区客家文化的开山之作。全书共6个专题：一、“客家围屋是客家物质与精神文明的史诗”，包括中原文化的传承、鲜明特色的建筑、方圆变奏的韵律共3个小节；二、“闽赣粤客家围的风采”，有闽西、赣南客家围掠影和南粤客家围风貌两小节；三、“南粤客家围的地区衍变”，包括饶平、大埔和蕉岭的方圆土楼，饶平、大埔的半月楼，梅县、兴宁等地的围龙屋，兴宁、五华等地的四角楼，惠阳、深圳等地的城堡式围楼，深圳的围村，英德、翁源等地的高围墙四角楼及“锅耳”山墙，始兴等地的“棋盘围”和碉楼等共8个小节；四、“南粤客家围与畲族、福佬、广府及外来文化的关系”，包括饶平、大埔客家围与畲族的关系，饶平、大埔客家围与福佬文化的关系，深圳客家围与广府文化的关系，梅州、深圳客家围与外来文化的关系等共4个小节；五、“梅州、深圳客家围楹联文化内涵考释”，包括门联、祠联、堂号、堂联、吉庆联等5个小节；六、“深圳客家围对梅州建筑文化特色的传承”，包括深圳客家围的文化特色和客家围的保护与利用2个小节。

按照黄、杨两位先生的研究归纳，功能齐全、形式多样的客家围屋大致可分为：闽西的方形、圆形土楼，赣南的口字、国字形土围子，粤北的四角楼、碉楼，粤东梅州的围龙屋、杠楼、圆围、半月围、八角围、多角围屋和方、圆土楼，粤中惠阳、深圳的城堡式围楼和围村等10余种类型。在客家围屋的流变过程中，有些还融入了广府民系、福佬民系和西洋的建筑文化，这是客家人勤劳勇敢、聪明智慧、包容开放的历史创造。书中不仅图文并茂地对围屋加以分类描述，还对客家文化和客家精神的结晶——围屋内外的楹联作了典型剖析，使“内文外武”的客家围屋散发出浓郁的书香气息，使客家人尊教崇文的优良传统得到很好的阐释。

三 围屋的解读工具

（一）命名

任何物质文化遗产解读的第一步，都是命名工作，而命名是解读的基本工具之一。对于现存各类历史建筑以及建筑本身的各个构成部分，绝大部分都已经有了正式名称，命名似乎已经没有必要。但问题在于大部分都有不止一个名称，同时还不断地有新的名称产生出来，人们莫衷一是，常常无法沟通。

（二）分类

任何物质文化遗产解读的第二步，都是分类工作，而分类方法也是一个工具，所以分类是解读的基本工具之一，人们每天都要接触分类工作。

1. 历史建筑分类工作的性质

历史建筑分类工作是建筑历史学科中最年轻和最具综合性的一项重要工作。过去的分类大多依据历史文献、简单的外部形态特征，后来逐渐把形态学、地理分布和历史学等方面的内容结合进去后，有助于进一步对种类的鉴定、建筑演化关系的探讨和建筑的合理分类。

历史建筑分类工作是发展较晚的一项专业工作，它的任务不仅要识别类型、鉴定名称，而且还要阐明类型之间的亲缘关系和分类系统，进而研究类型的起源、分布中心、演化过程和演化趋势。因此，它是一门既有实用价值又富有理论意义的专业工作。

2. 历史建筑分类工作的意义

对历史建筑进行分类既是我们开展社会文化建设、提高人群素质的需要，也是促进社会经济发展、推进城市更新工作的需要；既是深化历史科学和建筑科学发展的需要，也是分类工作自身科学发展的需要；既是我们广泛开展文化文物资源清查和深入研究工作的需要，也是对本地文化生态类型多样性认识和保护以及认识历史建筑类型的实质及形成机制的需要；既是认识历史建筑各分类群之间亲缘关系的需要，也是其他如文化地理、文化生态、建筑历史、环境建筑等相关学科发展的需要。

3. 历史建筑分类工作的历史回顾

我国历史上历史建筑分类工作经历了三个阶段：性质分类阶段、结构分类阶段、功能分类阶段。

分类工作史的三个阶段具体表现为三个时期：

性质分类时期（1100 ~ 1730 年）：仅仅围绕着“官式建筑”描述和讨论问题，认为只有所谓“官式建筑”才有规定、限制的必要。这个时期的著作以《营造法式》、《工部工程做法》为代表。

结构分类时期（1600 ~ 1930 年）：围绕着“建筑结构”或者是“建筑构造”描述和讨论问题，认为“建筑结构”或者是“建筑构造”的形式和方法是建筑的核心问题。这个时期的著作以《鲁班经》、《营造法原》为代表。

功能分类时期（1900 ~ 2010 年）：建筑分类围绕着建筑物的功能展开，关注建筑物是佛教的寺庙，还是帝王的宫殿，抑或是民居；这个时期的著作以日本学者伊东忠太《中国建筑史》为代表，后面有许多日本学者以及乐嘉藻、梁思成等中国学者编写了多种《中国建筑史》，或者《中国古代建筑史》，总体框架都是时间轴上的功能分类建筑。

4. 建筑文化类型分类系统

建筑文化也是随着人类社会的进化而进化的。在建筑文化的进化链上，哪一类建筑比较靠前，哪一类建筑比较靠后；哪一类建筑比较平常，哪一类建筑比较重要。这些都要把那些“类”找出来排队之后才能解决，因此我们需要一个建筑文化类型的分类系统。黄、杨两位先生合著的《南粤客家围》和《客家围屋》研究归纳了南方客家围屋的大致类型：闽西的方形、圆形土楼，赣南的口字、国字形土围子，粤北的四角楼、碉楼，粤东梅州的围龙屋、杠楼、圆围、半月围、八角围、多角围屋和方、圆土楼，粤中惠阳、深圳的城堡式围楼和围村等。这10余种类型在很大程度上囊括了南方客家围屋的一般平面形态，对人们认识、了解客家围屋，起到了极大的推动作用，是对客家围屋进行研究的开山之作。但是另一方面我们也应该看到，仅仅以平面形状作为围屋建筑的分类标准，其局限性和片面性是显而易见的，还远远不能满足深入认识了解围屋建筑的要求。

考虑到上述历史上各种分类方法的优越性和局限性，也考虑到深圳地方历史建筑的局限性和特殊性，本文更倾向于探索建立一套“历史建筑文化类型分类系统”：运用考古学普遍使用的类型学和层位学的研究方法，将历史建筑看作物质文化与艺术的宝贵遗存，以民族和地域文化为原始起点，确定共性和个性，辨析地方风格与流派，分别纳入各自适合的文化系统与类型，抓住主流和支流，分清“扰乱”和“衍生”，探索交叉影响和平行进化的线索。

“历史建筑文化类型分类系统”虽然在操作层面即方法论方面主要借鉴的是考古学，而在基础理论层面则主要遵循借鉴的是科学研究中的“分类学”。这个“分类系统”设定的目标应该是：为社会鉴识和遴选建筑文物，研究鉴定历史建筑的真实性，研究确定历史建筑的科学命名和尽可能客观准确的描述方法，把采集到的历史建筑样本比较科学地划分到一种分类等级系统中，以期反映对该系统发生发展情况的认知和理解。这个“分类系统”的基础工作是对各个历史建筑样本进行命名和等级划分，中心工作是对各个历史建筑样本进行形态特征的鉴定，以及历史建筑样本形态特征在空间里的分布和时间轴上的位置。这个“分类系统”应该能够从实践上划分并且阐明各个历史建筑样本的类型和样式，阐明各种类型和样式的历史渊源，总结其进化的历史，阐明各个类型和样式之间的亲缘关系，建立客观的历史建筑的文化系统框架，确定各个历史建筑样本乃至历史建筑群的命名和排序，梳理总结其发生演化的历史脉络。全国现存的历史建筑数以百万计，千变万化，各不相同。分类系统就是各个历史建筑样本的检索系统，是认识和查取有关资料的最主要的工具。因而至少从理论意义上说，这个“分类系统”将帮助我们初步理解千变万化的历史建筑所具有的多样性（分异度），初步揭示海量的历史建筑样本中所隐含的关系网络。

5. 分类工作命名的主要等级阶元

为了对各个历史建筑类群恰当分类，我们必须根据历史建筑类群范围大小和等级高低给它一定的名称，这就是分类的等级单位。明确和掌握分类的等级单位（阶层）

是历史建筑分类工作必须具备的基本知识。

参照国际上一般分类工作命名原则以及我国历史建筑分类的传统和现存实物状况，我们设定有关建筑分类命名的 7 个等级阶元（Category），称为“基本等级阶元”：①族、②系、③型、④样、⑤式、⑥造、⑦作，定义如下：

① 族（clan），释义：某民族的建筑，或称“族类建筑”；

② 系（system），释义：建筑文化系统；

③ 型（mould），释义：建筑类型；

④ 样（shape），释义：建筑模样；

⑤ 式（Form），释义：建筑形式；

⑥ 造（build），释义：建造方法；

⑦ 作（make），释义：制作方法。

如某建筑整体属于①汉族、②客家系、③兴梅型、④庙宇样、⑤佛殿式；

如某建筑梁身属于①汉族、②客家系、③兴梅型、④庙宇样、⑤佛殿式、⑥穿柱造、⑦梭梁作；

如某建筑柱础属于①汉族、②客家系、③兴梅型、④庙宇样、⑤佛殿式、⑥盆鼓造、⑦中覆盆架子鼓作；

将我国历史建筑现存实物放到这 7 个“基本等级阶元”中，我们发现，其中一部分阶元自身都有次级形态或者变异形态，因而这个分类系统中就必须有更多的等级阶元，都称为“亚阶元”。这样“基本等级阶元”加上“亚阶元”，一共就有 11 个主要等级阶元，可以称之为“完全等级”阶元。其分级情况如下：

① 族（clan），释义：某民族的建筑，或称“族类”；

② 系（system），释义：地区或者民系建筑文化系统；

③ 亚系（sub-series），释义：亚建筑文化系统；

④ 型（mould），释义：建筑类型；

⑤ 亚型（sub-mould），释义：亚建筑类型；

⑥ 样（shape），释义：建筑模样；

⑦ 亚样（sub-shape），释义：亚建筑模样；

⑧ 式（Form），释义：建筑形式；

⑨ 亚式（sub-Form），释义：亚建筑形式；

⑩ 造（build），释义：建造方法；

⑪ 作（make），释义：制作方法。

如某建筑整体属于①汉族、②客家系、③粤东北亚系、④兴梅型、⑤梅州亚型、⑥庙宇样、⑦大庙亚样、⑧佛殿式、⑨庵庙亚式；

如某建筑梁身属于①汉族、②客家系、③粤东北亚系、④兴梅型、⑤梅州亚型、⑥庙宇样、⑦大庙亚样、⑧佛殿式、⑨庵庙亚式、⑩穿柱造、⑪梭梁作；

如某建筑柱础属于①汉族、②客家系、③粤东北亚系、④兴梅型、⑤梅州亚型、⑥庙宇样、⑦大庙亚样、⑧佛殿式、⑨庵庙亚式、⑩盆鼓造、⑪矮覆盆作。

式及式下分类群：

① 式（Form）：是建筑分类的基本单位。它是具有一定的自然分布区和一定的地区或者民系文化、形态特征的类群，常用的分类名称为“样式”。同一式中的各个个体具有绝大部分相同的构件，是人类社会进化与自然选择的产物。

② 式群：是式的结构单元，一个式是由若干个式群所组成，一个式群由同式多个个体所组成，而各个式群总是不连续地分布于一定的区域内（即式的分布区域）。每一式群内即是一个集体，自成一个发生体系，个体之间不断地进行模仿交流，维持式的存续。

③ 亚式（sub-Form）：一个式内的类群。形态上有差别，分布上或形态上有隔离，这样的类群称亚式。

④ 变式（local Form）：是一个式内有形态变异，变异比较稳定，它分布的范围比亚式小得多。一般情况下是一个式的地方式（local Form）。

确定式的四个主要准绳：

① 各个体彼此间有高度的相似性，易于将它们识别为该类群的成员。

② 近缘式所表现出的变异谱之间既有间隔性，又有密切的相关性。

③ 每个式占据一定的地理区域（或宽或窄），并可以证明原则上仅仅局限于它们所占据地理区域之内。

④ 相同式即文化分类群内部，各个体之间应该能相互交流，交流后很少甚至于不发生变异，而与其他式的交流频度或水平长期保持在低位。

6. 命名原则与方法

命名对象：我们确定命名对象的范围为：1950年以前本地区范围内重要围合性住宅。

命名方法：采用“三名法”：如“龙岗鹤湖新居”，第一个名词“龙岗”是地域名，第二个名词“鹤湖”是特征名，第三个名词“新居”是属性名。

命名规则要点：必须用一般科学工作者共同遵循的命名规则：

①每一座单体建筑只有一个合法的汉语学名，其他名只能作异名或废弃；

②每一座单体建筑的汉语学名，包括地域名、特征名和属性名；

③如一座单体建筑已见有2个或以上的汉语学名，应以较早发表的名称、并且是按上述方法正确命名的，方为合用名称；

④一座单体建筑合法有效的汉语学名，必须为有效发表的汉语文描写；

⑤在命名过程中探索典型器物或典型标本的确认，为建立典型器物名录打好基础。

7. 解读方法——形态分析法

本文尝试用一种不同于以往对于古代建筑解读的特殊方法来解读围屋建筑——“形态分析法”。即对每一个围屋的现有形态进行仔细分析，根据现有形态特征，运用考古层位学的方法，寻找建造时必然遵循的四个基本步骤，四个层级（层次）：整体、单元、组件、构件（表1、2）。

（1）整体：即研究对象的整体，含所有平面和立面的整体，由若干个单元组成；其模式特征是：外部空间绝对独立，边界清晰，内部大空间，功能绝对综合。例如“白坭坑老围”。

（2）单元：即组成研究对象整体的最大可分解单位，由若干个次单元、准单元或者组件组成；其模式特征是：外部空间相对独立，边界清晰，内部相对大空间，功能相对综合。例如“白坭坑老围”这个整体有“围墙”、“排屋”、“祠堂”、“门楼”、“角楼”、“望楼”、“濠池”等七个单元。

（3）次单元：即组成研究对象整体的中等可分解单位，由若干个准单元或者组件组成；其模式特征是：外部空间相对独立，边界清晰，内部中空间，不与其他空间重叠，仅具局部功能。例如“白坭坑老围”“祠堂”这个单元有“门厅”（2层、3层……），“中厅”（2层、3层……），“后厅”（2层、3层……），“侧廊”（2层、3层……），“倚庐”等五个次单元。

（4）准单元：即组成研究对象整体的最小可分解单位，由若干个组件组成；其模式特征是：外部空间不能独立，依附于整体或单元，内部小空间，与其他空间重叠，仅具局部功能。例如“白坭坑老围”“祠堂”这个单元有2个“屋顶”、4个“屋身”、1个“基础”等七个准单元。

（5）组件：即组成单元的最大可分解单位，由若干个次组件或构件组成；其模式特征是：外部空间不能独立，依附于单元，内部无空间，仅具结构功能。例如“白坭坑老围”的“围墙”这个单元有“墙基”、“墙身”、“雉堞”等三个组件。

（6）次组件：即组成单元的最小可分解单位，由若干个构件组成；其模式特征是：外部空间不能独立，依附于单元或组件，内部无空间，仅具结构功能。例如“白坭坑老围”的“屋脊”这个组件有“正脊”、“垂脊”、“戗脊”等三个次组件。

表1 围屋形态层级分析表

层级	定义	模式特征	主体名称
整体	研究对象的全体，含所有平面和立面的整体，由若干个单元组成	外部空间绝对独立，边界清晰，内部大空间，具绝对综合功能	××围屋、××世居、××新居、××楼等
单元	组成研究对象整体的最大可分解单位，由若干个次单元、准单元或者组件组成	外部空间相对独立，边界清晰，内部相对大空间，具相对综合功能	周墙、周屋、祠堂、门楼、角楼、望楼、排屋、濠池等
次单元	组成研究对象整体的中等可分解单位，由若干个准单元或者组件组成	外部空间相对独立，边界清晰，内部中空间，不与其他空间重叠，具局部综合功能	门厅、中厅、后厅、侧廊、倚庐等
准单元	组成研究对象整体的最小可分解单位，由若干个组件组成	外部空间不能独立，依附于整体或单元，内部小空间，与其他空间重叠，具局部综合功能	屋顶、屋身、基础等
组件	组成单元的最大可分解单位，由若干个次组件或构件组成	外部空间不能独立，依附于单元，内部无空间，具局部功能	墙基、墙身、雉堞、梁架、斗拱、栏杆、台基、月台、天井、地坪、屋脊、瓦面、门、窗等
次组件	组成单元的最小可分解单位，由若干个构件组成	外部空间不能独立，依附于单元或组件，内部无空间，具局部功能	围脊、正脊、戗脊、垂脊、门、气窗、射击孔等
构件	建筑形态的最小组成部分，其自身由无形态特征的材料材质组成	外部空间不能独立，依附于组件，内部无空间，具结构功能	吻兽、砖、瓦、斗、拱、梁、檩、椽、枋、柱、础、脊头、脊身、脊刹、雀替、角花等
装饰	为审美目的对建筑表面所做的加工		雕塑、绘画等
材料	任何建筑之物质特性所赖以表现的基元，影响其功能、观感、寿命、风格、年代等		土、木、石、陶等

表 2　围屋形态特征分析表

层级	项目	特征
整体	平面形态	（近似）矩、方、圆、椭圆、多边形、围龙、龟背
	体量	面宽、进深、外墙厚、高
	平面布局	周墙、倚庐残、周屋、祠堂、门楼、角楼、炮楼、望楼、排屋、护濠、矩池、月池、堂横屋
	立面形态	通高、正门、侧门、后门、角楼、炮楼、双坡顶、单坡顶、平顶、现代矩窗、圆窗、什锦窗
单元 1：周屋、排屋、散屋	体量	排屋面宽、进深、通高；散屋面宽、进深、通高
	平面布局	平排屋、斗廊排屋、二进连廊排屋、二水归堂、三水归堂
	立面形态	硬山、悬山、歇山、庑殿；门笠头、木门罩、贴灰门罩；脚门、实榻门、趟栊门、风门
单元 2：门楼、角楼、炮楼	平面形态	矩、方、圆、椭圆、多边形
	体量	门楼面宽、进深、通高；角楼面宽、进深、高；炮楼面宽、进深、通高
	立面形态	硬山、悬山、歇山、庑殿；单孔了望、双孔了望；牌坊贴脸、垂花牌坊贴脸、门罩、匾额；趟栊门、实榻门、隔扇门、风门
单元 3：望楼	平面形态	矩、方、圆、椭圆、多边形
	体量	长、宽、高
	平面布局	三间、五间；二进、三进、四进、五进；二廊、四廊、六廊
	立面形态	硬山、悬山、歇山、庑殿；门罩、匾额；内凹肚、外凹肚、双凹肚；楣柱廊、窄楣柱廊、悬臂柱廊、抱台、平台；趟栊门、实榻门、隔扇门、风门
单元 4：学校	平面形态	矩、方、圆、椭圆、多边形
	体量	长、宽、高
	平面布局	三间、五间；二进、三进、四进、五进；二廊、四廊、六廊
	立面形态	硬山、悬山、歇山、庑殿；门罩、匾额；内凹肚、外凹肚、双凹肚；楣柱廊、窄楣柱廊、悬臂柱廊、抱台、平台；趟栊门、实榻门、隔扇门、风门
	建筑性质	宅改学校、祠改学校
单元 5：祠堂一	平面形态	矩、方
	体量	面宽、进深、通高
	平面布局	三间、五间；二进、三进、四进、五进；二廊、四廊、六廊
	立面形态	硬山、悬山、歇山、庑殿；匾额；内凹肚、外凹肚、双凹肚；楣柱廊、窄楣柱廊、悬臂柱廊、抱台、平台；趟栊门、实榻门、隔扇门、风门；斗廊院、二水归堂、堂横屋、串联排屋
	建筑性质	原生祠、宅改祠
单元 6：祠堂二	平面形态	矩、方
	体量	面宽、进深、通高
	平面布局	三间、五间；二进、三进、四进、五进；二廊、四廊、六廊
	立面形态	硬山、悬山、歇山、庑殿；匾额；内凹肚、外凹肚、双凹肚；楣柱廊、窄楣柱廊、悬臂柱廊、抱台、平台；趟栊门、实榻门、隔扇门、风门；斗廊院、二水归堂
	建筑性质	原生祠、宅改祠
组件	正脊	堆瓦、清水、龙舟；灰塑、釉陶
	垂脊	清水、堆瓦、梢垄、直带、飞带、叠带、叠落、五行、灰塑、釉陶
	戗脊围脊	堆瓦、清水、直带、飞带、叠带、灰塑、釉陶
	瓦面	素筒瓦、釉筒瓦、筒瓦筋；叠瓦、堆瓦、干槎瓦；直筒、猪咀筒、扇瓦头
	箭窗	石框、木框、木梭棂、铁梭棂、木直棂、铁直棂、石梭棂、石直棂、石花棂、铁花棂、木花棂、铁窗板、木窗板

续表 2

层级	项目	特征
组件	气窗	圆、矩、石框、木框、木梭棂、铁梭棂、木直棂、铁直棂、石梭棂、石直棂、石花棂、铁花棂、木花棂、铁窗板、木窗板
	墙基	三合土、砖、条石、碎石
	墙身	三合土、砖、条石、三合土夹石
	墙顶	鹰不落、硬冒顶、双瓦坡、单瓦坡、走马道
	雉堞	三合土、砖、条石
	楼身	三合土、砖
	楼顶	双瓦坡、单瓦坡
	梁架	抬梁、穿柱、落榫
	斗栱	坐斗十字栱、坐斗万栱、驼峰一斗三升、木瓜叠二三四五斗
	栏杆	望柱、扶手、腰枋、下枋、栏板、地栿、卡花、深浮雕、浅浮雕
	台基月台	须弥座、素平、深浮雕、高浮雕
	天井	石、砖、甬道、素甬道、加亭盖、加飘盖
	地坪	阶砖、三合土
	门	趟栊门、实榻门、隔扇门、风门
	窗	圆、矩、方；石框、木框、木梭棂、铁梭棂、木直棂、铁直棂、石梭棂、石直棂、石花棂、铁花棂、木花棂；铁窗板、木窗板
构件	吻兽	鳌鱼、行什
	脊刹	灰塑火珠、灰塑葫芦、瓦珠
	脊头	兽头、博古、直筒、猪咀筒
	脊身	砖、瓦、灰沙、灰塑、釉陶
	砖	红、土红、青；长 35 厘米、宽 15 厘米、厚 8 厘米
	瓦	红、青；长 20 厘米、宽 23 厘米、厚 0.8 厘米、弓高 2 厘米
	斗	方、矩、如意
	拱	卷杀、如意
	梁	梭梁、直方梁、直圆梁、油槌梁、月梁、虾公梁
	檩	方、矩、圆
	椽	矩、圆、板
	飞椽	鸡胸、方、矩、圆
	枋	方、矩
	柱	石（麻石、鸭屎石、红粉石、青石）、木；梭柱、筒柱、上下卷杀、假坐斗、瓜瓣、圆、四方、六方、八方、讹角、滚珠、三凹线
	柱础	素础、盆础、櫍盆础、櫍盆座础、上鼓下盆、鼓座连筋、大鼓小足、上盆下鼓、高櫍、高鼓、高盆、高础（加注材料：鸭屎石、红粉石、麻石、青石）
	射击孔	方、矩、圆、葫芦、哑铃、菱形（加注材料：鸭屎石、红砂岩、花岗岩）
	气孔	方、圆、金钱（加注材料：鸭屎石、红砂岩、花岗岩、石灰岩）
	雀替	素平、深浮雕、高浮雕

（7）构件：即建筑形态的最小组成部分，其自身由无形态特征的材料材质组成，其模式特征是：外部空间不能独立，依附于组件，内部无空间，具结构功能。例不赘。

（8）装饰：为审美目的在建筑表面所做的加工，其模式特征是：依附于整体乃至构件，内部无空间。例如“白坭坑老围”的建筑装饰有“雕塑”、“绘画”等。

（9）材料：即建筑形态的物质内容，任何建筑之物质特性所赖以表现的基元，影响其功能、观感、寿命、风格、年代等。例如“白坭坑老围”的建筑材料有“土、木、石、陶”等。

上述四个层级的分解只是解读围屋的工具，有了这个工具，下一步的正确有效解读才有了可能。因此制作了这个工具，也仅仅完成了解读的第一步。

四　历史建筑保护与现状

目前，我国社会各方面进入了一个空前高速发展时期，国力增强，人民生活总体水平大幅度提高，社会经济文化事业都呈现出一派繁荣景象。但与此同时，我们也应该看到，这种高速发展在很多情况下是以破坏我们的自然生态和文化生态环境为代价的，而生态环境的破坏是可持续发展的巨大阻力和隐患。

在文化生态环境中，有一种连接我们中华民族的过去和未来的文化载体——历史建筑遗产，在“尽快脱贫致富”的民众心理笼罩下，在追求政绩的官场规则引导下，在数以万亿计的基本建设资金投入的洪流中，除了极少数由国家出资保护起来的“文物保护单位”之外，绝大部分都将在十年或二十年之内消失殆尽。而这批传统历史建筑遗产本来是空前幸运的——由于我国的历史悠久、幅员辽阔、人口众多，在全世界都可以称得上是建造数量最多、种类样式最丰富的地区之一；又由于我国近代以来在社会经济发展方面大大落后于西方，而西方列强的吞并、殖民企图从来就没有真正得逞过，同时社会发展比较缓慢，总体上长时间维持在传统封建社会的水平上；因此时至今日，我国大地上还极其幸运地保留着数以亿万计的传统历史建筑。它们是我国文化生态丰富多样性的重要组成部分，是我国文化生态充满活力的重要源泉和动力之一，既是中华民族的文化遗产，也是世界人民的文化遗产。

虽然随着社会经济的高速发展，我国的文物保护事业也有了大幅度的进展，取得了令世界瞩目的成就。但是从另一方面看，在取得了巨大成就的同时，文物保护工作中也出现了一些问题和弊病。尤其是在传统历史建筑保护工作中，文物价值评定不准确、维修过程中的偷工减料、大幅度改变文物原貌和材质等等，都是比较常见的，极大地影响了文物保护工作的效果。下面我们对这其中的几个主要失误点做一下简要的分析，并提出尽可能具有可操作性的对策。

（一）文物建筑价值认定的混乱

综观我国60年来文物建筑价值认定的历史，早期的科研水平比较低，但专家们的工作作风比较踏实勤恳，对文物建筑价值的认定还是比较认真谨慎的；中期（中间10年）由于过于频繁激烈的政治运动，这项工作基本停滞；后期（改革开放以来的30年）文物保护单位和文物保护点数量激增，评审专家队伍迅速膨胀，评审工作量急剧增加，对于文物价值的评审认定也就随之渐趋毛草，失误逐渐增多。主要表现在以下几个方面：

1. 年代认定模糊

例如广东某学宫大成殿，最初认定为宋代，近年因为有人对定为宋代提出质疑，又有专家提出将其改定为元代。而其木构梁架用材纤细，举架高挑，汉白玉柱础瘦高多层，见角见棱，在广东的柱础中近似于民国的样式，与清初以前的形制相去甚远，令人难以信服。全国现存有近千座学宫大成殿，绝大部分都是晚清民国时期的作品，被定为国保的只能是极少数早期的原构。

又例如广东潮州某建筑，原定国保时为“宋代府邸”，但近年新编的六卷本《中国古代建筑史》则将其编入明代卷中。现场观察，该建筑物诸多构件都是近年新造的，形制上仅有极少数构件与附近的明代晚期建筑类似。

再例如浙江某建筑，文件上指明是宋代建筑的原构，但看实物，大概只有少数构件与周边晚明的建筑构件类似，而绝大部分构件都与周边入清以后的建筑构件相似。

其实国内其他各省也都或多或少地存在类似现象。问题在于我们的国力有限，凡是国保，国家都要投入大量的人力、物力去维护和维修，照顾了这样的建筑物，就不能去照顾那些还没有评为国保、省保的更重要的明代以前的建筑物。

2. 类型不明

现在流行一句话，在谈到取得的成绩时，动不动就说是“填补了国内外的什么空白。”所谓“空白”就是迄今为止还没有发现或者没有做到的事物，但是在文物建筑的研究中，关于类型的问题还是非常初级的、甚至是混乱的。在长江流域及其以南地区，可以找到大量描述古建筑的文章，都说自己描述的木构架是“抬梁穿斗混合式”。这其中也许有少量木构架真的是“抬梁穿斗混合式”，而据笔者所知，绝大部分都是指那些看起来既不像抬梁也不像穿斗的各种极具地方特色的木构架形式。比如在广东、江西、福建等广大地区流行的“以梁穿柱”的木构架体系，笔者称之为“穿柱造”（亦有人称之为“插梁造”），从分布的地域范围和现存样本的数量看，起码不少于“抬梁”、“穿斗”这两种传统上识别出来的构架类型，因而是应该完全独立出来的大类型。也就是说，现存的木构架体系中，除了“抬梁”、“穿斗”、“井干”之外，还应该有“穿柱”、“箍头落榫”等分布极广、存量巨大的多种类型与样式。只要我们认真仔细地观察现存传统建筑的客观现实存在，即使从宏观的“类型”层面上看，我国传统木构架体系也是相当丰富和多样化，而不是仅仅所谓“三种基本样式”能够概括得了的。

一般的古建筑专家都习惯于用《营造法式》和《工部工程做法》中出现过的名词术语来描述现存传统建筑的构件和做法，而在传统历史建筑调查实践中却往往遇到无法对号入座的窘境。于是有人就会张冠李戴，用“明清风格”、“地方特色”、“特殊做法”、“是后期改造、仿造的结果”的模糊概念一言以蔽之，似乎什么样的纠缠混乱、什么样的逻辑矛盾，拿一个“古建筑总是要修缮的”就可以搪塞过去。我们在调查实践中体会到，在中国广大的地域和众多的人口背景下，传统历史建筑的构件和做法实际上也都是极其丰富多样的，远非《营造法式》和《工部工程做法》等少数几部官方书籍所能概括得了的。总是拿这两部书来说事，而不是去广大的乡村去做实地调查，就永远不会接近科学和真理。

还有中国传统民居建筑，通常只分为“徽派民居”、“广东民居”、“福建民居”、“客家民居”、“北方民居”等少数十几二十种，现在看来则过于简单概括。即以“广东民居”为例，其中包含四个大的系统：广府系统、潮汕系统、客家系统、少数民族系统（因其比例较小，姑且合并为一个系统）。每个系统中都有若干个大的类型，每个大的类型中又都有更多的样式。所以所有的系统和类型都应该是变化多端、丰富多彩、多样化的。没有了多样化，也就没有了生命力。不知道多样化，也就不具备判断评价该事物在整个社会生态系统中的位置、价值、意义的能力。

3. 人为干预

（1）经济效益大于文化价值。于是我们经常会遇到文物部门认为文物价值比较高的传统历史建筑，开发商或其代理人则认为没有什么价值；文物部门认为文物价值比较低的，房主或开发商的代理人认为其文物价值比较高。那么这一处传统历史建筑是保还是不保，就取决于文物部门与处置权力人之间角力的结果，而不是正常的科学的文物价值的评价与认定。

（2）局部或少数人的利益大于社会整体利益，即少数人的眼前利益大于社会的长远利益。例如某些号称是社会公益事业的建设工程，如城市基础设施建设、或者是政府举办的运动会、展览会等场馆的建设，往往会遇到文物建筑的保留或拆迁的矛盾，问题的解决方式往往是历史文化遗存让位于地方局部短期利益的建设。

（3）古建筑处置权利人为了家族或个人的利益，事先拟定了对该建筑的价值判定，并依据这种判定去引导选定的某些专家权威的判断，其结果往往优先于科学的结论或社会共识，从而为强行拆毁一些高价值的文物建筑或勉强保留一些低价值的普通建筑扫清道路。

（4）由于对文物建筑评价标准的模糊与混乱，文物部门已经登记和保护的名录中存在大量价值过低、意义偏小的案例，而没有登记或保护的建筑中，尚存在非常大量具有文物价值或科研价值的案例。这样必然浪费巨额的资金和其他社会财富，同时也放任更加大量的有更高价值的古建筑损毁和灭失，使极为幸运地保留下来的这笔巨大的文化遗产，又非常不幸地消失在我们这一代人手中。

（二）大规模维修、迁建文物建筑的失误

1. 我们现在还是发展中国家，真正意义上的市场经济体系尚未成熟。因而我们尚不具备在文物建筑维修中坚持“不改变原貌”、“具有可逆性”、“可识别”等国际上公认标准的社会条件。“焕然一新”是所有这类工程追求的共同目标，原有构件被大面积更换而不加标识，原有的材料、位置、环境都被更换或破坏，建筑本体也被大幅度改变原貌，只保留了一个“大概、差不多”的样式，实际上是制造了一大批假古董。有人用日本的“造替式年”制度来为我们自己的制造假古董开脱，殊不知首先，日本的工师制度比较严密、工匠素质比较高，与我国当今古建筑维修施工市场上那些极少接受专业训练、没有师承、“自学成才”的所谓“师傅”们相比，不可同日而语。也就是说我们现在还没有一支合格的技术工人队伍。其次，按照国际上通行的文物建筑保护原则，日本那些通过“造替式年”手段、用新材料做的所谓“飞鸟”等时期（约相当于我们的唐宋时期）的古建筑，还属不属于文物的范畴，是一直受到严重质疑的。在第三次全国文物普查中，我们最不愿意看到的就是那些经过维修、大幅度改变了原貌的庙宇、祠堂、住宅等等，同仁们都有一个共识，就是这些假古董毫无文物价值。

2. 在政府的组织下，大规模维修、迁建文物建筑，导致社会上形成了一个新型的寄生型产业，就是寄生在各级文物保护单位肌体上的所谓“古建筑设计、维修业”，各种通过“八仙过海各显其能”而获得了某些“资质”的“古建筑公司”如雨后春笋般从地下冒了出来。这些公司的主要工作不是认真施工、努力提高技术，而是“公关”，败坏了文物界的风气，也成为孳生腐败的新领域。

3. 在维修、迁建文物建筑的潮流中，文博系统现有数量极少的古建筑专业人员或古建筑研究所也大都高度商业化了，个人往往被这些古建筑公司拉去做设计搞施工，事业单位的古建所往往实际上变成了企业化 的古建公司，整天忙于都揽生意，基本上放弃了科学研究工作。

4. 建设部门和高等学校的古建筑专业院、系、所也大都组建了数量众多的建筑师事务所，“古建筑保护规划”、“古建筑维修设计”等商业化的事务成为他们的主要工作，使要求高度科学化、技术化的文物保护工作变成了一个个低水平重复甚至是退化的“工程”。

（三）文物建筑保护工作的市场化、商业化之弊

1. 在文物建筑保护工作市场化、商业化的背景下，所有的参与此项工作的单位都往往以追求利润最大化为终极目标，因此在我们的人口素质和组织管理水平的背景下，一些设计、施工都必然偷工减料，设计深度很难到位，结果通常都是造成“保护性破坏”，制造出更多拙劣的仿制品和假古董。

2. 古建筑的科研机构和文物建筑保护工作人员大都参与到古建筑维修的市场里，真正的科学研究基本无暇顾及，维修工程中的材料和风貌都在市场经济的促使下大幅度改变，传统技术已经濒临失传。科学有一个基本要求，就是客观与公正，因此科学研究在原则上是不能与市场经济挂钩的，必须跳出市场之外。现在文物建筑保护相关的科研工作水平过低、停滞不前，多半是科研与市场挂钩的恶果。

（四）文物部门和文物工作者过少地参与文物建筑的保护和认定工作，使得文物建筑保护工作过多地依赖不熟悉文物性质和文物保护工作规律的建设部门，往往造成更严重的保护性破坏。

1. 文物部门举行的和文物工作者接受的古建筑专业培训和训练太少，专业从事文物建筑保护和研究的人员就更少。

2. 文物建筑保护工作过度地依赖、委托各种建筑设计院、建工院校下挂的建筑师事务所等商业或准商业机构，有时甚至依赖于由草台班子临时攒起来的某些私营企业公司，使得文物保护工程缺少监控，放任自流，使得许多文物保护工程最终成了文物破坏工程。

3. 国内只有极少数高等学校在文博专业内设置了古建筑专业，而使用的教材极其落后陈旧，既远远不能满足全社会对文物建筑保护人才的需求，又不能满足对文物建筑价值评定要准确、客观、公正的要求。

近年来可以看到大量有关“建设新农村”的文章，虽然大多数都能紧密联系我国农村的实际，但是议论的焦点往往集中在经济的、技术的、物质的层面，讨论乡镇规划、景观设计、经济增长等等，而忽略了文化的层面，忽略了“传统文化”与“现代化”

之间的继承、延续关系。“传统”就是我们自己的过去，在很大程度上左右着我们现在的行为，是一种“集体无意识”，是谁也摆脱不了的、不以我们自己的主观愿望为转移的客观强制力。因此我们必须了解实际、了解自己，才能制定正确的方针政策，选择正确的前进方向，如此才能更好地、科学有序地推进当下农村城镇化建设。

第二章　田野调查概况

本课题基础资料来源于我们多年来的实地调查。深圳市考古鉴定所的张一兵博士，在深圳博物馆和深圳市考古鉴定所工作期间，历10余年不辍，醉心于深圳本土传统建筑文化的调查和研究，走遍了深圳的田间巷陌，足迹也遍及南粤大地。积累了比较珍贵的田野调查资料。尤其重要的则是由龙岗区文物管理办公室组织实施的两次专项田野调查，采集到丰富而又翔实具体的第一手资料：一是2006年，原龙岗区开展的第一次有关客家民居（包括围屋、围村）的专项调查；二是第三次全国文物普查。这些调查资料的积累为我们这次课题的立项和开展基础研究，打下了坚实的基础。

第一节　客家民居专项调查及保护策略

2006年，由龙岗区文物管理办公室组织实施原龙岗区辖区内客家民居专项普查工作，此次针对全区客家民居进行专项调查的目的，是想比较全面的了解本地区客家民居的保存现状并鉴别分类，由区文物部门对具有保护价值的客家民居进行统一管理。对不具有文物保护价值的客家民居，由国土规划部门将其纳入历史建筑，研究改造办法，以达到分类管理的目的。

深圳地区的客家民居主要分布在其东北地区（原龙岗区范围），少量散布于罗湖区、宝安区等地。近年来，由于社会经济的不断发展，原居民物质生活日益丰富，以及城市化发展不断推进，许多客家民居已在旧城改造过程中被拆除。尤其是布吉、南湾、坂田、平湖等街道由于紧邻特区，已基本上无完整的客家民居或村落存留。现存客家民居主要分布在坑梓、坪山、坪地、龙岗、横岗五个街道辖区内。东部地区的大鹏、葵涌两街道辖区内只有少数几座围屋。南澳街道由于特殊的地理环境和原居民渔猎生活的习俗，仅发现一处。根据各街道当时上报的普查资料统计，对几个重点街道（龙岗、坪山、坑梓、坪地）调查结果抽查、复查、鉴别的情况看，有130多处客家民居属于有一定规模、保存现状尚可、围屋特征明显的老围。由于参加普查的人员均为各街道、各社区的文化干部，在文物专业知识欠缺的情况下，对一小部分小型的、保存状况极差或者围村围墙倒塌已无完整围屋形态的老围并不能作出准确的判断，也未列入调查名录。诸多因素造成了普查结果数据存在遗漏现象，但这并不影响当时对现有民居的分类和处置策略。

为了对不同时期、不同类型的客家民居进行有针对性的保护，首先根据保存现状对现存客家民居进行分类评价，以确定不同的保护模式和制定不同的保护策略。

根据已掌握的130多处客家民居的不同文物价值和保护现状制订相应的保护措施，分三类：

保存类。这类客家民居大都整体结构保存完好，具有一定的规模，建筑艺术水平较高，并可作为不同类型客家民居的代表。总体保护策略是严格按照《文物保护法》的要求进行保护。由文物部门公布为不可移动文物，并分批上报各级政府公布为各级文物保护单位。其保护策略：1. 申报定级。分期分批由各级人民政府公布为各级文物保护单位。2. 划定保护范围。根据不同保护级别，由规划、文物等部门共同划定重点保护区（保护范围）、一般保护区和建设控制区范围，或纳入城市紫线保护。3. 制定保护和管理措施。保护措施主要包括人、财、物的因素以及严格控制保护建筑周围的违章建设，改善周边环境和配套设施。4. 编制保护和利用规划。由规划和文物部门针对一类客家民居的保护现状，编制有针对性的总体保护和利用规划，报各级人民政府批准。批准后的保护规划具有法律效应，有利于可持续发展与保护利用。

保护类。这类客家民居大都外观格局尚在，建筑内部损毁较严重，主要要素遭到破坏，但个别单体建筑（或部分单元）保存较好，具有一定文物价值。同种类型的客家围屋数量较多，这类围屋或围村不具备典型性和代表性。对这类围屋和围村应针对不同情况进行风貌保护、街区保护或单体（单元）保护。其保护策略是：根据现存状况，在保持整体建筑风貌与格局或对重点单体建筑进行保护的基础上，改造古建筑的内部结构，以适合现代人居生活的需要。这种改造，可以根据需要对其内部结构进行二次改造，其目的就是要满足现代人生活居住的现代条件。改造后的这一类建筑在外观上是客家民居古朴的风格式样，其内部配置现代化的生活设施。对于部分结构和外观保存较好的这类客家民居，除了可以作为社区的文化娱乐阵地、老年人活动中心、社区图书馆、社区博物馆之外，可以吸引社会投资、在发展文化产业和旅游产业方面发挥其重要的作用。

整饬类。这类客家民居已基本或完全倒塌、建筑损毁严重、格局和风貌已被破坏。对这类客家民居的处置，除了文物部门普查登记、存留资料外，可根据城市规划和建设的需要，予以整治、拆除和清理。

总之，通过分类保护和处置，一方面把真正需要保护、保留的具有典型代表的客家民居留给子孙后代，把客家文化“活的化石”、物的象征一直延续传承，让客家文化薪火相传；另一方面，原龙岗区范围内的客家民居分布广泛、数量较多，政府部门不可能将之全部列入文物保护单位名录，这也不符合现实情况。从符合城市化发展需要的角度出发，进行合理安排，按照城市更新项目予以改造，既满足现有居民的生活需要，又符合科学发展观的要求。要妥善解决客家围屋和围村的保护和利用问题，通过合理的开发和利用赋予它新的生命和活力，使之成为深圳地域文化的一个重要有机组成部分。

第二节　第三次全国文物普查的历史性机遇

2005年底国务院发出关于加强文化遗产保护的通知指出，“把保护优秀的乡土建筑等文化遗产作为城镇化发展战略的重要内容”，第一次在国务院文件中明确将乡土建筑遗产保护纳入国家政府行为。乡土建筑、传统民居已走进人们保护的视野，各种类型的人类物质文化遗产以及非物质文化遗产都被纳入保护的范围。文化遗产的保护对象和保护范围已经发生了很大的变化，乡土建筑等许多新类型逐渐发展成为文化遗产保护的重要领域，从而实现从文物保护到文化遗产保护的国家战略的转变和提升。对深圳特区而言，目前保留的以客家围屋或围村、广府围村为主要特色的各类传统民居建筑是本地区乡土建筑的杰出代表。

2007 年国家文物局在关于加强乡土建筑保护的通知中进一步明确指出“乡土建筑作为我国文化遗产的重要组成部分，不仅是传统杰出建筑工艺的结晶，也是探寻中华文明发展历程不可或缺的宝贵实物资料，蕴藏着极其丰富的历史信息和文化内涵。乡土建筑以其鲜明的地域性、民族性和丰富多彩的形制风格，成为反映和构成文化多样性的重要元素”。要求将乡土建筑作为第三次全国文物普查（简称“三普”）的重点内容。通过普查准确掌握乡土建筑的资源分布和保护现状，并对其予以登记认定，公布为不可移动文物。及时将普查中发现的具有重要价值的乡土建筑公布为各级文物保护单位，将乡土建筑资源丰富、保存较好的村镇公布为历史文化名村、名镇。以举国之力开展的第三次全国文物普查为深圳东北地区传统民居的调查和保护工作创造了一次历史性的机遇。

开始于 2007 年 4 月的第三次全国文物普查工作历时 5 年。第三次全国文物普查与以往两次普查有着本质区别，普查手段的先进性、普查登记的全面性、资料登录的科学性，都是以往历次普查不可比拟的。正因为如此，从国家层面到区县一级的各级人民政府都体现出了非凡的责任心，专项资金的投入、普查队伍的组建、普查设备的配备，充分保障了第三次全国文物普查工作的顺利实施并取得丰硕成果。据统计，仅龙岗区、坪山新区、大鹏新区共登记各类文物点线索超过 700 条，其中清代至民国时期的传统民居建筑数量达 620 余处，占登记总数的 90%。经过文物部门的认真筛选，龙岗区政府最终选定了其中 270 处作为不可移动文物对外公布（龙岗、大鹏新区），坪山新区公布了 117 处。数量不菲的不可移动文物线索和已经公布的超过 400 处不可移动文物点、各级文物保护单位，构成了本区域传统建筑文化遗产基石。三普数据库的建设，为构建科学合理的文化遗产保护体系、切实保护本地区文化遗产奠定了坚实的基础，为有效保护和传承本地区客家文化遗产将发挥不可估量的作用。

据全国第三次文物普查的初步调查登记结果显示，本区域内现存大大小小围屋建筑（包括客家围屋和围村、广府围村、炮楼院等各类型民居）超过 600 座。各街道范围内围屋、围村分布情况多有差别。龙岗街道数量最多，有 85 座；坂田街道最少，只有 6 座。从地域上看，中部地区龙岗、龙城、横岗、坪地等四个街道围屋和围村数量占绝大多数，仅这四个街道就拥有 239 座。东部滨海三街道拥有 111 座，占 27%。坪山新区共有 173 座，其中坪山街道有 115 座、坑梓街道有 58 座。

现以龙岗街道为例说明：

经调查，龙岗街道范围目前保存的围屋和围村就有 85 座，其中面积在 5000 平方米以上的大型客家围屋、围村有 17 座，占 20%；面积在 1000 ~ 5000 平方米之间的中型围屋或围村有47座，占55%；面积在1000平方米以下的小型民居有21座，一般以炮楼院居多，占25%。从建筑风格来看，17座大型村落中，典型的客家围屋8座，广府围村和广客混合式村落8座，老墟镇1座；从年代上分析，广府围村的起建年代一般要早于客家围屋，广客混合式聚落的年代较晚。

面对这么多数量较为庞大的乡土建筑，尽管在国家层面，保护和利用的法律法规日益完善和科学，但是由于各地的社会、经济、文化以及民族、环境、生态等条件的差异，各地区的文化遗产保护与发展面临不同的挑战和机遇。原国家文物局局长单霁翔将之总结为五大问题：一是乡土建筑保护的法规问题（产权所有人的责任和权利不明晰，人们大多不愿意将自己所有的乡土建筑列入文物）；二是乡土建筑遗产保护的标准问题（现行标准制约保护、程序复杂）；三是乡土建筑遗产保护的政策问题（产权复杂管理难度加大）；四是乡土建筑遗产保护的投入问题（私有产权与私房公修）；五是乡土建筑遗产保护的人才问题（人才匮乏）。保护政策的缺失，已导致一大批较为珍贵的历史文化遗产的消失。因此，在国家大法的指导下，制定适合本地区文化遗产保护和利用实际的条例和规章政策尤为紧迫。现实中文物部门在处理城市更新项目中的民居保护问题时总处于进退两难的境地：一方面是原住民自身利益和权益要得到尊重和保护，另一方面文化遗产保护的紧迫性和使命感需要文物部门必须做出选择。

由于历史的原因，大量传统民居的历史艺术科学价值未被充分认识，它的价值尚需要进一步调查研究，随着研究工作的不断深入其价值才能被逐渐揭示出来。“乡土建筑遗产不仅是历史文化村镇的年轮，还是鲜活的人文教科书。它们应一方水土而生，印刻着鲜明的地域特征，具有经年累月由时光编制而成的秩序，具有融入民众血液的规则，成为世世代代恒久流传的文化基因……当各地成街成片的乡土建筑遗产从地域版图上迅速消失，人们就会发现失去的不仅仅是乡土建筑遗产，而且是人们的文化传统和生活模式，是人们赖以生存的精神家园”（单霁翔《从“文物保护”走向“文化遗产保护”》，天津大学出版社，2008年）。这正是本课题研究的基本目的之一。

第三节　本地区各街道范围内部分围屋建筑统计

课题组对本地区范围内现存的围屋建筑分别作了统计和简单分类，见表3～15。

表3　平湖街道围屋统计分类表

街道	编号	名称	年代	面积（m²）	客家系	广府系	现状
平湖	1	辅城坳老围	清末	2700		√	位于辅城坳社区，面正南，一条南北主巷道将四排房屋分为左右两部分，从前至后步步高起。房屋多为单间两进结构，带门罩，均用三合土夯筑而成，歇山顶

续表 3

街道	编号	名称	年代	面积（㎡）	客家系	广府系	现状
平湖	2	白坭坑老围	明	6352		√	位于白坭坑社区，正面朝西偏南35度，通面阔82.5米，最大进深77米，占地面积6352.5平方米。始建于明代，由中心巷道及左右各6排屋、外加围屋围组成老围整体。正面开有一门，围内排屋之间仅一米宽的巷道分隔，地势前低后高。房屋多为齐头单间、两进，大部分房屋的大门带有门罩，饰博古灰塑。房屋用三合土、青砖砌墙而起，硬山顶，覆灰板瓦。东南角有一祠堂，大门书“东野刘公祠”，单间两进
	3	大松园老围	清末	5500	√		位于良安田社区，朝向东偏北20度，占地面积5500平方米。清末建筑，由排屋、祠堂、炮楼组成老围整体。祠堂位于中轴线上，单间一进，正门额书“刘氏宗祠”。以祠堂为中心，左右建筑四排房屋，依次排列。斗廊齐头三间两廊居多，三合土墙，硬山顶。炮楼位于西北角，高四层，平面呈方形，天台女墙方桶式，四面开窗和横条形射击孔，顶层对角设铳斗。整体结构布局尚存
	4	大皇公老屋	清末	1550		√	位于良安田社区，正面朝向东南，现存建筑通面阔50米，进深31米，占地面积约1550平方米。清末建筑，仅存中心巷道、左右少量排屋、炮楼和外门楼。房屋为齐头三间两廊结构，廊屋都开有一门，带门罩。土木结构，房屋顶覆灰板瓦。外门楼位于照墙南侧。炮楼位于北侧，高三层，平面呈长方形，为天台女墙方桶式炮楼，顶饰蓝带，四面开有小窗和射击孔。整体保存一般
	5	鹅公岭大围	清	25000		√	位于鹅公岭社区，正面朝南，围内排屋建筑可划分三大部分：中间南向6排房屋呈梳式布局，门向均朝南；东南片部分排屋正门大体朝向西南，由中心巷道和左右8排房屋组成；西面片区门向东南，3排房屋。西南角1座3层天台栏墙方桶式炮楼；中间片区的梳式布局建筑西北角1座4层天台女墙方桶式炮楼。排屋建筑多为青砖砌墙
	6	永安门老围	清末	2031	√		位于新南社区，正面朝东南，大门正对一条主巷道，左右依次排列为四排，都为硬山顶单间土木结构，房屋顶覆灰板瓦。炮楼位于东北角，高四层，平面呈长方形，天台女墙方桶式炮楼
	7	平湖大围	明	15000		√	位于平湖社区，始建于明末，现存建筑主体为清代及以后，正面朝东南，共12排屋，排屋周围为一圈不规则形围墙。原正门已废弃。现存东西两门是后期改建。进入东大门即是“刘氏宗祠”，西北角有“广利祠”。排屋用青砖砌起，硬山顶、覆灰板瓦、脊饰博古带门罩，部分房屋三开间两进，檐口饰精美木刻。由2条主巷道分隔成3部分，从前至后步步高起。祠堂位于东北角，面阔三间三进。正门额书“刘氏宗祠”。祠堂右侧有一口古井，井壁用青砖砌券，井口用石条砌成八边形，口径1.17米。据《刘氏家谱》记载，刘氏祖先先由南雄珠机基巷迁至东莞后迁至深圳丹竹头，再至平湖大围。大围整体结构布局尚存

续表 3

街道	编号	名称	年代	面积（㎡）	客家系	广府系	现状
平湖	8	松柏围	清	5400		√	位于平湖社区，正面朝东南，由3条主巷道分隔9排房屋，房屋面向正东南。排屋多用青砖砌墙，少部分用三合土夯筑，硬山顶、覆灰板瓦，脊饰博古带门罩；后排有三房屋为锅耳山墙。房屋大部分为三开间两进，檐口有精美木刻。整体排屋由三条主巷道分隔，从前至后不断高起。大部分建筑尚存，原村民由南雄珠机基巷迁至东莞后迁至深圳丹竹头，再至平湖大围，均为刘姓。明末刘氏十四世本刚在大围立围，其子十五世武弼在松柏围立围，发展至今已有三十五世。在封建的科举时代，松柏围有“九代不扶犁”的美誉
	9	白坭坑老屋	明	4800		√	位于白坭坑社区，坐南朝北，占地面积4800平方米。清末建筑，由数排广府排屋组成老围整体。一条南北主巷道将六排房屋分作左右，现存排屋主要分布在西边。东部排屋多已改建。房屋多为齐头单间两进结构，部分三间两廊结构，都用三合土夯筑而成，顶覆灰板瓦。排屋大门多带门罩，饰博古灰塑。排屋从前至后步步高起，便于排水也有步步高升之意。外围已不存
	10	良安田老围	清	2540		√	位于良安田社区，坐西北朝东南，通面阔40米，最大进深35米，占地面积约为2540平方米。晚清时建筑，由祠堂和排屋组成。建筑为土木结构，顶覆灰板瓦。祠堂位于东北角，面阔三间两进，正门书“秋硕刘公祠”。祠堂右侧为三排屋，前两排屋都为七间，第三排为六间，齐头单间结构，带门罩。外围已不存
	11	山厦老围	清	8800		√	位于山厦社区，坐北朝南，通面宽110米，进深80米，建筑占地面积约8800平方米。清代中期建筑，原为大型广府式排屋，现存状况观察原至少有9排房屋外加一围，现多已改建成现代民居。老围由一条宽约1.5米的南北主巷道将房屋分隔，依次为九排，从前至后步步高起。排屋为硬山顶，单间带阁楼。大门带门罩，三合土墙，顶部用青砖砌墙，脊饰博古.保存较差
	12	元屋围	清	4000		√	位于凤凰社区，坐西北面东南，占地面积约4000平方米，清代建筑。由排屋和祠堂组成老围整体。以祠堂为中心周边不规则地建排屋。祠堂面阔三间两进，檐枋饰灰塑、木刻等，脊饰灰塑博古。排屋多为单间两进结构，都带有门罩，硬山顶与歇山顶交错排列。墙的下半部为夯土，上半部为青砖墙，木结构屋顶，顶覆灰板瓦，整体保存较差
	13	新围仔老围	明	1575	√		位于新木社区，坐东南面西北，占地面积1575平方米。明代建筑，由数排房屋组成老围整体。一条东西主巷道将不规则的数排房屋分作左右。房屋墙体以青砖为主，硬山顶单间，部分带有门罩。祠堂位于主巷道右侧，面阔三间两进，整体保存较差

表 4　布吉街道围屋统计分类表

街道	编号	名称	年代	面积（㎡）	客家系	广府系	现状
	1	下水径老屋	清末	2275	√		位于水径社区，正面朝南偏东 10 度，中间排屋从南到北排列成三排，第二、三排当心间为一祠堂，左右两横屋均为硬山顶单间式，炮楼位于西北角

表 5　南湾街道围屋统计分类表

街道	编号	名称	年代	面积（㎡）	客家系	广府系	现状
南湾	1	丹竹头围肚	清末	3800	√		位于丹竹头社区，正面朝南偏东 35 度，依次排列五排房屋，斗廊齐头三间两廊为主，围内共有六个祠堂，分别是“世泰沈公祠”、“张胜公祠”、“沈氏宗祠”、“凌氏宗祠”、“罗氏宗祠”和“世昌沈公祠”。除沈氏宗祠为单间外，其他宗祠都面阔三间深两进
	2	吉厦老围	清末	18400	√		位于吉厦社区，正面朝南偏东 20 度，村内房屋由三条南北主巷道分隔成四部分，依次排列成五排，以斗廊齐头三间两廊为主，前排房屋中间开一拱门，书“吉厦”二字。均用三合土掺杂青砖筑墙，顶覆灰板瓦。为客家人居住的广府系围屋
	3	田心围屋	清末	2200	√		位于上李朗社区，坐北朝南，通面阔 50 米，进深 44 米，围内共有四排房屋，都为硬山顶三间两廊结构，第一排房屋中间有一炮楼，正面开三门，左右各开一门，占地面积约 2200 平方米，清末时期建筑。原为客家围屋，正门内凹 0.5 米，左右各开一门，东门朝西南，西门朝东南。居民以凌姓为主，讲客家方言
	4	南岭围	清末	1225	√		位于南岭社区，坐西南面东北，通面阔 50 米，进深 27 米，占地面积约 1225 平方米。清末时期建筑，为客家围屋。正面开一门，书“南岭”二字，围内共有八个祠堂，“绍玉张公祠”位于中间，面阔三间两进，其他祠堂都为单间一进，分别是“维创张公祠”、“绍华张公祠”、“林氏宗祠”、“袁氏宗祠”、“李氏宗祠”、“邱氏宗祠”、“谭氏宗祠”。围内房屋依次排列为三排，均为齐头三间两廊结构，三合土墙，顶覆灰板瓦。大门前有一月池
	5	下李朗老围	清末	6650	√		位于下李朗社区，坐西朝东，通面阔 95 米，进深 70 米，占地面积约 6650 平方米。清末时期建筑，为客家人居住的广府围屋建筑，正面开一门，正门正对一条东西主巷道。以巷道为中心，左右各建五排房屋，斗廊齐头三间两廊结构为主。第二排房屋有三个宗祠，分别为“吴氏宗祠”、“凌氏宗祠”、“江氏宗祠”，都为面阔三间两进结构。北横屋基本改建或倒塌，整体保存状况一般

表6　横岗街道围屋统计分类表

街道	编号	名称	年代	面积（m²）	客家系	广府系	现状
横岗	1	莘塘围屋	清	7700	√		位于大康社区，正门朝东偏北25度，通面阔110米，进深62米，占地面积约7700平方米。清末时期建筑，三堂六横四角楼一枕杠布局。正面开三石拱券门，正门书“莘塘”二字。左右两围开一门。祠堂位于中轴线上，面阔三间，最大进深26米，正门书“上坑世泽”。木梁架结构，于近年重修，檐口壁画清晰，檐板木刻精美。四个角楼除西南角尚存外，其他基本已倒，角楼高三层。围内房屋倒塌较多，后部比前部明显高出，利于排水，月池尚存，基本结构布局尚存，保存状况一般
	2	凤山围屋	民国	3000	√		位于大康社区，坐西南面东北，通面阔64.5米，进深45米，占地面积约3000平方米。土木结构，正面开一门。祠堂位于中轴线上，面阔三间三进，廖姓人家，中堂迎门书“兰桂腾芳”。祠堂于2002年1月重修，保存较好。两横屋已塌或改建，房屋为齐头三间两廊结构，檐口木刻仍清晰
	3	龙村世居	清嘉庆三年（1798年）	2300	√		位于大康社区，坐东南面西北，通面阔55米，进深50米，占地面积2300平方米。清代建筑，原为客家排屋围。前面开一门，书“龙村”二字。中部为祠堂，面阔三间三进，书“龙村世居”。中堂为木梁架，前后出廊，前廊檐枋所饰山水人物壁画、檐口木刻隐约可见。除祠堂外，其他房屋大部分倒塌，西南角剩一角楼，高三层。整体保存状况较差
	4	高围新居	清	3250	√		位于四联社区，坐西朝东，占地面积3250平方米。清末时期建筑，内排屋四角楼结构，通面阔50米，进深65米。正面开三门，正门匾额书“高围新居”四字，祠堂位于中轴线上，面阔三间深三进。中堂以石柱顶梁，木梁架，刻花卉，檐口木刻花、鸟、书卷等。四角楼现存三座，高两层，平面呈方形。整体布局尚存
	5	麻地老围	清	3750	√		位于六约社区，正面朝北偏东45度，通面阔70米，最大进深60米，占地面积3750平方米。清代建筑，为排屋围带两角楼，后期后部加建两排房屋。正面开一石拱券门，角楼分别位于东、北两角，高两层，平面呈正方形，瓦坡腰檐式。四面开有小窗，屋脊饰博古。围内房屋依次排列成三排，由两条主巷道分隔成三部分。房屋部分斗廊齐头三间两廊结构，部分为硬山顶单间结构，后加建房屋为硬山顶三开间，高两层，檐口饰山水花鸟壁画，木雕脊饰博古。房屋从前至后步步高起，土木结构，房屋顶覆灰板瓦。整体结构布局尚存，保存状况一般

续表 6

街道	编号	名称	年代	面积（㎡）	客家系	广府系	现状
横岗	6	塘坑围屋	清	2400	√		位于六约社区，正面朝西偏南 20 度，建筑占地面积 2400 平方米，为客家围屋建筑。正面开三门，正门高起 0.5 米，脊饰博古。通面阔 50 米，最大进深 80 米。围屋内共由四排房屋组成，由一条东西走向的巷道分隔，左右各建四排，为硬山顶单间式，也有部分为硬山三间两廊结构。祠堂位于南面第三排房屋内，单间，已无人使用。北横屋部分改建，其他房屋保存尚可，原有的月池已填平。整体结构布局仍可见
	7	李家园	清末	1080	√		位于西坑社区，正门朝东偏南 20 度，通面阔 40 米，进深 27 米，占地面积约 1080 平方米。清末时期建筑，由一外门楼和数排房屋组成。外门楼用麻石砌门，书“李家园”三字。园内房屋坐南朝北，依次排成三排，硬山顶单间，三合土墙。部分房屋倒塌或改建，整体保存一般
	8	新坡塘老围	清	5800	√		位于保安社区，坐东南面西北，通面阔 116 米，进深 50 米，占地面积约 5800 平方米。清末时期建筑，由数排房屋组成整体。老屋村正面开一门，额书“新坡塘”三字，村内建筑以硬山顶，三间两廊结构的居多，由数条巷道分隔。部分房屋檐口饰人物、山水、花鸟壁画等，部分房屋已倒，整体保存一般
	9	大福老围	清	3345	√		位于保安社区，面东南，由祠堂、炮楼和数排房屋组成，以祠堂为中心，周边建数排房屋，斗廊齐头和尖头的三间两廊结构为主，炮楼位于东南角
	10	大万围屋	清	5060	√		位于大康社区，坐东朝西，通面阔 88 米，进深 57 米，占地面积约 5060 平方米。清代建筑，由排屋、炮楼、围屋组成。一排为倒座，开一大门和两个小门，正大门书“大万”二字，两小门正对横屋的巷道。村内房屋由三条东西走向的巷道分隔成四部分，依次排列成三排，斗廊齐头三间两廊结构，三合土夯筑而成。炮楼位于西北角，高四层，天台女墙方桶式炮楼，南面书“崇安楼”，外墙已改。东南角房屋部分改建，整体结构布局尚存
	11	东升围屋	民国	3334	√		位于保安社区，正面朝东偏南 40 度，建筑占地面积 3334 平方米，民国时期建筑。排屋围带四角楼结构，通面阔 60 米，最大进深 40 米。祠堂位于中轴线上，正门书“永彩李公祠”，屋脊饰精美灰塑，单间三进。中堂开圆形门。两座炮楼分别位于东南和东北角，高四层，平面呈长方形，天台女墙方桶式，四面开窗带弧形窗罩，顶层带两个鱼形排水口。外门楼和照墙将两炮楼连接在一起，外门楼为石拱券门，书“东升”二字。围内房屋为斗廊齐头三间两廊结构，檐枋饰人物、花鸟壁画，脊饰博古。北横屋中部不存或未被建起，整体结构布局尚存，保存尚可

续表 6

街道	编号	名称	年代	面积（m²）	客家系	广府系	现状
横岗	12	田坑世居	清	4050	√		位于四联社区，正门朝西偏北25度，面宽95米，进深40.5米，占地面积为4050平方米。清代建筑，排屋围。正面开三门正，门额书“田坑世居”四字。祠堂位于中间，单间两进，以祠堂为中心，左右各建两排屋，斗廊齐头三间两廊结构。建筑均用三合土夯筑而成。整体保存较差
	13	和悦老围	清	5150	√		位于横岗社区，面正北，通面阔110米，进深49米，占地面积5150平方米。清代建筑，由祠堂、角楼、房屋组成。一条南北走向的围墙将其分隔成两部分，左边为四角楼和一围建筑，正面开一石拱券门，上额书“宜安”二字。四角楼现存三座，东南角楼已不存或未建起，西北西南角楼为瓦坡腰檐式，高三层，东北角楼为素瓦顶式，高两层。中部为祠堂，面阔三间深两进，正门书“玉公祠”，檐口饰山水、人物的壁画、木刻等，祠堂为木梁架，开三拱门。右边正门开一石拱券门，额书“桐冈”二字，由南北巷道分隔左右各建两排房屋，斗廊齐头三间两廊式结构。整体结构布局尚存，保存现状一般
	14	窝肚老围	清	2784	√		位于保安社区，正门朝南，通面阔87米，进深32米，占地面积2784平方米。清代建筑，由排屋、祠堂组成整体。祠堂位于东南角第一排房屋内，单间三进，正门书“楼坑”二字，于近年重修保存较好。大门檐口饰人物壁画，排屋由两条南北巷道分隔依次排成三排，斗廊齐头，土木结构。东南角房屋大部分倒塌严重。整体保存较差
	15	大康福田世居	清	3672	√		位于大康社区，坐东北面西南，通面阔72米，进深51米，占地面积约3672平方米。清代建筑，由横屋、排屋、月池和围屋组成整体。福田世居正面开三门，正门匾额书“福田世居”四字，其他两门即通往横屋的巷道。祠堂位于左侧，三开间两进，正门书“圣公祠”。后堂以石柱顶梁，木梁架，刻花草，檐枋木刻清晰，已无人使用。三条东西走向的巷道将排屋分为四部分，排屋为齐头三间两廊和硬山顶单间居多
	16	下中老屋	清	1434	√		位于大康社区，坐西南面东北，通面阔38米，进深45米，占地面约1434平方米。清代建筑，原为客家围屋，现仅剩祠堂和一排屋。祠堂位于东南面，三开间两进，北边有一外门楼，排屋为九开间，斗廊齐头三间两廊结构。檐口所饰山水花鸟壁画、木刻等仍可见，其他房屋已基本不存，土木结构，整体保存状况较差
	17	七村围屋	清末	1200	√		位于安良社区，坐东南面西北，通面阔50米，进深31米，占地面积约1200平方米。清末建筑，排屋围布局。正面开一门，门向偏西。祠堂位于中轴线上，中堂和后堂都已倒，仍可看出原本的布局，但保存现状较差

续表 6

街道	编号	名称	年代	面积（㎡）	客家系	广府系	现状
横岗	18	莘田围屋	清	1050	√		位于安良社区，面正西，三堂两横带伸手屋照墙结构，当心间为祠堂，第一排房屋开三石拱券门，最后一排排屋三间，巷道左右各开一拱门，排屋为斗廊齐头三间两廊结构
	19	八村老围	清末	2750	√		位于安良社区，正面朝北偏东 25 度，建筑占地面积 2750 平方米。清末建筑，由数排房屋组成的老屋村整体。建筑为土木结构，顶覆灰板瓦。村内有两个祠堂，一个位于北面，正对大门，单间；一个位于西北角，面阔三间三进，檐枋饰精美木刻、花鸟、人物壁画。中堂以石柱顶梁，梁架结构为木梁架，部分已倒塌。以祠堂为中心，周边不规则地建排屋，均为硬山顶，部分饰博古，门罩等。整体保存一般
	20	西坑围屋	清	5200	√		位于西坑社区，正面朝北偏西 20 度，通面阔 80 米，最大进深 65 米，占地面积约 5200 平方米。清代建筑，排屋式围屋布局。正面开石拱券门，书“西坑”二字。檐口饰壁画、花鸟、人物，檐枋所饰花卉木刻仍清晰。围内现存有三个祠堂分别为“余氏宗祠”、“魏氏宗祠”和“会氏宗祠”，均为单间，整体保存较差
	21	龙安围屋	民国	1500	√		位于西坑社区，正面朝北偏西 20 度。通面阔 50 米，进深 30 米，建筑占地面积 1500 平方米，民国建筑，客家围屋，三堂两横布局。正面开三门，正堂三间比倒座高约 0.6 米，石拱券门，书“龙安”二字。檐枋木刻，横屋过道与左右两门相接。祠堂位于中轴线上，单间，左右各开一门与第三排房屋过道相通，围内房屋均为硬山顶，三合土墙。整体结构布局尚存
	22	梧岗围屋	民国	2280	√		位于西坑社区，坐西南面东北，通面阔 57 米，进深 40 米，建筑占地面积约 2280 平方米。原为客家围屋建筑，现仅剩倒座、房屋和祠堂。建筑均用土石木结构筑成。正面开一石拱券门，书“梧冈”二字。房屋依次排列，第三排有“丘氏宗祠”，为单间两进式，于近年重修过保存较好。第四排有“何氏宗祠”，面阔三间两进，也于近年重修。村内仅剩的房屋均为硬山顶三间两廊和斗廊齐头三间两廊结构，部分房屋檐枋饰诗词、花鸟等壁画，脊饰博古。围屋历史风貌已不存，保存较差
	23	马五老屋村	清末	1137	√		位于保安社区，正面朝东偏北 20 度，占地面积 1137 平方米，清末时期建筑。原为客家围屋建筑，现仅剩几排房屋和东角楼。祠堂位于中轴线上，面阔三间三进，面宽 4 米，进深 7 米，大门书“罗氏宗祠”，檐枋饰人物花鸟雕刻、壁画。木梁架，脊饰博骨、灰雕等。东南横屋尚存，高两层，青砖砌墙，保存较好。角楼位于东面，瓦坡腰檐式，高三层，平面呈正方形，四面开小窗和竖条形射击孔。整体保存状况一般

表 7　龙岗街道围屋统计分类表

街道	编号	名称	年代	面积（m²）	客家系	广府系	现状
龙岗	1	积福世居	清	1400	√		位于南约社区积谷田老屋村，正门朝东偏北 10 度，面宽 37.5 米，进深约 40 米，建筑占地面积 1400 平方米。开有三门，其门额书“积福世居”四字。堂横屋带角楼布局，东南和西南侧大部分已改建。东北角楼较完整，高三层，硬山顶，四面开有小窗。围内由三排尖头和齐头排屋组成，均为三间两廊式
	2	简湖世居	清嘉庆九年（1804 年）	4000	√		位于南联社区简一村，正面朝南偏西 40 度，面阔约 128 米，进深约 55 米，建筑占地面积约 4000 平方米。由周氏家族始建于清嘉庆九年（1804 年），该建筑外门楼朝南，中间由不规则的排屋组成，均为晚期民国以来建筑，房屋结构为厅堂式带阁楼，硬山顶，覆灰板瓦。门楼匾额书“简湖世居”四字
	3	秀挹辰恒围屋	清道光三年（1823 年）	15000	√		位于南联社区巫屋村，正门北偏东 30 度，面宽约 80 米，进深约 60 米，建筑占地面积 15000 平方米。建于清道光三年，整个建筑以“巫氏宗祠”为核心，原为三堂四横式客家围，前有月池。均由三合土夯筑而成。宗祠结构相对较完整，月池尚存，外围现不存
	4	环水楼	清光绪二十六年（1900 年）	4000	√		位于龙东社区兰三村，正门南偏西 40 度，通面阔 55 米，进深 58 米，建筑面积 4000 平方米。清末时期建筑，整体布局为三堂两横四角楼带一倒座和伸手屋，角楼现存三座。环水楼是叶氏族人从淡水沙坑迁藉于此，已有 100 多年历史，叶氏后代在清代出过三位进士。正门额书“环水楼”。横屋高两层、角楼高三层，都是硬山顶，承重墙以三合土、泥砖为主。祠堂面阔三间三进，屋檐下有木雕。中堂台阶较高，门额书“岁进士”，同治十二年癸酉加授翰林院，屏门匾额书“岁进士”光绪二年。角楼平面呈正方形，四面开有小窗和射击孔，月池位于正门前 11 米处，已填了一半。月池右侧有一外门楼，门额书“仁兴门”，西边有一口古井，水质已污染。整体保存较好
	5	新大坑	清道光五年（1825 年）	7350	√		位于龙东社区新大坑村，建于清道光五年（1825 年），正门朝北，建筑占地面积 7350 平方米，面阔 105 米，进深 70 米。三堂四横一枕杠加倒座建筑，正面开三门，左右两门已堵，正门额书“新大坑”。大门里侧有一牌坊书“尚义流芳”，祠堂位于中心，面阔三间深三进，中堂木梁架，有木雕。四个角楼屋顶已不存，右横屋已倒或改建，左边横屋尚存，正对大门有一月池，整体保存一般
	6	井源世居	清末年间	2050	√		位于龙东社区上井村，建于清末年间，为堂横屋（三堂两横）带四角楼建筑。建筑占地面积 2050 平方米，门向朝东，通面阔 54 米，进深 38 米，均用三合土夯筑而成。整体建筑地面由前至后步步高起，利于排水，也有步步高升吉祥之意。祠堂位于中轴线上三开间三进布局

续表 7

街道	编号	名称	年代	面积（m²）	客家系	广府系	现状
龙岗	7	尚义旧家	清	4200	√		位于同乐社区老大坑村，正面朝西南，占地面积4200平方米。清代建筑，为三堂四横一枕杠带伸手屋布局。建筑面阔70米，进深60米，土木结构。正面开三门，正门额书“尚义旧家”四字，正门与祠堂相对，两侧门与左右天街相通。祠堂面阔三间三进，左右横屋过道有改建现象，正大门外10米处是月池，半径为32米。月池与围之间建有两伸手屋、硬山顶，建筑墙体均用三合土夯筑而成，整体布局尚存
	8	凤冈世居	清	3200	√		位于同乐社区丰顺村，正门朝北偏西25度，面宽约74米，进深约60米，建筑占地面积3200平方米。晚清建筑，二堂二横两围倒座结构。先建内围，后建外围，外围只建了倒座，其他用三合土夯筑成围墙。正面开三门，正门为石拱券门，门楣书“凤冈世居”四字。左右两边已封闭，中部为三开间两进祠堂。角楼分别位于西北和西南角，高三层，平面呈方形，二三层开瞭望窗，歇山顶，西北面开有拱门
	9	阳和世居	清嘉庆十三年（1808年）	3575	√		位于同乐社区阳和浪村，正门朝西北，面阔约55米，进深约50米，占地面积3575平方米。清中期建筑，为三堂两横四角楼一围龙带望楼及走马廊布局，面阔55米，进深65米。土木结构，前部是围墙无围屋，左右围仍完整，后围剩一大半。南边横屋尚存，北边已倒，月池已填平。正面开三门，正门为石拱券门，门楣书“阳和世居”四字。祠堂为三开间三进，中堂前后出廊，木梁架，方石柱，迎门上书“福禄寿”。角楼高三层，平面呈方形，歇山顶，船形脊，每层开窗及射击孔。南北侧顶层开小门，东西之间有走马廊
	10	上梨园老屋	清嘉庆十一年（1806年）	2157	√		位于龙岗社区梨园村，约建于1806年。正门朝南偏东25度，面阔49米，进深36米，建筑面积为2157平方米。建筑整体布局为三堂两横一围，伸手屋带照墙。房屋均为三合土墙，硬山顶，覆灰板瓦，横屋的房间带阁楼。祠堂位于老屋中间，钟姓人家，西南边有一外门楼（转斗门）
	11	梅岗世居	清乾隆四十三年（1778年）	4500	√		位于龙岗社区杨梅岗村，正面朝北偏东25度，建于清乾隆四十三年（1778年）。面阔67.5米，进深63.2米，占地面积4500平方米。该建筑为三堂两横加一枕杠，前倒座布局。倒座前有月池禾秤，月池宽67.5米，最大垂直距离26米，与建筑之间距离为11米。正面开三门，左右两门已堵，正门为石拱券门，门额石匾书“梅岗世居”四字，祠堂为三堂五开间，木梁架。除两个角楼未完工外，其余五个角楼保存完整。平面呈长方形，高三层歇山顶，各层有射击孔，第三层开两门。各角楼间有走马廊相连，因前围完工，可与之相通，两侧围屋因财力问题末及建成，因而无法相通

续表 7

街道	编号	名称	年代	面积（㎡）	客家系	广府系	现状
龙岗	12	安贞堂	清乾隆四十三年（1778年）	6500	√		位于龙岗社区锦安路梅岗安贞村，正面朝东偏南20度，通面阔82米，进深80米，建筑占地面积约为6500平方米。建于清乾隆四十三年（1778年），为三堂四横、一枕杠、一倒座四角楼建筑，以祠堂为中心左右各建两横屋，高两层带阁楼。四个角楼现存两座，高三层，墙体以三合土、泥砖为主，屋顶均为硬山双坡顶。原有月池已填埋
	13	沙井世居	清康熙四十五年（1706年）	3000	√		位于南约社区联和沙泉老屋村，正面朝北偏东10度，面宽约56米，进深约54米，建筑占地面积3000平方米。建于康熙四十五年（1706年），原为客家围屋，有房屋110余套，现仅存围墙和祠堂，为土木结构。四个角楼和其他横屋已倒塌，前有一月池，月池西北角有一口古井
	14	余氏宗祠	清	1400	√		位于南约社区水背龙二村，由余氏16世祖裴彰，于雍正年间从黄竹沥迁移此地。面宽约40米，进深约37.5米，建筑占地面积约1400平方米。宗祠建于乾隆年间，先建祖祠于上幢，再于光绪年间移建至第二幢一连三进，于1985年重修过一次，整体布局为三堂二横式围屋，前有半月形风水塘，围内建筑大多为土砖墙。宗祠正面朝北偏西15度，大门额书“余氏宗祠”，中堂书“慈孝彝德”，下堂为“三谏堂”
	15	龙田世居	清	2756	√		位于南约社区大浪村，面宽约58米，进深约34米，建筑占地面积约2756平方米，前有月池。清末建筑，堂横屋（三堂两横）带四角楼方围屋。正门上雕花仍保存清晰，雕刻细致，木梁架。四角楼平面呈长方形，高三层，硬山顶。房屋内严重破损、污染。有部分房屋曾被火烧毁。祠堂保存较好，其木雕工艺相当精美，具有较高的艺术价值
	16	南联龙塘世居	清嘉庆七年（1802年）	4000	√		位丁南联社区黄龙塘村，正门朝西偏北35度，面宽约47.5米，进深约30.5米，建筑占地面积4000平方米。清代建筑，为四角楼三堂两横式围屋，三合土墙。门额上书“龙塘世居”，围内7排房屋现存房数有66间。围前有月池，保存较完整。角楼硬山顶，菱角牙子出檐。东侧有齐头排屋两栋，均为三间两廊式格局，带阁楼。祠堂保存较好。嘉庆年间李氏家族祖辈由福建迁移到黄龙塘村始建
	17	正埔岭	清	4996	√		位于南联社区向前村，清乾隆年间潮源公始建，坐北朝南。面宽约100米，进深约52.5米，建筑占地面积4996平方米。现为三堂、四横、一围龙带一倒座，五炮楼的建筑。先建围龙屋再建四横屋，两侧二横组成五套“斗廊式”单元房，前面建一倒座与横屋相接，倒座与原围龙屋的堂横屋以天街相隔，倒座高二层、三座门。均由三合土夯筑而成，围前有禾坪与月池

续表 7

街道	编号	名称	年代	面积（m²）	客家系	广府系	现状
龙岗	18	紫阳世居	清	2100	√		位于南联社区简二三家村，正门朝北偏西 15 度，面宽 49 米，进深 43.5 米，建筑占地面积约 2100 平方米。清代建筑，三堂两横式围屋布局。正门书“紫阳世居”四字，图有壁画。西边有一门，正门里有“朱氏宗祠”。房屋为硬山顶，均由三合土、泥砖筑成
	19	龙和世居	清同治七年（1868 年）	5200	√		位于南联社区昔安村，正面朝北偏东 30 度，面宽 72 米，进深 72 米，建筑占地面积约 5200 平方米。罗氏族人由兴宁县移居到此。晚清建筑，三堂二横式布局，现存 2 角楼，横屋被分为 35 间。建筑正面开三门，厅内设有一祠堂，用于祭祀，祠堂为木梁架，所饰雕刻较好。横屋高二层、角楼高三层，硬山顶。由三合土、泥砖建成
	20	启明呈瑞围屋	清	2000	√		位于新生社区低山村，正面朝南偏西 30 度，约为清末时期建筑。外门楼朝东南，面阔 50 米，进深 40 米，占地约有 2000 平方米。外门楼额书“启明呈瑞”，原为三堂两横客家围建筑、方形。前有月池，房屋结构大多为三间两廊式，东南、西南角楼也尚存，土砖墙，硬山顶，覆灰板瓦。整体现状较差。业主多姓曾
	21	璇庆新居	民国	2200	√		位于龙东社区沙背坜村，正门朝南，通面阔 55 米，进深 40 米，占地面积约为 2200 平方米。建于民国时期，整体布局为三堂两横带四角楼结构，现存两角楼。正面开三门，正门额书“璇庆新居”四字，祠堂为三进式，木梁架，屋檐有木雕、灰雕，女墙装饰具有浓郁的西洋风格。横屋高两层，砖木结构，硬山顶。角楼高三层，顶部有灰塑，四面开有小窗和射击孔，整体保存尚可
	22	大田世居	清道光五年（1825 年）	25000	√		位于龙东社区陈源盛村，正门朝南，包括月池占地面积 25000 平方米。始建于清道光五年（1825 年），通面阔 80 米，进深 67.5 米，三堂二横一围四角楼带伸手屋结构。正面开三门，正门额书“大田世居”。进大门后有一牌坊，坊书“义笃江州”，背面书“晕承颖水”。祠堂位于中心，面阔三间深三进，中堂梁架为木梁架。四角楼现存两座，分别位于西北角和东北角。东北角楼高三层，素瓦坡式；西北角楼硬山顶带锅耳山墙。正对大门有一月池，伸手屋位于月池和围屋之间，有马头风火山墙装饰
	23	圳埔世居	明万历十六年（1588 年）	25000		√	位于南联社区圳埔老屋村，正门朝西偏南 25 度，面宽约 95 米，进深约 67.5 米，建筑占地面积约 25000 平方米。始建于明代，前有月池，部分楼房已拆被建为现代建筑居民。内设有三个祠堂，分别为“严氏宗祠”、“薛氏宗祠”和“李氏宗祠”。建筑由三合土、土砖筑墙，斗廊齐头式排屋和斗廊尖头式排屋混合组成。现存七横六列排屋，有中心卷

续表 7

街道	编号	名称	年代	面积（㎡）	客家系	广府系	现状
龙岗	24	赤石岗老围	清	7150	√		位于龙东社区赤石岗村，正面朝东偏北 25 度，现在建筑面宽约 130 米，进深约 75 米，占地面积约 7150 平方米。由东西巷道分隔，左边建四排屋，右边建五排屋和两个炮楼组成。祠堂位于东南角第一排屋中间，祠堂为三开间两进，正门书“孙氏宗祠”，正对祠堂大门，原有一月池现已填埋。炮楼位于东南角和东北角，高四层、平顶，开有小窗，排屋以斗廊尖头排屋为主，部分为单元式，都带有阁楼，保存尚可
	25	吓坑老围村②	清	7200	√		位于同乐社区吓坑村，正面朝西北，面宽约 60 米，进深约 77 米，建筑占地面积约 7200 平方米，由数排房屋和祠堂构成老屋村的整体。祠堂位于东南角，面阔 30 米，进深 35 米，为三开间三进式祠堂。中堂前后出廊，木梁架结构，圆形石柱顶梁，檐枋下饰有龙、凤、花等雕刻，后堂为一间，以墙代梁。祠堂禾秤左右各有一个转斗门，三合土墙，硬山顶，覆灰板瓦。排屋位于祠堂的东北面和西北面，三间两廊带阁楼结构。现部分房屋倒塌，保存状况一般
	26	龙跃世居	清	1320	√		位于同乐社区，面东南，原为三堂两横建筑布局，前有月池，现仅存祠堂和西南横屋，东北改建为三排齐头三间两廊式屋，东北紧临池屋炮楼院
	27	田丰世居	清康熙元年（1662 年）	12000	√	√	位于新生社区田祖上老屋村，正面朝南偏东 20 度，建于清朝康熙壬寅年（1662 年），由兴宁县迁居龙岗的刘姓客家人所创建。世居面阔 126 米，进深 83 米，占地面积 12000 平方米。世居内建共有房间 78 间，皆为单元式平房。围前有宽 39.2 米的月池和宽 12.6 米的禾坪。正门额上镌刻“田丰世居”。其后是宽 6.9 米的前天街，天街两端有券门通向世居外。隔前天街与世居正门相对是三开间三进二天井祠堂。三堂均面阔三间。东北角有一炮楼保存尚好。属广客混合式围村
	28	邱屋老屋	清乾隆二十三年（1758 年）	1660	√		位于南联社区，面南偏东 15 度，整体布局已遭破坏，现仅存一炮楼、一角楼，排屋为三间两廊尖头式，月池已被填平。原应为客家围屋
	29	棠梓新居	清	1467	√		位于龙东社区沙背坜村，正门朝西南，面阔约 35 米，进深约 19 米，占地面积为 1467 平方米。约建于清末时期，原为三堂两横一围带四角楼建筑，现仅存三堂屋和东北角楼，均为土木结构。正门内凹 1.5 米，抬梁式梁架，刻有精美木雕，门额上书“棠梓新居”。祠堂位于中心，面阔三间深三进，中堂为木梁架，两横屋已倒或改建。角楼高四层，四面开窗，顶部开有射击孔，平顶，呈长方形

续表 7

街道	编号	名称	年代	面积（m²）	客家系	广府系	现状
龙岗	30	新围世居	清	6200	√		位于新生社区低山老屋村，正面朝南偏西 20 度，面阔 95 米，进深 65 米，占地面积约 6200 平方米。正门额书“新围世居”四字，由多排排屋、横屋、2 炮楼、1 月池构成整体，排屋和横屋多数以尖头、齐头式混合布局。正对大门有一半月型风水塘。东南边炮楼高五层，四周开横条形射击孔，三楼四周开窗、平顶。东北边房屋已倒，整体布局已破坏
	31	石湖老屋	清嘉庆十三年（1808 年）	2050	√		位于龙岗社区，面西南，一街三巷布局，中间巷道左右各建三排屋，围内有三个“曾氏宗祠”和一个“李氏宗祠”，房屋为斗廊式排屋结构
	32	安贞世居	清	1600	√		位于龙岗社区梅丽街，门朝东南，面阔约 45 米，进深约 38 米，建筑占地面积为 1600 平方米。建于清末时期，整体布局为两堂两横带伸手屋。祠堂面阔三间，深两进，天井左右各开一门，通向两边横屋。房屋均为硬山顶，土木结构，整体保存较好
	33	梅湖世居	清	3258	√		位于龙岗社区杨梅岗村，通面阔 45 米，进深 73 米，占地面积 3258 平方米。因地势西南高、东北低，世居也呈西南—东北方向。正门额书“梅湖世居”。由一条东西巷道分隔，左右两侧各建两排屋，以尖头三间两廊式为主。“江氏宗祠”位于左边第一排屋内，月池位于南侧，宽 16 米，与房屋垂直距离为 12 米。围内建有两排广府式建筑，面向东北，围内街道狭窄。房前屋后及街道均设或明或暗排水沟，排水系统较为完善
	34	福田新居	清末时期	2100	√		位于龙东社区大埔村，清末时期建筑，正门朝南偏西 25 度。建筑占地面积 2100 平方米，通面阔 60 米，进深 35 米。原为三堂两横四角楼一围建筑，正门内凹 2 米，方形石柱，木梁架，门额书“福田新居”。以祠堂为核心，左右各建两横屋，现横屋已倒或改建。角楼仅剩东北角楼，高三层，平面呈长方形，顶部开有射击孔，素瓦坡式。祠堂三开间三进两天井布局
	35	大围老屋	清	1800	√		位于龙东社区大围村，门朝南偏东 15 度，现存建筑面宽约 96 米，进深约 28 米，建筑占地面积约为 1800 平方米。原为围屋建筑，现已大部分改建或倒塌。现仅存东南两座角楼，高三层，四面开有小窗，顶端砌女儿墙，开有射击孔，歇山顶。房屋以单元式排屋为主，部分为斗廊尖头排屋，三间两廊式带有小阁楼。整体布局已不存
	36	赖氏宗祠（杨梅岗）	清	3000	√		位于龙岗社区杨梅岗村，正门朝南偏西 25 度，通面阔 60 米，进深 50 米，占地面积约为 3000 平方米。建于清末时期，原为围屋建筑，现存西北角楼一座。围墙大部分倒塌，东南处已毁为空地，围内为尖头斗廊式排屋三排，祠堂位于第一排，三间二进式祠堂，整体保存较差

续表 7

街道	编号	名称	年代	面积（㎡）	客家系	广府系	现状
龙岗	37	新田新村	清	1500	√		位于龙东社区深汕路旁，正门朝北，进深 30 米，面阔 50 米，占地面积 1500 平方米。清末时期建筑，原为客家围屋，两堂两横一围带四角楼一倒座布局。堂屋面阔七间，其中东面两间已改建。祠堂位于中间，两进式。角楼高三层，硬山顶。整体保存较差
	38	龙溪世居	清乾隆五十年（1785 年）	4500	√		位于南联社区龙溪村，正门朝南偏东 35 度，面宽约 110 米，进深约 62.5 米，建筑占地面积 4500 平方米。清乾隆五十年（1785 年）始建，整体布局已遭破坏，其门额书“龙溪世居”四字，村内房屋建筑基本都是三间两廊式排屋。现存祠堂有三个分别是“高氏宗祠”、“李氏宗祠”、“郑氏宗祠”，由兴宁迁移此地
	39	炳坑世居	明万历十七年（1589 年）	6525	√		位于南联社区炳坑村，正门北偏西 30 度。始建于万历十七年（1589 年），原占地面积约为 8000 平方米，面宽 92 米，进深 90 米，现存建筑面积为 6525 平方米。业主多姓黄，黄氏族人由东莞迁移至此。炳坑世居由七排屋和一个宗祠组成，均为硬山顶排屋，大部分改建成现代民居。黄氏宗祠保存较好，中堂门额书“乾积堂”三字
	40	陈铉公祠	清	1370		√	位于新生社区车村，坐北朝南，建于同治年间，后由陈氏先祖禹平公集资重修，于 1921 ~ 1925 年落成。又于 2003 年重修。陈铉公，字时用，号泉亭，赠封中顺大夫。生于大明永乐四年（1403 年），今已至 28 传，后代遍布全球，有十三代富公迁居陂头肚村，今族人多居香港、南洋、英美加等地。现存围屋面宽约 67 米，进深约 42 米，建筑占地面积 1370 平方米。祠堂面阔三间，为二进式结构，三合土墙、硬山顶、覆灰板瓦。整体结构保存较好，墙体壁画清晰，廊房两侧各开一门通往祠堂外，门口有一半月型风水塘。祠堂周边为齐头三间两廊排屋。下堂门额上书“万宝来朝”
	41	仙人岭老围	清	12000		√	位于新生社区仙人岭大围老屋村，据现场观察此建筑始建年代为晚清时期。正面朝西南，建筑整体为梳式布局，面宽约 220 米，进深约 115 米，建筑占地面积约为 12000 平方米，村西南有一风水塘。围内多为齐头排屋，也有部分单元式三间两廊结构。少部房屋顶有船形脊或博古脊
	42	下梨园老屋	清嘉庆年间（1806 年）	760	√		位于龙岗社区梨园村，约建于清嘉庆年间（1806 年），正门朝南偏东 25 度，面阔 33 米，进深 23 米，建筑面积 759 平方米。建筑整体布局为三堂两横，横屋均为三合土墙，硬山顶，覆灰板瓦，带阁楼。祠堂位于老屋中间，钟姓人家，整体结构尚存，房屋有改动，保存现状一般

续表 7

街道	编号	名称	年代	面积（m²）	客家系	广府系	现状
龙岗	43	格水老屋	清光绪三十二年（1906年）	3150	√		位于龙岗社区格水老屋村，大门位于西南角，正面朝南偏东20度，现存老屋面宽约65米，进深约50米，占地面积6300平方米，建筑面积3150平方米，排屋式围村，围村内现有东西分布的排屋四排，由尖头和齐头斗廊式排屋组成
	44	大埔老围	民国	15000	√		位于龙东社区大埔村，正面朝北偏西15度，面宽约185平方米，进深约160平方米，建筑占地面积约15000平方米。大部分房屋建于民国时期，村内有四姓祠堂，分别为钟氏、萧氏、陈氏、邓氏，以各姓祠堂为中心，周边建起数排排屋，由四条南北走向巷道隔。房屋以单元式排屋为主，有部分斗廊齐头三间两廊，均为三合土夯筑而成，硬山顶，覆灰板瓦。部分房屋倒塌，村后的风水林尚存
	45	上井老围	清	3185	√		位于龙东社区上井村，正面朝西，面宽约108米，进深约49米，建筑占地面积3185平方米。清代时期建筑，由排屋、月池、古井、宗祠组成一个整体。宗祠位于第一排，依次排列，分别是“钟氏宗祠”、“李氏宗祠”、“必有公祠”。排屋由一条东西走向巷道分隔，建有一门楼，月池位于祠堂门口，距祠堂13米，最大直径65米，古井在月池左侧。排屋均为三合土夯筑而成，硬山顶，以单元式为主。整体保存一般
	46	新塘世居	清末	3250	√		位于龙东社区新塘围村，正门朝南偏东25度，通面阔65米，进深50米，占地面积3250平方米。清末时期建筑，三堂四横结构。正面开三门，正门书“新塘世居”四字。月池正对大门22米处，最大直径40米。横屋很多已倒或改建，剩下的房屋以齐头三间两廊为主。祠堂面阔三间三进，罗姓族人。整体布局保存一般
	47	田心老屋	清	1800	√		位于同乐社区田心村，坐东北面西南，占地面积1800平方米，由祠堂、排屋、月池组成老屋村的整体。以祠堂为核心周边建排屋，祠堂为三进式，面阔5米，进深23米，正对祠堂15米处是月池，最大直径为35米。房屋以斗廊尖头三间两廊带阁楼天井的结构为主，均用三合土夯筑而起，硬山顶，覆灰板瓦，整体保存一般
	48	吓坑老围	清	12000	√		位于同乐社区吓坑村，正面朝西北，面阔约140米，进深约85米，占地面积11200平方米，由6横6纵排屋、祠堂、外门楼、围墙构成老屋村的整体。外门楼分别位于前端左右两侧。祠堂在东南边最后一排屋内，面阔三间深两进。排屋由五条南北走向的巷道分隔，以斗廊尖头房屋居多，间有单间式排屋，均用三合土夯筑而成

续表 7

街道	编号	名称	年代	面积（m²）	客家系	广府系	现状
龙岗	49	龙湖新居	清	1500	√		位于龙东社区吓埔村，门朝东南，通面阔33米，进深35米，占地面积约为1500平方米。龙湖新居祖辈由广东兴宁迁移到吓埔村，清代建筑，为三堂两横结构。以祠堂为中心，左右各建两横屋，祠堂中堂梁架结构为木梁架。祠堂于丙子年（1996年）十二月重修，保存较好，外门楼位于禾坪右侧，原有的月池已填平，整体布局尚存
	50	龙东邱氏宗祠	清	3300	√		位于龙东社区沙背坜村，门朝南偏西25度，现存建筑面宽约77米，进深约42米，占地面积约为3300平方米。为三开间三进式祠堂，中堂梁架是木梁架。以祠堂为中心，左右布置有少量排屋，以单元式排屋为主，部分屋顶有船形脊或博古脊。月池半径18米，与祠堂垂直距离为15米。祠堂保存较好，周边排屋已倒塌很多
	51	龙岗龙塘世居	清	3000	√		位于龙岗社区福和老屋村，建于清代。正门朝南偏东20度，面阔40米，进深44米，建筑面积3000平方米。正门额书“龙塘世居”，建筑整体布局为三堂两横，四角楼、一围、伸手屋带照墙。西边角楼已倒，其他三个角楼保存尚好，以祠堂为中心，左右两横屋三合土墙，硬山顶，覆灰板瓦，带阁楼。刘姓人家，整体布局尚存

表8 龙城街道围屋统计分类表

街道	编号	名称	年代	面积（m²）	客家系	广府系	现状
龙城	1	上角环老屋②	清	4824	√		位于龙城街道回龙埔社区上角环村，正面朝南偏东30度，占地面积约为4824平方米。清末建筑，原为客家围屋，内部为五排房屋，斗廊尖头三间两廊结构。余氏宗祠位于三排和四排中间，从前排至后排层层高起，利于排水和有步步高升之意。倒座仅剩一门楼，其他已倒塌。东北角有一口古井，正对大门6米处有一风水塘。整体布局仍清晰，保存较差
	2	官新合围屋	清嘉庆、道光年间	5202	√		位于盛平社区官新合村，建于清嘉庆、道光年间。由内外两围环套而成。朝向正南，通面阔90米，进深77米。月池宽80余米，最大垂直距离约32米，禾坪宽12米。建筑占地面积约5202平方米。中心是官氏公共场所，俗称“三厅房”，保存基本完整。内围部分房屋倒塌。内、外围四角均建角楼。均由三合土夯筑而成。角楼平面呈长方形，高三层

续表 8

街道	编号	名称	年代	面积（㎡）	客家系	广府系	现状
龙城	3	七星世居	清	5500	√		位于龙城街道五联社区竹头背村，坐北朝南，通面阔 110 米，进深 55 米，建筑占地面积 5500 平方米。清代时期建筑，为三堂两横四角楼带一望楼布局。正面开一门，额书“七星世居”。祠堂位于中心，单间三进。四角楼仅存三座，高三层，瓦坡腰檐式，四面开窗。望楼位于后围外九米处，占地面积 243 平方米，瓦坡腰檐顶。禾坪上有一旗杆石，月池尚存，整座建筑从前至后，步步高起，利于排水，也有步步高升吉祥之意。东面外围边另建几排屋，有一大门书“凉勋门”。整体保存一般
	4	郭屋老围	民国	1020	√		位于盛平社区，正面朝南。面宽约 47.5 米，进深 40 米，建筑占地面积约 1020 平方米。土木结构，三合土筑墙，现存房屋约十余间。大门门额书“龙嶺世居”。该屋约建于民国初年。整体结构已不存，现状较差
	5	对面岭老围②	民国	2000	√		位于龙西社区对面岭村，正面朝东偏南 25 度，面阔约 100 米，进深约 50 米，建筑占地面积 2000 平方米，民国建筑。由五座炮楼和排屋组成老屋村的整体，均为土木结构，建筑由两条主巷道分隔。炮楼 1 位于西南角，高四层，天台女墙方桶式，顶饰蓝带，四面开窗，横条形射击孔；炮楼 2 位于中间，高四层，平面呈方形，天台女墙方桶式，顶饰蓝带；炮楼 3 位于西南角，高四层，女墙方桶式，顶饰红带；炮楼 4 位于东北角，高三层，素瓦坡式，四面开窗；炮楼 5 位于西北角，高三层，天台女墙方桶式，排屋以齐头三间两廊带天井阁楼为主。整体保存一般
	6	上寮老围	清	3250	√		位于五联社区上寮村，坐西朝东，面宽约 65 米，进深约 54 米，占地面积约 3250 平方米，由数排房屋和一座炮楼组成老屋村的整体。炮楼位于西南角，高五层，平面呈正方形，天台女墙方桶式，顶层四面设铳斗，葫芦型射击孔，四面开有小窗。房屋由一条东西主巷道分隔，以尖头单间结构的房屋为主，硬山顶，三合土夯筑而成，部分房屋已拆。整体布局尚存
	7	黄阁坑大围	明	611		√	位于黄阁坑社区大围村，正面朝东南，面宽约 59 米，进深约 27 米，现存建筑占地面积约 611 平方米。明代建筑，由南雄迁移至此，原为围屋建筑，现仅剩一门楼、祠堂和两排屋。祠堂位于东南角，两进三开间，面阔 12 米，进深 13 米，门楣书“南岳公祠”，檐口饰山水、人物壁画，脊饰博古。角楼位于祠堂左侧，素瓦坡顶，高三层，平面呈方形，四面开瞭望窗，外墙体后期改建贴上马赛克。门楼位于中轴线上，正对一条巷道，马头风火山墙，脊饰动物浮雕。排屋硬山顶，青砖筑墙，灰板瓦，基本布局已不清，保存较差

续表 8

街道	编号	名称	年代	面积（㎡）	客家系	广府系	现状
龙城	8	楼吓老屋村	清晚期	5400	√		位于龙西社区楼吓村，正面朝西偏南 20 度，占地面积 5400 平方米，三堂四横布局。正面开五门，正门为祠堂，门额书“日茂公祠”，三开间三进，檐口饰人物、花鸟壁画。以祠堂为核心，左右各两横屋，斗廊齐头三间两廊，最右一横屋檐口饰精美木刻、鸟兽、人物壁画、脊饰博古、廊屋顶饰蓝白相间带。东北角有一座炮楼，天台女墙方桶式，高两层，顶饰蓝带。月池与祠堂相对，最大直径 25 米。整体保存一般
	9	西埔新居	民国十七年（1928 年）	4272	√		位于爱联社区西埔村，正门朝东偏北 35 度，占地面积 4274 平方米。民国建筑，以祠堂为核心的排屋围，倒座带角楼建筑布局，土石木结构，面阔 89 米，进深 48 米。正面开三门，正门额书“西埔新居”。祠堂位于中轴线上，面阔三间三进，门额书“李氏宗祠”，檐口饰精美木刻，中堂梁架是木梁架。围内房屋分别为第一排斗廊齐头三间两廊，第二三四排为斗廊尖头三间两廊。炮楼仅存两座分别是东南炮楼和西北炮楼，东南炮楼高四层，天台女墙方桶式，顶饰蓝带，平面呈长方形，顶层四面开射击孔；西北炮楼高四层，平面呈方形，女墙山墙混合式，顶饰蓝红相间带，原有的望楼已倒。整体结构布局尚存
	10	玉湖世居	清	5280	√		位于龙西社区玉湖村，面阔约 110 米，进深约 50 米，正门朝南偏东 30 度，建筑占地面积 5280 平方米。清末时期建筑，三堂四横四角楼带倒座布局（角楼现存一座）。正面开三门，均为石拱门，进大门后有一拱形门。祠堂位于中轴线上，三开间三进，肖氏人家。东北横屋已倒，仅剩的角楼位于西南角，高五层，瓦坡腰檐式。正对大门有一小型月池，最大直径为 30 米。围内房屋很多已塌，整体布局尚存
	11	老围老屋村	清	1429	√		位于龙西社区大围村，正面朝东偏南 40 度，建筑占地面积 1429 平方米。清代建筑，由巫氏宗祠、排屋、月池组成老屋村整体。祠堂位于东北角，面阔 11 米，进深 30 米，建筑占地面积 330 平方米，始建于清朝初年，至咸丰八年（1858 年），第一次重修扩建于此地，又分别于 1919 年和 1985 年两次重修，面阔三间三进，前堂后出廊，檐口壁画有山水、花鸟等，浮雕有花卉、人物等，中堂前后出廊，木梁架，圆石柱，迎门上书“辉映先后”、“衍庆螽斯”。月池正对祠堂，最大直经为 50 米，祠堂与月池之间处竖有两座旗杆石，刻有字，字体已模糊不清。排屋位于祠堂右侧，共六排，斗廊尖头三间两廊结构的两排。其他为单元式排屋，构用三合土夯筑而成，硬山顶，除祠堂月池保存较好外，其他保存一般

续表 8

街道	编号	名称	年代	面积（㎡）	客家系	广府系	现状
龙城	12	格坑老围	清	1125		√	位于龙红格社区格坑村，坐西北面东南，面宽约75米，进深约30米，现存建筑占地面积约1125平方米。清代建筑，由几排房屋组成老屋村整体。房屋为三间两廊结构，青砖砌墙，顶覆灰板瓦，檐口饰人物鸟兽壁画，精美木刻。廊屋开有门，带门罩，顶部开有葫芦形射击孔，雕有浮刻等，脊饰博古。保存一般
	13	朱古石老围	清	4500	√		位于五联社区朱古石村，门朝东南，面宽约100米，进深约10米，建筑占地面积4500平方米。清末时期建筑，排屋围。正面开一门为刘氏宗祠，祠堂单间三进，于近年重修保存较好。内部房屋大部分已倒，横屋保存较好。横屋向外分别开有石拱券门。水井位于西南角，房屋均为硬山顶，三合土夯筑而成，整体保存一般
	14	老西老屋村	清	1125	√		位于爱联社区老西村，坐东北面西南，面宽约45米，进深约43米，建筑占地面积约1125平方米，祠堂、排屋、月池组成老屋村整体。村内有两个祠堂，萧氏宗祠位于中轴线上，三开间两进；李氏宗祠位于东边，三间两进，均用三合土夯筑而成。正对萧氏宗祠10米处有一半月型风水塘，整体保存一般
	15	玉田世居	清嘉庆十二年（1807年）	2897	√		位于盛平社区田段心村，大门北偏西30度，面宽87米，进深30米，建筑占地面积2897平方米。由刘氏家族人始建于清嘉庆十二年（1807年）左右。以祠堂为核心，建筑呈左右对称排屋式分布，以两横两纵的天街相隔。祠堂前原有风水塘，现已不存。房屋结构为厅堂式带阁楼，硬山顶，覆灰板瓦。刘氏宗祠为三间三进，中堂有匾额"奕世其昌"，正门书匾额"玉田世居"，横联一幅，上联"彭城世泽"，下联"天禄家风"。1930年、1987年两次对其刘氏宗祠重修，保存较好

表 9　坪地街道围屋统计分类表

街道	编号	名称	年代	面积（㎡）	客家系	广府系	现状
坪地	1	金岭世居	清道光六年（1826年）	2620	√		位于中心社区寿利居民小组，朝向西偏南10度，建于清道光六年(1826年)，面宽72米，进深35米，占地面积有2620平方米，平面布局为为三堂两横四角楼结构，前有禾坪和月池等组成，外围墙为夯土构等，一进大门有天街，当心间为萧氏宗祠，前有檐柱，三进两天井结构，门上是"寿荣公祠"石匾，中堂有"燕翼诒谋"木匾，后堂有"有德堂"木构神龛，砖木结构，尖山式灰瓦顶，围内保存有大量精致的雕刻和绘画，是一处清代客家围屋。现整体保存较差

续表 9

街道	编号	名称	年代	面积（㎡）	客家系	广府系	现状
坪地	2	坪西萧氏围屋	清	2279	√		位于坪西社区花园居民小组花园路旁，朝向西偏北 35 度，建于清代，面宽 63 米，进深 33 米，占地面积有 2279 平方米，平面布局为三堂两横结构，有前排屋、禾坪及月池等组成，当心间萧氏宗祠，三进两天井结构，围屋为夯土墙，木梁架，灰瓦顶，是一处清代客家围屋。现整体保存一般
	3	碧峰世居	清末	2070	√		位于六联社区李屋居民小组，朝向西偏北 35 度，建于清代，面宽 69 米，进深 30 米，建筑占地面积有 2070 平方米，平面布局为三堂两横四角楼结构，前有禾坪，正门有“碧峰世居”匾，当心间为李氏宗祠，两进一天井结构，夯土墙，木梁架，灰瓦顶，是一处清代客家围屋。现整体保存较差
	4	鹤坑世居	清	4160	√		位于六联社区鹤坑居民小组，朝向北偏西 25 度，建于清代，面宽 64 米，进深 65 米，建筑占地面积有 4160 平方米，平面布局为三堂两横四角楼结构，前有禾坪和月池，正门上有“鹤坑世居”石匾，一进有天街，当心间为黄氏宗祠，角楼高三层，墙上有长方形石枪眼，石、砖木结构，灰瓦顶，船形屋脊，是一处清代早期客家围屋。现整体保存较差
	5	石灰围萧氏宗祠	清	3139	√		位于中心社区石灰围居民小组，朝向北偏西 20 度，建于清代，为坪地萧氏始祖耀先公所创建，面宽 66 米，进深 34 米，占地面积约 3139 平方米，建筑布局为二堂、一外围、两个角楼、前有禾坪和月池等组成，正门上有“萧氏宗祠”四个大字，围后有三合土夯成的围墙，围左侧有一座外祖宗祠，围内萧氏宗祠上有“长安世居”牌匾，砖木结构，尖山式灰瓦顶，该围屋属于清代客家围屋与广府围融合类型。现整体保存较差
	6	上围世彩新居	1961 年	1260	√		位于年丰社区上围村居民小组，朝向东偏南 40 度，建于 1961 年，面宽 42 米，进深 30 米，建筑占地面积有 1260 平方米，平面布局为三堂两横四角楼结构，前有禾坪和月池等组成，门额上有“世彩新居”，砖木结构，尖山式灰瓦顶，是一处具有代表性的近现代四角楼客家围屋。据廖家老人说，该新居是由世彩安居分房出来的
	7	年丰余氏围屋	清	1418	√		位于年丰社区余屋村居民小组大水田，朝向西偏北 30 度，建于清代，面宽 25 米，进深 50 米，建筑占地面积有 1418 平方米，正门进去为一天街，一边为一进横屋，一边为两进横屋，当心间为余氏宗祠，为两进一天井结构，墙体为夯土构成，砖木结构，灰瓦顶，整座围屋依山而建，是一处清代四角楼长扁型围屋。现整体保存一般

续表 9

街道	编号	名称	年代	面积（㎡）	客家系	广府系	现状
坪地	8	西湖塘围村	清	11660		√	位于坪东社区西湖塘村居民小组，坐东北朝西南，建于清代，西偏南 40 度，占地面积有 11660 平方米，村前第一排有三间公用建筑，分别是“村委会”“文化室”“坪东”为三开间两进结构，围村由十横巷十纵街组成，水泥铺设的路面，街巷分明，古建筑多为民国时期修复，为砖木结构，尖山式灰瓦顶，是一处清代晚期广府建筑群围村。整体保存较好
	9	西湖塘老围	明－清	5625		√	位于坪东社区西湖塘村居民小组（同心路边），坐东北向西南，始建于明代，为坪地王氏始祖所创建，围堡呈正方形，边长约 75 平方米，占地面积有 5625 平方米，外围有高 3 米的围墙，前后有门楼，四角有角楼，角楼高两层，门楼和角楼两边有“锅耳”封火墙，墙体由夯土构成，围内王氏宗祠为两进一天井院结构，前有塾台和石檐柱，砖木结构，尖山式灰瓦顶，船形屋脊，屋檐下壁画有修缮年款“己丑年春月”，是典型的广府式宗祠建筑。围内房屋多为民国时期修复，砖木结构灰瓦顶，巷道分明有秩，为中心巷式排屋围，是一处明晚期至清代典型的广府围堡。现整体保存较好
	10	槐龙新居	清	1030		√	位于坪东社区西湖塘新围 11 号旁，朝向东偏南 20 度，建于清代末期，面宽 20 米，进深 50 米，建筑面积有 1000 平方米，由四排屋组成，正面开一门，门额上有“槐龙新居”灰塑匾额（“文化大革命时期”遭破坏），第二排面开两门五开间两进结构，第三排和第四排为民国时期加建，砖木结构，尖山式灰瓦顶，博古屋脊，整座建筑饰以精美的木构，壁画和灰塑屋脊等保存尚好，是一处清代广府庭院式民居建筑。现整体保存较好
	11	山塘尾萧氏围	清	3940	√		位于中心社区山塘尾居民小组，坐西朝东，建于清代，是坪地石灰围客家萧姓分支于此建村，占地面积约 3940 平方米，当心间为萧氏宗祠，为三进两天井结构，面宽 9 米，进深 24 米，屋前有四根檐柱，围村有四横巷两纵街组成，前有禾坪和月池，古建筑多为民国时期修缮，单体建筑为广府式民居建筑，转木结构，尖山式灰瓦顶，是一处深圳地区客家人聚居的广府式围村
	12	麟阁新居	清	2380	√		位于坪西社区果园居民小组，朝向西偏北 15 度，建于清代，是麟阁世居分支于此建造，占地面积约 2380 平方米，平面布局为三堂两横结构，正面开三大门，当心间为萧氏宗祠，为三开间两进一天井结构，夯土墙，木梁架，灰瓦顶，是一处清代客家围屋。现整体保存较差

续表 9

街道	编号	名称	年代	面积（㎡）	客家系	广府系	现状
坪地	13	香元世居	清	3950	√		位于坪西社区香元居民小组，朝北偏东 40 度。建于清代，占地面积约有 3950 平方米，围村由四横巷两纵街组成，前有禾坪和月池，正前面是“萧氏家祠”和“香元世居”，均为三进两天井式结构，砖木结构，尖山式灰瓦顶，是一处清代客家围村。现整体保存一般
	14	四方埔萧氏围屋	清乾隆四十二年（1777 年）	3698	√		位于四方埔社区四方埔居民小组，朝向东偏北 15 度，建于清代，面宽 86 米，进深 43 米，建筑占地面积有 3698 平方米，平面布局为三堂四横四角楼结构，后有天街，前有禾坪和月池等组成，角楼高两层，面三开大门，当心间为萧氏宗祠，三进两天井结构，中堂有“露瀼堂”牌匾，围屋墙体为夯土构成，木构梁架，尖山式灰瓦顶，船形屋脊，是一处典型的清代客家四角楼围屋。现整体保存一般
	15	中心陈氏宗祠	清	3112	√		位于中心社区富乐居民小组，朝向北偏西 25 度，建于清代，面宽 52 米，进深 56 米，占地面积有 3112 平方米，平面布局为两堂两横结构、前有禾坪和月池等组成，两边有转斗骑楼，当心间为陈氏宗祠，围屋墙体为夯土构成，木梁架灰瓦顶，为一处清代客家围屋。现整体保存较差
	16	泮浪世居	清乾隆三十四年（1769 年）	5250	√		位于坪西社区新屋场居民小组，坐北朝南，建于清乾隆三十四年（1769 年），面宽 70 米，进深 75 米，建筑占地面积有 5250 平方米，平面布局为三堂四横四角楼结构、前有禾坪、月池和水井等组成，正门上有匾题“泮浪世居”，背后为“永锡九如”。一进有宽阔天街，角楼高两层，有铜钱形枪眼，当心间为萧氏宗祠，门上有“萧氏宗祠”石匾，三进两天井结构，前有两根石檐柱，后堂神龛对联“始开七祖之基肯构肯堂既沐先灵有哧，今瑜百男之业俾昌俾识还期世德流芳”。围屋有夯土墙，砖木结构，灰瓦顶，船形屋脊，后期陆续向两边修建横屋，该围楼于 1983 年和 2003 年经过大规模保护重修，现保存较好
	17	麟阁世居	清	5376	√		位于坪西社区沃头居民小组，朝向东偏南 45 度，建于清代，面宽 84 米，进深 64 米，建筑占地面积有 5376 平方米，平面布局为三堂四横结构，有前排屋，两边侧门内进。正门额上有“麟阁世居”匾题，有天街，当心间为萧氏宗祠，三进两天井结构，门上有“萧氏宗祠”匾，中堂有“谱传麟阁”，后堂神龛对联“祖德源流千载盛，宗枝奕万年兴”，围屋为夯土墙，木结构，灰瓦顶，是一座清代典型客家围屋。现整体保存较差

续表 9

街道	编号	名称	年代	面积（㎡）	客家系	广府系	现状
坪地	18	吉坑世居	清道光四年（1824年）	4508	√		位于六联社区吉坑居民小组，朝向南偏西45度，建于清道光四年（1824年），面宽98米，进深46米，建筑占地面积有4508平方米，平面布局为三堂两横四角楼一望楼结构，有前排屋、禾坪和月池等。门额阳刻“吉坑世居”，一进有天街，角楼高三层，当心间为萧氏宗祠，三进两天井结构，门前铺设条石板路，有石檐柱，中堂上有“庸和堂，武监生萧润邦庠生煌昭建立，道光甲申年造”木匾，萧氏祖堂神龛上有对联为“由揭阳迁归邑百世流芳思祖德，居泮浪建吉坑四坤胎裔念宗功”，望楼高两层，两边有封火墙，围屋为夯土围墙高5米，石、砖木结构，尖山式灰瓦顶，船型屋脊，是一处典型的清代四角楼客家围屋。现整体保存较好
	19	罗屋世居	1795	3264	√		位于六联社区罗屋居民小组，朝向东偏南40度，建于清代，面宽68米，进深48米，建筑占地面积有3264平方米，平面布局为三堂两横两角楼结构，有前排屋、禾坪和月池，一进为天街，角楼高两层，当心间为罗氏宗祠，三进两天井结构，中堂上挂有“深圳市龙岗区坪地镇六联村罗屋经济合作社”和“罗屋自然村办公室”两块单位牌，围屋为夯土墙，木梁架，灰瓦顶，是一处清代客家围屋。现整体保存一般
	20	瑞田世居	清	1440	√		位于六联社区刘屋居民小组，朝向南偏西20度，建于清代，面宽48米，进深30米，建筑占地面积有1440平方米，平面布局为三堂两横四角楼结构，有前排屋、禾坪和月池等组成，面开三门，正门上有“瑞田世居”匾额，角楼高两层，当心间为刘氏宗祠，三进两天井结构，中堂有“彭城堂”木匾，围屋为夯土墙，木梁架，灰瓦顶，是一处典型的清代客家围屋。现整体保存较好
	21	坪西八群堂	民国二十一年（1932年）	2080	√		位于坪西社区沃头居民小组，坐东北朝西南，建于民国二十一年（1932年），为斯里兰卡华侨萧毓阑所建，他育有八子二女，取名“八群堂”的含义是希望八子都能成材和出人头地。面宽52米，进深约40米，占地面积约2080平方米，面开三大门，平面为客家式围屋布局，两边带炮楼，墙上有长方形枪眼，高五层，东边角楼顶层外观为哥特式风格，西角楼顶层外观巴洛克式风格；围内还有典型的广府式民居建筑，多为民国时期修缮，夯土墙，木梁架，灰瓦面；后堂是中西合壁式建筑，为五开间带廊柱的两层结构建筑，宽21.5米，进深14.6米，钢筋混凝土结构；该围屋是一处中西式合璧的带角楼的客家围屋民居建筑群。1942年曾遭到日军飞机轰炸，炸毁围屋的门楼和倒座部分，现整体保存一般

续表 9

街道	编号	名称	年代	面积（m²）	客家系	广府系	现状
坪地	22	新桥世居	清	2560	√		位于坪西社区高桥居民小组，朝向东偏南 20 度，建于清代，面宽 64 米，进深 40 米，建筑占地面积2560平方米，平面布局为三堂四横四角楼结构，前有禾坪和月池等，正门上有“新桥世居”匾，角楼高四层，当心间为萧氏宗祠，后堂神龛有对联“系接揭阳先祖源流远，谱传坪地后人世业长”，横批“承启堂”。围屋为夯土墙，木梁架，尖山式灰瓦顶，是一处清代大型客家围屋。现整体保存较差
	23	中心余氏围屋	清	2699	√		位于中心社区上畲居民小组，朝向西偏北 45 度，建于清代，面宽 59.5 米，进深 42 米，占地面积有 2699 平方米，平面布局为三堂两横一天街两角楼结构，前有转斗门、禾坪和月池等组成。当心间为余氏宗祠，三进两天井结构，正门上挂着“深圳市龙岗区坪地镇中心村上畲经济合作社”和“德育基地”两块单位牌，中堂上有“三兴堂”三个大字，围屋为泥砖墙，木梁架，灰瓦顶，是一处典型的清代客家围屋。现整体保存一般
	24	白石塘萧曾围	清	4982	√		位于坪西社区白石塘居民小组，朝向西偏南 30 度，建村于清代，面宽 56 米，进深 88 米，占地面积有 4982 平方米，整个围村有两个大门，一边为“萧氏宗祠”，正后方为萧氏族人的民居房屋；一边为“龙塘世居”，正对当心间为“三省堂”曾氏宗祠，前后为曾氏族人民居。围内古建筑多为民国时期修缮，夯土墙，木梁架，灰瓦顶。现整体保存一般
	25	田心世居	清	5380	√		位于六联社区老香居民小组，朝向南偏东 20 度，建于清代，通面宽 88 米，进深 60 米，占地面积5380 平方米。面开一大门，围内房屋为排屋，以街巷分隔，独立性较强，后排中间为香氏宗祠，两进一天井结构，夯土墙，木梁架，灰瓦面。与传统客家围屋有明显的区别，是客家围屋向散屋分居过度的典型案例。现整体保存一般

表 10 坪山街道围屋统计分类表

街道	编号	名称	年代	面积（m²）	客家系	广府系	现状
坪山	1	江岭曾氏围屋	清	660	√		位于江岭社区石灰陂居民小组上围，坐西朝东，建于清代，现面宽 30 米，进深 22 米，占地面积有 660 平方米，砖木结构，尖山式灰瓦顶，角楼高两层，正门设风水歪门，原是一座清代客家围屋，因修东纵公路而拆部分，以至整体格局不完整。现整体保存较差

续表 10

街道	编号	名称	年代	面积（㎡）	客家系	广府系	现状
坪山	2	沙湖邹氏老围	清	1320	√		位于沙湖社区上榨居民小组，坐南朝北，建于清代，面宽 44 米，进深 30 米，建筑占地面积有 1320 平方米，平面布局为三堂两横四角楼结构，前有禾坪和半月池等组成，面开三大门，当心间为邹氏宗祠，夯土墙，木梁架，灰瓦顶，是一处清代典型客家围屋
	3	沙湖邹氏围屋	清	2520	√		位于沙湖社区吓榨居民小组，朝向东偏北 35 度，建于清代，面宽 63 米，进深 40 米，建筑占地面积有 2520 平方米，平面布局为为三堂两横结构，两边有转斗门，有前排屋、禾坪和半月池等组成，夯土墙，木梁架，灰瓦顶，是一处较大型的清代客家围屋
	4	山湖世居	清	1008	√		位于汤坑社区石楼角居民小组，朝向东偏北 30 度，建于清代，面宽 28 米，进深 36 米，占地面积约为 1008 平方米，正门上有“山湖世居”四个字，角楼高三层，夯土墙，灰瓦顶，船形屋脊，是一处清代四角楼客家围屋。现整体保存较差
	5	石井文氏围屋	清	792	√		位于石井社区石陂头居民小组，朝向南偏东 30 度，建于清代，面宽 44 米，进深 18 米，建筑占地面积有 792 平方米，面开三门七开间结构，带两角楼，当心间为文氏宗祠，两进一天井结构，角楼高三层，砖木结构，尖山式灰瓦顶，是一处清代两角扁方围屋。现整体保存一般
	6	田心叶氏围屋	清道光六年（1826年）	2145	√		位于田心社区新屋地居民小组（东纵路南侧），朝向北偏东 20 度，始建于清道光六年（1826 年），面宽 65 米，进深 33 米，建筑占地面积 2145 平方米，平面布局为三堂两横四角楼结构，前有禾坪和半月池等组成，角楼高三层，砖木结构，尖山式灰瓦顶，是一处清代叶姓客家人聚族而居客家围屋。据老人说该围屋建于清道光六年，叶氏族人在清道光年间曾参考进士。现整体保存一般
	7	井子吓彭氏围屋	清	810	√		位于石井社区井子吓居民小组，朝向北偏东 25 度，建于清代，面宽 54 米，进深 15 米，建筑占地面积为 810 平方米，为两堂两横带角楼结构的清代客家围屋，现存一座角楼基本完整，高两层，砖木结构，尖山式灰瓦顶。现整体保存很差
	8	汤坑罗氏围屋	清	2400	√		位于汤坑社区石楼角居民小组，朝向北偏西 25 度，建于清代，面宽 60 米，进深 40 米，建筑占地面积有 2400 平方米，平面布局为三堂两横四角楼结构，有前排屋和禾坪、半月池等组成，围屋墙体为夯土构成，角楼高两层，两边有封火墙，前后有女儿墙，木梁架，灰瓦顶，是一处大型四角楼客家围屋。现整体保存较差

续表 10

街道	编号	名称	年代	面积（㎡）	客家系	广府系	现状
坪山	9	六联余氏围屋	清	168	√		位于六联社区浪尾居民小组，坐西朝东，建于清代，现存面宽 6 米，进深 28 米，占地面积有 168 平方米，当心间为余氏宗祠，两进一天井结构，夯土墙，木梁架，灰瓦顶，是一处清代客家围屋。现整体保存较差
	10	竹坑黄氏围屋	清	354	√		位于竹坑社区罗庚丘居民小组，朝向南偏东 35 度，建于清代末期，面宽 21 米，进深 14 米，占地面积有 354 平方米，平面布局为两堂两横结构，面开三门，前有禾坪和半月池等组成，墙体为夯土构成，土木结构，尖山式灰瓦顶，是一处清代小型围屋。现整体保存一般
	11	竹坑曾氏围屋	清	624	√		位于竹坑社区河唇居民小组，坐南朝北，建于清代，面宽 39 米，进深 16 米，建筑占地面积有 624 平方米，平面布局为七开间两进，当心间为曾氏宗祠，两进一天井结构，砖木结构，灰瓦顶，正门处曾经因风水关系而改成歪门，是一处清代扁方围客家围屋。现整体保存一般
	12	石灰陂曾氏围屋	清	1638	√		位于江岭社区石灰陂居民小组（东纵路北侧），朝向西偏南 20 度，建于清代，面宽 39 米，进深 42 米，建筑占地面积有 1638 平方米，平面布局为三堂两横四角楼结构，前有禾坪和半月池等组成，砖木结构，灰瓦顶，是一处清代客家围屋。正门上曾生将军生前题的“石灰陂”三个大字，前堂有“军属光荣”牌匾，中堂为“三兴堂”，后堂为曾氏祖堂。近代因修东纵公路，围屋被拆毁近一半。现存整体保存较好
	13	碧岭丘氏围屋	清	957	√		位于碧岭社区沙绩居民小组，朝向北偏东 20 度，建于清代，面宽 33 米，进深 29 米，建筑占地面积有 957 平方米，平面布局为三堂两横结构，当心间为丘氏宗祠，中堂上有“慎德堂”木牌匾，砖木结构，尖山式灰瓦顶，是一处清代客家围屋。整体保存一般
	14	沙坣陈氏围屋	清	2908	√		位于沙坣社区陈屋村沙和街（东纵路北侧），朝向北偏东 25 度，建于清代，面宽 72 米，进深 39 米，占地面积有 2908 平方米，平面布局为两堂两横结构，前有禾坪和半月池，当心间为陈氏宗祠，为两进一天井结构，砖木结构，灰瓦顶，是一处清代客家围屋。现整体保存一般
	15	石井骆氏围屋	清	588	√		位于石井社区望牛岗村，朝向北偏东 25 度，建于清代，面宽 42 米，进深 14 米，建筑占地面积为 588 平方米，平面布局为堂横两角楼结构，前有禾坪和半月池，两座角楼高两层，中间为骆氏宗祠，砖木结构，灰瓦顶，是一处清代晚期客家围屋。现整体保存较差

续表 10

街道	编号	名称	年代	面积（㎡）	客家系	广府系	现状
坪山	16	沙湖吓榨邹氏围	清	2400	√		位于沙湖社区吓榨村，朝向北偏西 25 度，建于清代，面宽 144 米，进深 54 米，平面布局为三堂八横一后排结构，有两前排屋，外有围墙，夯土墙，木梁架，灰瓦顶，是一处清代客家围村。现整体保存较差
	17	永盈世居	清	2880	√		位于碧岭社区永仁陂永仁路，坐东南朝西北，建于清代，面宽 60 米，进深 45 米，占地面积有 2880 平方米，由“永盈世居”围屋和两角楼等组成，民国时期又建有一座“暖园”小型围屋，整个围内有两座廖氏宗祠，角楼高三层，砖木结构，尖山式灰瓦顶，为一处清代客家围屋。现整体保存一般
	18	鹿岭世居	民国二十一年（1932 年）	2280	√		位于碧岭社区沙坑居民小组，朝向西偏北 40 度，面宽 60 米，进深 38 米，建于民国二十一年（1932 年），由碧岭华侨兴建，为三排屋大宅带一座炮楼组成，门额上有“鹿岭世居”灰塑，屋檐下壁画有民国壬申年年款，后排为七开间两进两层结构，炮楼高四层，砖木结构，尖山式灰瓦顶，是一处典型民国时期的民居建筑
	19	朝瓒公祠	清	2552	√		位于田心社区树山背居民小组，朝向西偏北 15 度，建于清代，面宽 84 米，进深 28 米，占地面积有 2552 平方米，平面布局为三堂六横四角楼一望楼结构，前有禾坪和半月池等组成，墙体为夯土构成，正门设有拱门廊，有“朝瓒公祠”四字，当心间为坪山地区许氏始祖祠堂，砖木结构，尖山式灰瓦顶，是一处清代客家围屋。现整体保存一般
	20	石井彭氏宗祠	清	2048	√		位于石井居民小组（东纵路旁），朝向北偏西 15 度，建于清代，面宽 64 米，进深 32 米，建筑占地面积为 2048 平方米，平面布局为三堂两横结构，砖木结构，尖山式灰瓦顶，前有禾坪和池塘等，是一处清代客家围屋。现整体保存较差
	21	石井刘氏振风公祠	清	1250	√		位于石井社区井子吓居民小组，朝向北偏东 45 度，建于清代，面宽 50 米，进深 25 米，建筑占地面积为 1250 平方米，平面布局为三堂两横四角楼结构，前有禾坪、半月池等组成，角楼高三层，砖木结构，尖山式灰瓦顶，当心间为刘氏宗祠，中堂有“余庆堂”木匾，后堂为刘氏祖堂。由“一九八九年重修芳名表”得知该宗祠为“刘氏振风公祠”，原是一处清代客家围屋。现整体保存一般
	22	坪山三洋湖围	清	1825	√		位于坪山社区三洋湖居民小组，朝向西偏北 13 度，建于清代，面宽 73 米，进深 25 米，建筑占地面积有 1825 平方米，围村前有半月池，前排分别为曾氏恭公宗祠、彭氏宗祠、戴氏宗祠，砖木结构，灰瓦顶，是清代宗祠建筑，围村有三横三纵巷道分明清晰，是一处客家大三姓族人聚居而成的围村，故称为“三洋湖”村。现整体保存一般

续表 10

街道	编号	名称	年代	面积（㎡）	客家系	广府系	现状
坪山	23	坪环邹氏宗祠	清	280	√		位于坪环社区坪环村（东纵路南侧），朝向西偏北 15 度，建于清代，面宽 28 米，进深 10 米，占地面积有 280 平方米，平面布局为两堂两横结构，前有禾坪和半月池等组成，当心间为邹氏宗祠，夯土墙，木梁架，灰瓦顶，是一处清代扁方型围屋。现整体保存一般
	24	汤坑李氏宗祠	清	832	√		位于汤坑社区赤子香居民小组，朝向东偏南 25 度，建于清代，面宽 32 米，进深 26 米，建筑占地面积有 832 平方米，平面布局为三堂两横结构，正门上有“李氏宗祠”石匾，当心间为李氏宗祠，三进两天井结构，砖木结构，灰瓦顶，船形屋脊，是一处清代客家围屋。现整体保存较差
	25	石井老屋彭氏宗祠	清	474	√		位于石井社区老屋居民小组二井二巷 3 号旁，朝向北偏东 25 度，建于清代，现存面宽 17 米，进深 22 米，占地面积有 474 平方米，前有禾坪和半月池等组成，当心间为彭氏宗祠，平面布局为三进两天井结构，砖木结构，灰瓦顶，正门上有“彭氏宗祠”石匾，中堂上有“入孝出弟”木牌匾，后堂为石井彭氏始祖祖堂“述古堂”和观音堂，上有彭氏太公像和“述古流芳”木匾，原为一处清代客家围屋，现只存彭氏宗祠。整体保存一般
	26	石井刘氏宗祠	清	360	√		位于石井社区井子吓居民小组上屋，朝向北偏东 25 度，建于清代，面宽 24 米，进深 15 米，建筑占地面积有 360 平方米，平面布局为两堂两横结构，前有禾坪和半月池和一口水井等组成，砖木结构，尖山式灰瓦顶，当心间为刘氏宗祠，正门上有“刘氏宗祠”四个大字，屋檐下壁画保存完好，是一处清代客家围屋。现整体保存一般
	27	田心吴氏围屋	清	384	√		位于田心社区上村居民小组，朝向西偏南 12 度，建于清代，面宽 24 米，进深 16 米，建筑占地面积有 384 平方米，平面布局为三堂两横结构，前有禾坪和半月池等组成，墙体为夯土结构，尖山式灰瓦顶，当心间为吴氏宗祠，中堂上有“乐善”木扁，后堂为吴氏祖堂“永泰堂”，是一处清代客家围屋。现整体保存较差
	28	石井彭氏围屋	清	480	√		位于石井社区石井居民小组彭氏宗祠东南边，朝向北偏西 15 度，建于清代，面宽 30 米，进深 16 米，建筑占地面积为 480 平方米，平面布局为两堂两横带两角楼结构，中间为两进一天井结构，砖木结构，尖山式灰瓦顶，是一处清代小客家围屋。现整体保存一般

续表 10

街道	编号	名称	年代	面积（㎡）	客家系	广府系	现状
坪山	29	田心叶氏宗祠	清	1539	√		位于田心社区新联居民小组（东纵路北侧），朝向东偏北20度，建于清代，面宽57米，进深27米，建筑占地面积为1539平方米，平面布局为三堂两横四角楼结构，前有禾坪和半月池等组成，角楼高三层，砖木结构，尖山式灰瓦顶，当心间为“叶氏宗祠”，是一处清代客家围屋。近年有维修，现整体保存较好
	30	沙坑廖氏围屋	清	1875	√		位于碧岭社区沙坑居民小组下沙，坐西南朝东北，建于清代，面宽75米，进深25米，建筑占地面积有1875平方米，平面布局为三堂四横屋结构，前有半月池塘等组成，当心间为廖氏宗祠，夯土墙，木梁架，灰瓦顶，是一处清代客家围屋。现整体保存较差
	31	安田世居	清	3168	√		位于碧岭社区安田居民小组，坐西南朝东北，建于清代，面宽66米，进深48米，建筑占地面积有3168平方米，平面布局为三堂四横四角楼结构，门额上“安田世居”灰塑匾，当心间为宗祠，三进两天井结构，角楼高三层，夯土墙，木梁架，灰瓦顶，是一处清代四角楼客家围屋。现整体保存较好
	32	丰田世居	清嘉庆四年（1799年）	1640	√		位于六联社区丰田居民小组（锦龙大道旁），朝向南偏东28度，建于清嘉庆四年（1799年），面宽68米，进深35米，占地面积有1640平方米，平面布局为三堂两横四角楼结构，前有禾坪与半月池等组成，禾平两面有“伸手骑楼”转斗门，顶上设有封火墙，正大门额上有“丰田世居”石匾，刻有清嘉庆四年年款，当心间为黄氏宗祠，角楼高三层，外围设女儿墙，夯土墙，木梁架，灰瓦顶，船形屋脊，是一处保存完整的清代客家四角楼围屋。现整体保存一般
	33	新埔世居	清嘉庆十年（1805年）	4320	√		位于石井社区李屋村岭脚22号，朝向东偏北30度，建于清嘉庆十年（1805年）孟夏，面宽72米，进深60米，建筑占地面积为4320平方米，平面布局为三堂两横四角楼一望楼结构，砖木结构，灰瓦顶，前有禾坪和半月池，外围为夯土结构，正门有“新埔世居”石刻，有清嘉庆十年（1805年）年铭，正门进入有一大门牌楼，背有“云蒸霞蔚”四个大字，是一处清代典型四角楼带望楼的客家围屋。现整体保存一般
	34	石井龙塘世居	清	2457	√		位于石井社区横塘居民小组，朝向北偏西25度，建于清代，面宽63米，进深39米，建筑占地面积2457平方米，平面布局为三堂两横结构，前有禾坪和半月池等组成，砖木结构，灰瓦顶，正门上有“龙塘世居”，屋内有一重修碑记“三星堂于宣统二年三月重修刻”，是一处清代客家围屋。现整体保存一般

续表 10

街道	编号	名称	年代	面积（㎡）	客家系	广府系	现状
坪山	35	石井黄氏世居	清	1008	√		位于石井社区石陂头居民小组，坐西朝东，建于清代，面宽36米，进深28米，建筑占地面积为1008平方米，平面布局为三堂两横四角楼结构，转木结构，尖山式灰瓦顶，前有禾坪和围墙，外围建有女儿墙，前有转斗门，当心间为黄氏宗祠，中厅上有“鸿图丕展”木匾，后堂为黄氏祖堂，是一处清代四角楼客家围屋。现整体保存一般
	36	竹坑骆氏围屋	清	1026	√		位于竹坑社区黄泥元居民小组，朝向西偏北35度，建于清代，面宽38米，进深27米，建筑占地面积有1026平方米，平面布局为三堂两横四角楼结构，前有禾坪和半月池等组成，现尚存两角楼和骆氏宗祠，砖木结构，尖山式灰瓦顶，船形屋脊，是一处清代四角楼客家围屋。现整体保存较差
	37	沙坑世居	清	6696	√		位于碧岭社区沙坑居民小组，朝向北偏东20度，建于清代，面宽72米，进深93米，占地面积有6696平方米，平面布局为三堂两横四角楼结构，前有禾坪和半月池等组成，夯土墙，木梁架，灰瓦顶，是一处清代客家围屋
	38	六联李氏围屋	清	1800	√		位于六联社区山吓居民小组，朝向南偏东25度，建于清代，面宽60米，进深约30米，建筑占地面积有1800平方米，平面布局为三堂两横四角楼结构，前有禾坪，正面开三大门，角楼高三层，当心间为李氏祠堂，泥砖墙，木梁架，尖山式灰瓦顶，是一处清代客家围屋
	39	会源楼	清	2404	√		位于石井社区李屋居民小组，朝向西偏北25度，建于清代，面宽45米，进深40米，占地面积约2404平方米，平面布局为三堂两横四角楼结构，前有禾坪和半月池组成，正门上有“会源楼”石匾，内设马道，角楼高三层，楼顶左右有“锅耳”封火墙，前后有女儿墙，墙体为夯土构成，砖木结构，灰瓦顶，围屋整体壮观，是一处保存完整的清代四角楼客家围屋。现整体保存较好
	40	石井何氏宗祠	清	1200	√		位于石井社区李屋村居民小组，朝向北偏东35度，建于清代，面宽40米，进深30米，建筑占地面积为1200平方米，面开三门带两角楼，中间宗祠为两进一天井结构，中厅上有“立基堂”木匾，土木结构，灰瓦顶，正门上有“何氏宗祠”灰塑，前堂上为“立基堂”，后堂为何氏祖堂，屋前有禾坪和月池等组成，为一处清代小型客家围屋。现整体保存一般
	41	碧岭廖氏围屋	清	1500	√		位于碧岭社区永仁陂永仁路边，朝向西偏北35度，建于清代，面宽50米，进深30米，建筑占地面积有1500平方米，平面布局为三堂两横结构，前有禾坪后有两座角楼等组成，角楼高三层，当心间为廖氏宗祠，前堂上有“慎修思永”木扁，中堂为“恒德堂”，是一处清代两角楼客家围屋。现整体保存较好

续表 10

街道	编号	名称	年代	面积（㎡）	客家系	广府系	现状
坪山	42	六联曹氏围屋	清	896	√		位于六联社区珠洋坑居民小组，坐东朝西，建于清代，面宽 32 米，进深 28 米，建筑占地面积有 896 平方米，平面布局为三堂两横结构，前有禾坪和半月池等组成，墙体为夯土结构，木结构，尖山式灰瓦顶，是一处清代曹氏族人聚居的客家围屋
	43	嘉绩世居	清	6048	√		位于碧岭社区沙绩居民小组，坐西南朝东北，建于清代，面宽 84 米，进深 72 米，建筑占地面积有 6048 平方米，早期为小型三堂两横四角楼小围屋，后期扩建为三开大门的四横四角楼以及两望楼的大型客家围屋，正门上有“嘉绩世居”四个大字，外墙设有女儿墙，角楼高两层，楼顶两边有“锅耳”封火墙，前后有女儿墙，围屋墙体为夯土构成，木梁架，尖山式灰瓦顶，是一处清典型的分期扩建的客家围屋
	44	和平戴氏围屋	清	1344	√		位于和平社区黄果坜村 19 号，朝向东偏南 20 度，建于清代，面宽 48 米，进深 28 米，建筑占地面积有 1344 平方米，平面布局为三堂两横四角楼结构，前有月池，正面开三大门，角楼高两层带长方形石枪眼，夯土墙，木梁架，灰瓦顶，是一座清代四角楼客家围屋。现整体保存较差
	45	坪环曾氏围屋	清	1140	√		位于坪环社区马东居民小组二区 16 号，坐西南朝东北，建于清代，面宽 38 米，进深 30 米，建筑占地面积有 1140 平方米，平面布局为三堂两横四角楼结构，正面开三大门，角楼高三层带有葫芦形和长方形枪眼，砖木结构，尖山式灰瓦顶，是一处清代方形四角楼客家围屋。现整体保存较好
	46	沙坣玉田世居	清	1280	√		位于沙坣社区新屋居民小组，坐南朝北，建于清代，面宽 40 米，进深 32 米，建筑占地面积有 1280 平方米，平面布局为两堂两横四角楼结构，角楼高三层，正门上有“玉田世居”石匾，围屋墙体为夯土构成，木梁架，尖山式灰瓦顶，是一处清代晚期四角楼客家围屋。现整体保存较好
	47	远香曾氏围屋	清	1512	√		位于江岭社区远香居民小组东纵路南边，朝向西偏北 28 度，建于清代，面宽 54 米，进深 25 米，建筑占地面积有 1512 平方米，平面布局为三堂两横四角楼结构，前有禾坪和半月池组成，砖木结构，角楼高三层，墙体为夯土结构，尖山式灰瓦顶，前堂上有“乐善居”牌匾、后堂为曾氏祖堂，该祠堂为曾氏“远来祠堂”，是一处清代四角楼客家围屋。现整体保存较好

续表 10

街道	编号	名称	年代	面积（㎡）	客家系	广府系	现状
坪山	48	坪环仕泰公祠	清	960	√		位于坪环社区禾场头居民小组，坐东朝西，建于清代，面宽约 40 米，进深约 24 米，建筑占地面积有 960 平方米，平面布局为三堂两横四角楼结构，门额上“仕泰公祠”灰塑匾，当心间为袁氏宗祠，三进两天井结构，角楼与壁画保存完好，角楼高四层，砖木结构，尖山式灰瓦顶，船形屋脊，是一处清代四角楼客家围屋。现整体保存较好
	49	香园世居	清	1500	√		位于江岭社区远香居民小组，又名“沈氏宗祠”，朝向北偏西 50 度，建于清代，面宽 50 米，进深 30 米，建筑占地面积有 1500 平方米，平面布局为三堂两横结构，前有禾坪和半月池，正面有“香园世居”和“沈氏宗祠”两门，角楼高两层，砖木结构，灰瓦顶，是一处小型客家围屋。民国时期又扩建炮楼院，炮楼高三层，砖木结构，尖山式灰瓦顶，船形屋脊。现整体保存较好
	50	庚子首义旧址	清光绪二十六年（1900年）	1144	√		位于马峦社区马峦山罗氏大屋，坐东北面西南，面阔约 55 米，进深约 30 米，建筑占地面积约 1144 平方米，围墙正面开一正门和两侧门，中轴线上为一开间的前、中、后三室的罗氏宗祠。围内由三横三纵单层排屋组成，南面和北面各建一座炮楼。南炮楼高三层，天台女墙方桶式；北面炮楼高三层，瓦坡腰檐炮楼，均用三合土夯筑而成。整体结构布局尚存。马峦村是庚子起义的基地之一，罗氏大屋是当时司令部所在地。东江军委曾在此指挥解放斗争
	51	新围世居	清	2250	√		位于六联社区横岭塘居民小组，朝向北偏东 15 度，建于清代，面宽 50 米，进深 45 米，占地面积有 2250 平方米，正门上有“新围世居”四个大字，由两排屋两横屋所围成，当心间为陈氏祠堂，围内大部分为民国时期重修建筑，有炮楼院一座，炮楼高三层，砖木结构，尖山式灰瓦顶，是一处清代陈氏族人聚居的围屋。现整体保存一般
	52	石楼世居	清	780	√		位于汤坑社区石楼围居民小组，朝向东偏南 35 度，建于清代，面宽 26 米，进深约 30 米，建筑占地面积有 780 平方米，前有风水池塘，三排屋结构，左右转斗门进入为天街，当心间为罗氏“锦堂公祠”，一边转斗门额有“石楼世居”石匾，另一边有“民康物阜”炮楼高四层，围屋墙体为夯土构成，木梁架，灰瓦顶，是一处始建于清代的客家围屋。现整体保存一般

表 11　坑梓街道围屋统计分类表

街道	编号	名称	年代	面积（m²）	客家系	广府系	现状
坑梓	1	秀岭世居	清道光年间	5891	√		位于秀新社区秀新居民小组，朝向北偏东 20 度，建于清代道光年间，面宽 82 米，进深 40 米，占地面积为 5891 平方米，为三堂六横结构，前有禾坪和月池等组成，面开两大门，门额上分别有清“道光”年铭和“同治八年”（1869 年）的“秀岭世居”石匾，两座黄氏宗祠为三进两天井结构，围屋为夯土墙，土木结构，灰瓦顶，有船形屋脊，是一处清代早期的清代客家围屋，现整体保存一般
	2	颐田世居	清宣统元年（1909年）	1640	√		位于沙田社区田脚村，坐东南朝西北，西偏北 13 度，建于清宣统元年（1909 年），面宽 30 米，进深 48 米，占地面积 1640 平方米，平面布局为三堂两横四角楼结构（现仅存东南一处角楼），前有禾坪及月池等组成，一进有天街，当心间为黄氏宗祠，三进两天井结构，围屋为夯土墙，土木结构，尖山式灰瓦顶，是一座清末民初典型的客家围屋，整体保存一般
	3	文珍世居	清	975	√		位于老坑社区老坑村，朝向南偏东 15 度，面宽 39 米，进深 25 米，建筑占地面积为 975 平方米，平面布局为两堂两横结构，前有禾坪和月池等，正门上挂有“文珍世居”牌匾，中间为宗祠，前堂为“存祯堂”，后堂为陈氏祖堂，砖木结构，是一处清代客家围屋。1997 年曾对宗祠部分重修，现整体保存一般
	4	寿田世居	民国	1134	√		位于沙田社区田脚村（梓田二路旁边），朝向东偏北 35 度，建于民国时期，面宽 54 米，进深 21 米，建筑占地面积为 1134 平方米，平面布局为两进九开间四角楼结构，前有禾坪，当心间为黄氏宗祠，两进一天井结构，正门额上有“寿田世居”匾题，外墙上有长方形石枪眼，是一座清末民初小型的客家带角楼围屋，整体保存一般
	5	龙田高家祠	清	1825	√		位于龙田社区高家围居民小组，坐西朝东，建于清代，面宽 73 米，进深 35 米，建筑占地面积为 1825 平方米，平面布局为三堂两横四角楼结构、前有禾坪及月池，为土木结构，是一处清代客家围屋，现整体保存一般

续表 11

街道	编号	名称	年代	面积（㎡）	客家系	广府系	现状
坑梓	6	龙田罗氏宗祠	清	1544	√		位于龙田社区新屋居民小组，坐西北朝东南，东偏南25度，建于清代，面宽48米，进深28米，占地面积约有1544平方米，平面布局为三堂两横四角楼结构，前有禾坪和月池，正门上有“罗氏宗祠”石匾，为土木结构，尖山式灰瓦顶，是一处清代四角楼客家围屋，现整体保存较差
	7	洪围	清康熙三十年（1691年）	1580	√		位于老坑社区老坑居民小组，坐西北朝东南，始建于康熙三十年（1691年），是坑梓黄氏二世祖黄居中所创建，曾于清道光十年进行过大修，现面宽30米，进深约50米，占地面积有1580平方米，由三堂两横加角楼、前禾坪和月池、后围垅等组成，黄氏宗祠门额上有“黄氏宗祠”石匾，为石、土木结构，灰瓦顶，是一座清代早期客家围屋。现整体保存较好
	8	迴龙世居	清道光二十八年（1848年）	1880	√		位于金沙社区新横居民小组，朝向南偏西35度，由黄耀青建立于清道光二十八年（1848年），面宽48米，进深32米，占地面积为1880平方米，平面布局为三堂两横四角楼结构，前有禾坪及半月池组成，池塘两边树有旗杆石，当心间为黄氏宗祠，三进两天井结构，门额上有“迴龙世居”石匾，围屋为夯土墙，土木结构，灰瓦顶，船形屋脊，是一座典型的清代客家四角楼围屋，现整体保存较好
	9	新乔世居	清乾隆十八年（1753年）	8480	√		位于秀新社区秀新居民小组，朝向南偏西35度，由黄氏三世祖黄振宗（昂燕公）于清乾隆十八年（1753年）建成。面宽95米，进深87米，占地面积约有8480平方米，平面布局为三堂四横四角楼一望楼结构，后有化胎和围龙屋，前有禾坪和月池等组成，两边有带山墙的转斗门楼，正门额上有“新乔世居”石匾，一进有天街，当心间为黄氏宗祠，三进两天井结构，祖堂前挂有“文魁”、“恩贡”等牌匾。围屋为夯土墙，土木结构，灰瓦顶，一字清水脊，是深圳地区保存较早的典型客家围龙屋，现整体保存较好
	10	长隆世居	清乾隆五十九年（1794年）	6485	√		位于金沙社区金沙居民小组，朝向东偏南45度，由黄氏梅峰建立于清乾隆五十九年（1794年），面宽83米，进深75米，占地面积为6485平方米，平面布局为三堂四横四角楼结构，前有禾坪和月池等组成，两边有转斗门，正门额上有“长隆世居”石匾，一进有牌楼、天街，当心间为黄氏宗祠，三进两天井结构，围屋为夯土墙，土木结构，灰瓦顶，一字清水脊，是清代早期的大型四角楼客家围屋，整体保存较好

续表 11

街道	编号	名称	年代	面积（㎡）	客家系	广府系	现状
坑梓	11	青排世居	清	8086	√		位于金沙社区青排居民小组，朝向南偏东 15 度，建于清代早期，面宽 121 米，进深 66 米，占地面积为 8086 平方米，由三堂四横六角楼组成，该围屋形制比较特别，屋前并没有禾坪，墙基下直接连到半月池。前厅内屏风门上有“礼耕义种”木匾，一进有天街，东边间为黄氏宗祠，三进两天井结构，发现多处清代早期建筑构件柱础，围屋面开两大门，条石基、夯土墙，土木结构，灰瓦顶，是一座清代早期客家角楼围屋，整体保存较好
	12	荣田世居	清	4820	√		位于金沙社区荣田居民小组，朝向北偏东 45 度，建于清代中期，面宽 77 米，进深约 60 米，占地面积为 4820 平方米，由三堂两横四角楼（除东南角楼损坏外，其他三个角楼保存完整），前有禾坪和月池等组成，门额上有“荣田世居”石匾，一进有天街，当心间为黄氏族宗祠，三进两天井结构，围屋为夯土墙，土木结构，木梁架灰瓦顶，是一处清代大型较典型客家围屋，整体保存较好
	13	盘龙世居	清同治三年（1864 年）	1780	√		位于老坑社区老坑居民小组（吉祥路旁），坐西北朝东南，南偏东 20 度，建于清同治三年（1864 年），面宽 57 米、进深 35 米，占地面积为 1780 平方米，由三堂两横四角楼、前有禾坪和月池等组成，当心间为黄氏宗祠，门额上有“盘龙世居”石匾，上有年款说明该围屋清同治甲子年（1864 年），围屋为土木结构，夯土墙，木梁架，灰瓦顶，是一处清代传统的四角楼客家围屋，整体保存较好
	14	龙敦世居	清	3560	√		位于龙田社区吓田居民小组，朝向北偏东 35 度，建于清代早期，面宽 56 米，进深 60 米，占地面积为 3560 平方米，平面布局为三堂四横四角楼结构，前有禾坪和月池、后有围垅组成，当心间为黄氏宗祠，三进两天井结构，围屋为土木结构，保存着比较完整和数量丰富的木雕木构件，尖山式灰瓦顶，是一座清代典型的客家围屋。整体保存一般
	15	龙湾世居	清乾隆四十六年（1781 年）	6350	√		位于龙田社区大水湾居民小组，坐东北朝西南，西偏南 45 度，始建于清代乾隆辛丑年（1781 年），面宽 70 米，进深 85 米，建筑占地面积为 6350 平方米，由三堂两横四角楼、一望楼、两边有转斗门楼，前有禾坪和月池、后有围垅等组成，月池两边立有旗杆石，正门额上有“龙湾世居”石匾，门下角有狗洞，二门牌楼一进有天街，当心间为黄氏宗祠，三进两天井结构，围屋为夯土墙，土木结构，灰瓦顶，是一处清代早期典型客家围垅屋，整体保存较差

续表 11

街道	编号	名称	年代	面积（㎡）	客家系	广府系	现状
坑梓	16	牛背岭围屋	清	2540	√		位于龙田社区牛背居民小组，坐东南朝西北，北偏西25度，建于清代早期，面宽52米，进深45米，占地面积约有2540平方米，平面布局为三堂两横四角楼结构，前有禾坪和月池组成，前排屋面开三大门一进为天街，当心间黄氏宗祠，围屋为土木结构，灰瓦顶，是一处清代四角楼客家围屋，现整体保存较差
	17	陂头下围	清	1324	√		位于秀新社区陂头下围，坐东北朝西南，西偏南45度，建于清代，面宽51米，进深24米，占地面积为1324平方米，平面布局为三堂两横四角楼结构，前有禾坪和月池等组成，当心间为黄氏宗祠，围屋为夯土墙，土木结构，灰瓦顶，是一处清代四角楼客家围屋，现整体保存较差
	18	老坑黄氏围屋	清	4540	√		位于老坑社区松子坑居民小组（吉祥路旁），坐东南朝西北，北偏西35度，建于清代，面宽62米，进深70米，占地面积为4540平方米，平面布局为三堂两横四角楼一望楼结构，前有禾坪和月池组成，一进有天街，当心间黄氏宗祠，中堂有石柱梁架，围屋为土木结构，尖山式灰瓦顶，是一处清代四角楼客家围屋，现整体保存一般
	19	吉龙世居	清	1454	√		位于老坑社区松子坑居民小组，坐东南朝西北，北偏西40度，建于清代，面宽48米，进深28米，占地面积为1454平方米，平面布局由三堂两横四角楼结构，前有禾坪和风水月池等组成，主体建筑为土木结构，尖山式灰瓦顶，是一处典型的四角楼客家围屋，现整体保存较差
	20	井水龙黄氏围	清	640	√		位于老坑社区井水龙居民小组，坐东朝西，面宽36米，进深15米，占地面积为640平方米，平面布局为七开间两进一天井带两角楼结构，前有禾坪和月塘，土木结构，是一处清代客家围屋，现整体保存很差
	21	龙围世居	清	2330	√		位于坑梓社区沙梨园居民小组，坐西朝东，建于清代，面宽45米，进深42米，占地面积为2330平方米，平面布局三堂两横四角楼结构，前有禾坪、月池和水井组成，前厅上屏门上有“攒元堂”木匾，背后刻“福禄寿”；中厅屏风门上有“云路初阶”木匾，背后刻“兰桂飘香”；后厅为沙梨园黄氏祠堂，神龛上有“江夏堂”木匾。该围屋建筑为土木结构，灰瓦顶，是一处清代四角楼客家围屋，现整体保存一般

续表 11

街道	编号	名称	年代	面积（m²）	客家系	广府系	现状
坑梓	22	新乔围屋	清	2112	√		位于秀新社区新乔围（新乔世居后），坐西北朝东南，东偏南 25 度，建于清代，面宽 64 米，进深 33 米，建筑占地面积 2112 平方米，平面布局为三堂两横两角楼结构，前有禾坪和月池，主体建筑为土木结构，据了解，该围屋由新乔世居分支所建，因此格局基本仿照新乔世居，是一处清代客家围屋，现整体保存一般
	23	金沙薛家宗祠	清	1685	√		位于金沙社区薛家村（丹梓路旁），坐西北朝东南，南偏东 25 度，建于清代，面宽 45 米，进深 33 米，占地面积为 1685 平方米，平面布局为三堂两横结构，前有禾坪和月池，是一处清代客家围屋。坍塌后仅修复中间宗祠部分，并另修正门，上塑有“薛家宗祠”，现整体保存一般
	24	东坑黄氏围屋	清	1232	√		位于老坑社区东坑居民小组，坐东向西，建于清代，面宽 44 米，进深 28 米，建筑占地面积为 1232 平方米，平面布局为三堂两横结构，前有禾坪，主体建筑为土木结构，是一处清代客家围屋，现整体保存较差
	25	龙排世居	清	1793	√		位于老坑社区东坑居民小组，坐南朝北，建于清代，面宽 57，进深 29，占地面积为 1793 平方米，平面布局为三堂两横四角楼结构、前有禾坪和月池等，正门上有“龙排世居”四个大字，是一处清代四角楼客家围屋，现整体保存较差
	26	龙田高氏围屋	清	1670	√		位于龙田社区大窝村，坐西南向东北，北偏东 15 度，建于清代，面宽 49 米，进深 30 米，占地面积为 1670 平方米，平面布局为三堂两横四角楼，前有禾坪和月池等组成，中间高氏宗祠。为砖木结构，是一处清代客家围屋，现整体保存一般
	27	城肚内围	明	16428	√		位于秀新社区城肚居民小组，坐东南朝西北，西偏北 35 度，始建于明代，占地面积约 16428 平方米，除正中的宗祠保存尚可外，城内建筑大多损毁。正门两侧残留部分围墙，高度约为 5 米。两边的角楼高约四层，保存较好；城内主要有四横四纵巷道，水泥路面，古建筑为土木结构，外围墙是夯土构成，是曾有一定规模的客家围城，整体保存尚可

表 12　葵涌街道围屋统计分类表

街道	编号	名称	年代	面积（m²）	客家系	广府系	现状
葵涌	1	葵新欧屋围	清	836	√		位于葵新社区，朝向北偏东 10 度，建于清代，面宽 38 米，进深 22 米，建筑占地面积有 836 平方米，面开两大门七开间结构，带有一角楼，中间欧氏祠堂部分为三进两天井结构，是一处清代带角楼客家围屋，现整体保存一般
	2	三溪黄氏围屋	清	6759	√		位于三溪社区，朝向南偏西 40 度，面宽 129 米，进深 51 米，占地面积有 6759 平方米，平面布局为三堂两横结构，前有禾坪和半月池，中间为黄氏宗祠，砖木结构。据了解，黄氏族人原由福建迁至广东紫金再分支迁于此并定居。黄氏宗祠分别于 1988 年和 2003 年由黄氏族人对其进行重修。现整体保存一般
	3	葵新钟氏围屋	清	570	√		位于葵新社区，朝向南偏东 40 度，建于清代，面宽 38 米，进深 15 米，建筑占地面积有 570 平方米，平面布局为两堂两横结构，中间为钟氏祠堂，砖木结构，是一处清代客家围屋。现整体保存较差
	4	三溪潘氏围屋	民国	988	√		位于三溪社区，坐西朝东，建于民国，面宽 37 米，进深 24 米，占地面积为 988 平方米，为两堂两横带角楼结构，前有禾坪和月池等组成，中间正门上有“潘氏宗祠”字样，砖木结构，外墙为夯土构成，围屋内有走马道，是一座民国时期带角楼客家围屋。现整体保存一般
	5	坝光李氏宗祠	清	996	√		位于坝光社区，坐北朝南，建于清代，面宽 32 米，进深 28 米，占地面积为 996 平方米，砖木结构，由两排屋围成，前有禾坪与半月池等组成，两边有转斗门，正门上有“李氏宗祠”四个大字，是一座小型客家围屋，现整体保存较差
	6	三溪福田世居	清	2520	√		位于三溪社区，朝向东偏北 15 度，建于清代，面宽 60 米，进深 42 米，建筑占地面积为 2520 平方米，平面布局为三堂四横结构，前有禾坪并带有角楼，主体建筑为砖木结构，正门上有“福田世居”石匾，当心间为潘氏宗祠，是葵涌地区少有的清代大型客家围屋，现整体保存较好
	7	长安世居	民国四年（1915 年）	660	√		位于三溪社区，坐西朝东偏北 4 度，由泰国华侨陈琳记在民国四年（1915 年）建立，面宽 33 米，进深 20 米，建筑占地面积为 660 平方米，平面布局为两堂两横四角楼结构，角楼高三层，后有围墙，前有禾坪，主体建筑为砖木结构，外墙为夯土构成，房屋与角楼均为硬山尖山式灰瓦顶，是一处较典型四角楼客家围屋。据屋主述说，抗日时期为当地游击队暂住场所，于 1941 年 12 月 22 日冬至，给日军空炸后坍塌了正门等共 6 间，至今未修复。现整体保存一般

表 13　大鹏街道围屋统计分类表

街道	编号	名称	年代	面积（㎡）	客家系	广府系	现状
	1	王母围	明	5300	√		位于王母社区，坐北朝南，始建于明代，面宽81米，进深65米，占地面积约5300平方米，围前有禾塘，禾塘前有半月池，围面开一门，围内建筑整齐布局为九横五纵，中心为围内主街，石板路面，围内主要建筑有廖氏宗祠、郭氏宗祠等，均为三间两天井结构，砖木结构，条石基础，灰瓦顶，是一座清代民居围屋。其名源于宋末帝南逃时其母杨太后在村前大石上梳妆而得名。王母围为明代大鹏所城设三屯之王母屯的产物。围内居民姓氏较为复杂，以郭姓，廖姓为主。该围于民国四年（1915 年）重修，1989 年重修池塘等公共部分，至今整体保存较好。属客家人用广府系围屋的代表类型
	2	水贝老屋	明 – 清	9880		√	位于布新社区，朝向西偏南 20 度，占地面积约 9880 平方米，始建于元代，为江西欧阳氏迁徙至水贝建村，明代水贝村欧阳氏已有 2000 多人，村里设有墟市，巷道分明，石板路面，保存有欧阳氏宗祠、书室以及司马第等，均为砖木结构，条石基础灰瓦顶，大部分的建筑为晚清民国重修，原有水贝石寨现已无存，村屋前有“水贝村”牌坊，屋前有半月池，池塘两边均树有旗杆石，现整体保存一般
	3	王桐山钟氏大宅	清乾隆年间	1377	√		位于王母社区，朝向北偏西 40 度，始建于清乾隆年间，历有重修。平面布局为五间三进两天井结构，前庭有两前哨楼，后有高四层的“天一涵虚”炮楼，外墙为夯土构成并布满枪眼。其建筑布局式与部分装饰风格与闽海建筑有一定的亲缘关系。清末民初，王桐山钟氏宅第进行大范围的装饰与修缮，大量的灰塑、壁画、木雕雕工精细，栩栩如生，至今保存完好。据了解，钟姓为祖上从福建迁至大鹏半岛的西涌开基，后再迁王桐山，再分至王母上圩门和鹏城松山等地。2001 年被龙岗区人民政府公布为区文物保护单位。2008 年，深圳市龙岗区政府拨专款对王桐山钟氏宅第进行抢救性维修，现整体保存完好

表 14　南澳街道围屋统计分类表

街道	编号	名称	年代	面积（㎡）	客家系	广府系	现状
	1	沙岗围	清	边界不清	√		位于西涌社区，坐西朝东，建于清代中期，面宽约 70 米，进深方向由于围墙全部拆光而不明，其他三面边界不清，暂时无法估计面积。牌楼为沙岗村居民进出的主要通道。围门旁边为望楼，高两层，石加黄泥沙浆砌成，主要为防卫放哨功用。由村民集资于 2000 年对门楼进行装修。现整体保存一般

表 15　各街道两大系统围屋汇总表

序号	街道	客家系统围屋	广府系统围屋	合计
1	平湖街道	3	10	13
2	布吉街道	1	0	1
3	坂田街道	0	0	0
4	南湾街道	5	0	5
5	横岗街道	23	0	23
6	龙岗街道	48	3	51
7	龙城街道	13	2	15
8	坪地街道	22	3	25
9	坪山街道	52	0	52
10	坑梓街道	27	0	27
11	葵涌街道	7	0	7
12	大鹏街道	2	1	3
13	南澳街道	1	0	1
	合计	204	19	223

注：坂田街道目前现存 4 座排屋形式的老屋村，无法判断是否为围屋，暂定围屋数为 0。

第三章　类型与样式

所谓“围屋”是一个专用名词，用来描述我国南方的具有某种平面特征的“围合式建筑组群”。在我国各地普遍存在着的“围合式建筑组群”，其称谓非常复杂，往往因时因地而不同。即以地区而言，南方与北方、东部与西部、城市与乡村，都截然不同。“围屋”是乡村中的“围合式建筑组群”，所以城市中的情况姑置不论。在乡村中的“围合式建筑组群”，北方地区一般称为“院”或“大院”，广东及其一些邻近的地区则称之为“围”（还有某些其他称谓，本文暂不讨论）。

第一节　深圳东北地区历史文化与传统建筑文化环境

一　本地区围屋的五个文化来源

深圳东北地区西邻宝安、东莞、广州，北面和东北背靠惠州，东南面海，正南隔大鹏湾与香港比邻，境内二分之一为山冈丘陵，二分之一为小面积平原。从区域文化类型的分布地域看，广府文化以广州为中心向四面延伸、客家文化以梅州为中心向四面延伸、闽南潮汕文化以漳州潮州为中心向四面延伸，其共同的交汇点正是在深圳，几种有相当规模的区域文化类型都是在深圳这里汇聚结束，原龙岗区就在这共同文化交汇点的北侧。所以从区域文化类型的多样性上看，原龙岗区域正是得天独厚的。区域文化类型的多样性直接导致了深圳东北地区围屋建筑的多样性。

对于深圳东北地区围屋建筑的区域性文化来源，至今仍然流行着一些似是而非的观点。首先是目前被热炒的泛客家传统文化论，以为凡是围屋就一定是“客家围屋”，基本不知道广府传统文化和闽南潮汕传统文化也都有各自的“围屋”；其次是受到泛文化传播论的影响，给本地区围屋建筑胡乱戴上湘赣传统文化的帽子，以为凡是地方文化就一定是由于文化传播而来，完全不知道或者是有意忽略了地方文化自身的深厚传统和主流面貌，对显而易见的区域性文化特征视而不见，却夸夸其谈所谓的外来文化影响。讨论深圳东北地区围屋建筑的区域性文化来源，只讲客家传统文化是远远不够的，肯定会有许多建筑文化现象解释不通，肯定会有重大遗漏；而依据某座建筑物某个局部平面上的相似性，就指认是其他地方传统文化的影响，那么这样的区域性文化来源和影响也就过分地宽泛了。按照同样的方法，我们完全可以指认另外一些建筑物某个局部平面与山西或安徽或福建的某座建筑物某个局部平面上有相似性，说它们是来源于山西或安徽或福建的传统文化，如此则本地区围屋建筑将会有无数个传统的区域性文化来源。因此仅仅以局部的、个别偶发的建筑文化现象作为探讨深圳地区围屋建筑区域性文化来源的基础，将会出现无数个合理的解答，寻求答案的过程将会复杂得无法操作，那样是无法找到问题症结的。我们根据二十年来的实地调查发现，从大的方面说，深圳围屋建筑有五个传统的区域性文化来源：一是本地传统文化，二是广府传统文化，三是客家传统文化，四是闽南潮汕传统文化，五是西洋传统文化。

（一）本地传统文化，是现存历史最为悠久、完全由本地的传统文化因素所组成的一种文化现象

作为我国南方古越族的一支及其先民的聚居地，深圳的历史至少可以上溯到距今约 7000 年以前的新石器时代中期；此后经新石器时代晚期进入青铜时代，在广东境内古越族的一支建立了“缚娄国”，深圳地区为其属地，其文化为百越民族文化。虽然秦始皇在发动统一岭南战争的前后，一直对岭南实行大规模、有组织的移民，但是在后来汉族人赵佗建立的南越国中，越族人和越族文化的力量仍然占有很大的比重，赵佗等南越国的王族、贵族，对内、对外都以岭南土著的面孔出现，对北方文化均采取普遍排斥、抗拒的策略，使大量的古越族文化成分在岭南得以长期保存。汉王朝在深圳南头古城一带的“东官盐场”设置“番禺盐官”来管理盐业生产；三国吴黄武五年（226 年）“番禺盐官”改为“司盐都尉”。东晋成帝咸和六年（331 年）分南海郡立东官郡，郡治设在同时设立的宝安县城中。这时的宝安县包括了今东莞市、深圳市和香港地区等。此后一直到唐朝至德间，朝代屡经变更，“东官盐场”也更名为“东莞盐场”，而宝安县不变。唐朝中期以后，“宝安县”更名为“东莞县”，明代万历元年从“东莞县”又分出“新安县”，“宝安县”→“东莞县”→“新安县”，千年古县的基本范围没有变，区域性传统文化的脉络没有断，许多基本的文化面貌也没有变，比如东晋“宝安县”时期的四系罐，到了明、清“新安县”时期，除了釉色由青釉变为酱釉之外，四系罐仍然是四系罐。除此之外，“宝安县”→“东莞县”→“新安县”，也就是今天的东莞市、深圳市和香港地区一带，还有许多独特的文化现象，与周边的归善、博罗、增城、广州、番禺等地明显不同，如说话时讲“东宝片方言”，服饰是“一丈乌大襟衫”等等，其传统围屋建筑也与上述周边地区有着显著区别。

（二）广府传统文化，由来自广府中心地的传统文化因素所组成的一种文化现象

无论是从其基本形制，还是从其施工程序、使用材料上看，本地区现存的围屋建筑有相当一部分含有大量来自广府文化中心地的传统文化因素，这些传统建筑文化现象无疑是来源于广府传统文化。正如上文所述，广府传统文化也是南北方文化大融合的产物，其产生的历史可以上溯到汉代，而其对深圳区域性文化的压迫、影响肯定自古以来就是强有力的、持续的。不过我们现在能够见到的广府传统文化对本地围屋建筑的影响，全部来自明代及以后的实例。

（三）客家传统文化，是由来自客家地区的传统文化因素所组成的一种文化现象

深圳东北地区围屋建筑中，真正来自客家文化中心地区（广东兴梅地区）的传统文化因素实际上是比较少的，而大部分传统文化因素来自客家文化的扩展地区归善县，即今天的惠阳地区。清初，一方面为了消灭郑成功和打击海盗，一方面也为了惩罚支持过南明政权的沿海居民，清廷在康熙元年（1662 年）实行“迁海”政策，广东沿海居民先后两次内迁 30 ~ 50 里。新安县的版图是沿海岸线延伸的长条形，南北窄，东

西长，全县大部分地区被划到迁移范围之中，以至清廷最终不得不撤掉新安县的建制，而把新安县剩余的少量土地人民划入东莞县管辖。迁海之举不仅给公私财物造成巨大的损失，而且断绝了许多农民、渔民及盐民的生活来源，国家也失去大量税收，对打击郑成功及海盗并未起到实质性的作用。到康熙七年（1668年）清廷决定部分地区复界，新安县得以恢复建制。复界后能够迁回的原住民较少，于是清廷颁布了优惠的招垦政策。嘉应（梅县）地区和归善县的许多客家人为寻求出路，踊跃报名迁住复界的地区垦荒，到雍正初年开始大量迁入，形成了一次新的移民高潮。到清末，新安县的客家人已占全县总人口的60%以上。他们为新安县（深圳市、东莞市和香港地区）的围屋建筑带来了大量的客家传统文化因素。

深圳东北地区的客家系围屋建筑中有两种核心类型，一种是“兴梅类型围屋”（图版1、2），另一种是“惠州类型围屋”（图版3）。此外还有两种次要类型，一种是“排屋村”，另一种是“散屋村”。

（四）闽南潮汕传统文化，是由来自潮汕地区的传统文化因素所组成的一种文化现象

明代以来，大量的潮汕人离开家乡，到广东乃至世界各地讨生活，而潮汕人善于做生意是出了名的。现在已知从清末、民国直到改革开放初期，在新安县→深圳市开杂货铺做小生意的，几乎全部都是潮汕人。但是与客家人不同的是，潮汕人对客居地产生认同感往往需要更长的时间，他们总是想到赚到钱要回到家乡去光宗耀祖，实现了光宗耀祖的理想之后才开始考虑在客居地的进一步发展。本地区围屋中尚未发现一座整体上是闽南潮汕传统风格的，但是闽南潮汕传统建筑风格的各种文化元素却随处可见（图版4）。

（五）西洋传统文化

清代中、晚期以及民国时期，西洋文化开始大规模影响广东沿海地区，深圳地区出现了大量的“西洋楼”，由于其中往往还保留了一些中国传统文化的因素，因此人们也称其为“中西合璧式”建筑（图版5）。

深圳东北地区在晚清民国时期一度盛行炮楼院式建筑（杨荣昌《龙岗记忆——深圳东北地区炮楼建筑调查》，文物出版社，2011年），一些客家围屋的建筑不可避免地受到西洋文化的影响，在继承传统客家围屋的布局外，又将原客家围屋的角楼形制代之以体量高大的炮楼，同时大量使用西洋文化风格的装饰，曲线流畅，非常华丽（图版6～10，图1）。

现存最早的是位于宝安区沙井镇新二村建于道光四年（1824年）的康杨二圣庙，其琉璃屋脊雕饰西式建筑和人物。一般所谓中西合璧式，往往是广府或客家民居的格局，而外观形式和装饰是西式的，真可谓“中学为体，西学为用”的表现。集客家、广府和西洋建筑特点于一身，是不同民系和不同国家建筑文化的融合，独具匠心，充分体现出中国人的聪明才智，是不可多得的历史文化遗产。

从方言文化人口的角度看，区内85%操客家方言的人口占了压倒优势，预示着客家文化的一统天下。但是从建筑文化的角度看，如果以兴（宁）梅（州）地区的客家建筑系统为基准，本地区的建筑文化则是呈现了小有继承、大相径庭，百花齐放、百

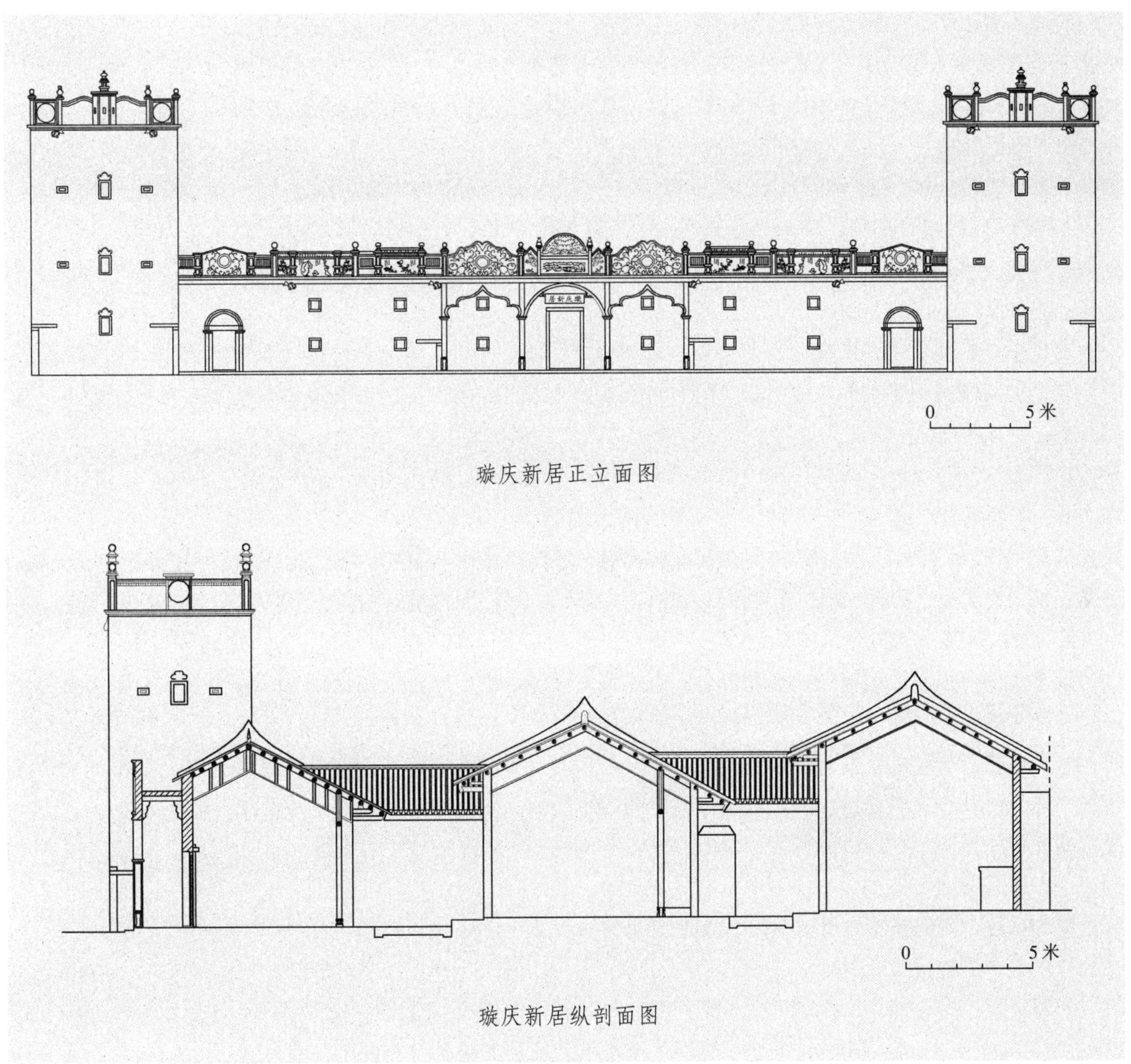

图1　龙岗街道璇庆新居

家争鸣的状况。在本地区内基本属于客家文化系统兴（宁）梅（州）类型的围屋建筑数量较少，总共只有十几座；属于客家文化系统惠州（归善）类型的围屋建筑数量较多，达到300座以上；属于广府文化系统宝安类型的围屋建筑数量更少，仅有10座左右；而属于宝安类型的排屋散屋建筑的数量较多，达到3000座以上。

二　深圳传统住宅建筑的五个组成部分

大体上广东的传统历史建筑分为三大文化系统，第一为广府文化系统的传统历史建筑，第二为潮汕文化系统的传统历史建筑，第三为客家文化系统的传统历史建筑。这三大文化系统之下又各自分为若干个建筑类型和样式。

根据我们多年来对深圳地区近千个村庄、上万座不同类型传统住宅建筑的实地调查，我们大致上可以编制出深圳地区传统住宅建筑的谱系。从大的方面说，由于主要来自五个区域性文化渊源，深圳地区现存的传统住宅建筑也可以分为五个主要的组成要素：一是“宝安类型（本地传统）”，二是“广府类型”，三是“客家类型”，四是“闽南潮汕类型”，五是“西洋类型”。在每一个“型”里，还可能有多种“亚型”、多种分支、多种变体。

一个围合式住居建筑组群，如果是通过一次规划并建设而完成的，我们称之为“原生型围屋”，如果是通过二次以上的规划并建设完成的，我们称之为“派生型围屋”。总括而言，从现有的调查材料出发，根据由于围屋营造过程的不同而产生的平面布局上的明显差异，我们可将围屋分为上述两个最基本的类型。在此基础上，根据其平面的复杂程度，同时也尽可能照顾到其平面形制出现的先后，我们再将这两个最基本类型分别分为三种样式：基本式、发展式、特殊式（图2 ~ 4）。

“原生”和“派生”这两种不同类型的平面布局，其最本质的区别就在于营造程序中有、或者没有“选址”这一道工序，而样式的区别则与营造程序没有直接的关系。只有从这里出发，我们才能了解为什么从整体上看，原生型围屋一定要比派生型围屋更加规整、更具有艺术性；原生型围屋产生的时间要比派生型围屋更晚。

（一）“宝安类型”住宅建筑

属于大的广府系统范畴，是现存历史最为悠久、完全由本地的传统文化因素所组成的一种文化现象。如前所述，本地区的传统文化传承至少在7000年左右，自新石器时代中期以降，文化的嬗变和递进也经历了跌宕起伏的过程，从缚娄国时期到东晋成帝的东官郡时代，尤其是唐中期以后，本地区的传统文化面貌基本趋于统一，并且深受广府文化的影响。同样，这种区域性的特征在本地区传统民居建筑中表现强烈，与周边地区显著不同。

广府系统“宝安类型”民居有四大特征：

1. 中心巷尾神厅式村围

所谓“村围”是一个专用名词，专指深圳、东莞和香港地区一带讲广州话的本地居民所创造使用的那些围合式住居建筑组群，本地人一般将其称为“村围”，而命名时或使用“围”（如“蔡屋围”、“积存围”等），或不使用“围”（如“元勋旧址”、“塘蓢村”、“白石龙”等）。

“村围”这种围合式住居建筑组群也有不同的平面样式，如果是通过一次规划并建设而完成的，我们称之为“原生型村围”，如果是通过二次以上的规划并完成的，我们称之为“派生型村围”。“原生型村围”只存在于今天的东莞市、深圳市和香港地区一带，而“派生型村围”则分布于包括今天广州市周边地区、东莞市、深圳市和香港地区在内的更广大的地域范围。“原生型村围”和“派生型村围”内部各自又有许多变化，都有自身的基本型和衍化型，有多种不同的“型”与“式”，是“原生型”和“派生型”等多种“型”与“式”组合的复杂系统。

“原生型村围”和“派生型村围”之外，还有一些特殊式样的围合式住居建筑组群，其形制的来源或是由于比较遥远的政治文化中心地对本地的强力辐射，或是由于本地建筑技术乃至建筑材料的局限，或是由于本地社会的动荡不安，于是出现了一些

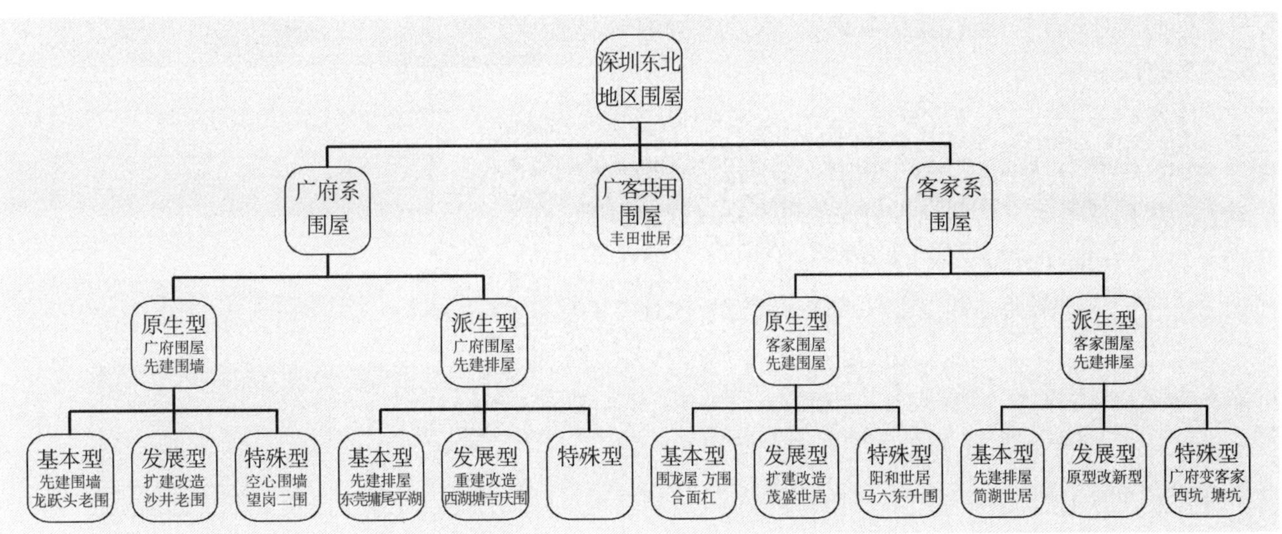

图 2 深圳东北地区围屋的一级文化类型分类图

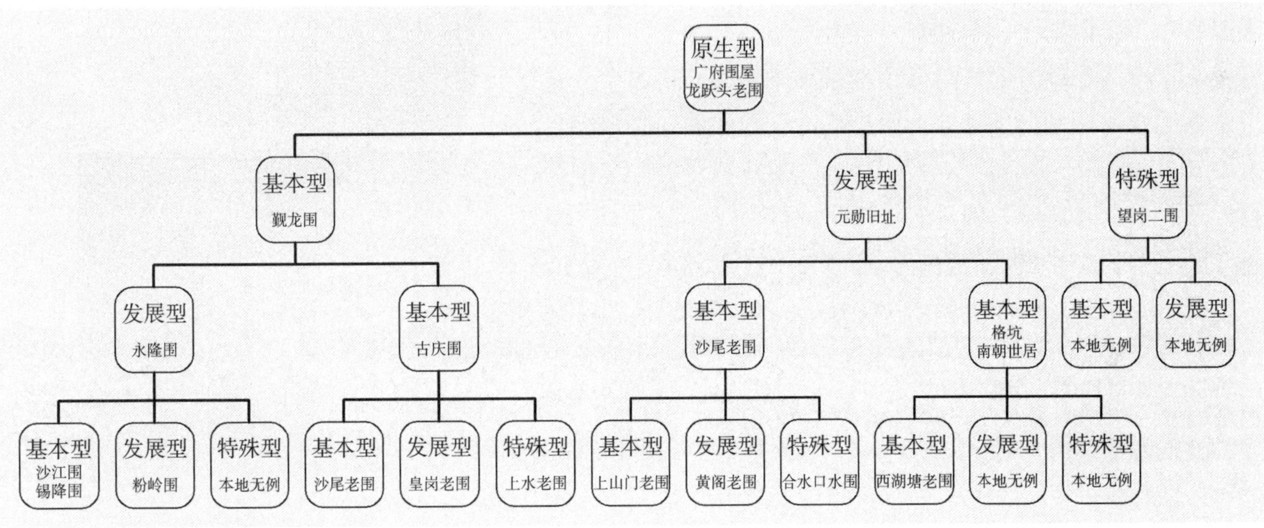

图 3 深圳东北地区围屋的二级文化类型分类图 1：原生型广府围屋

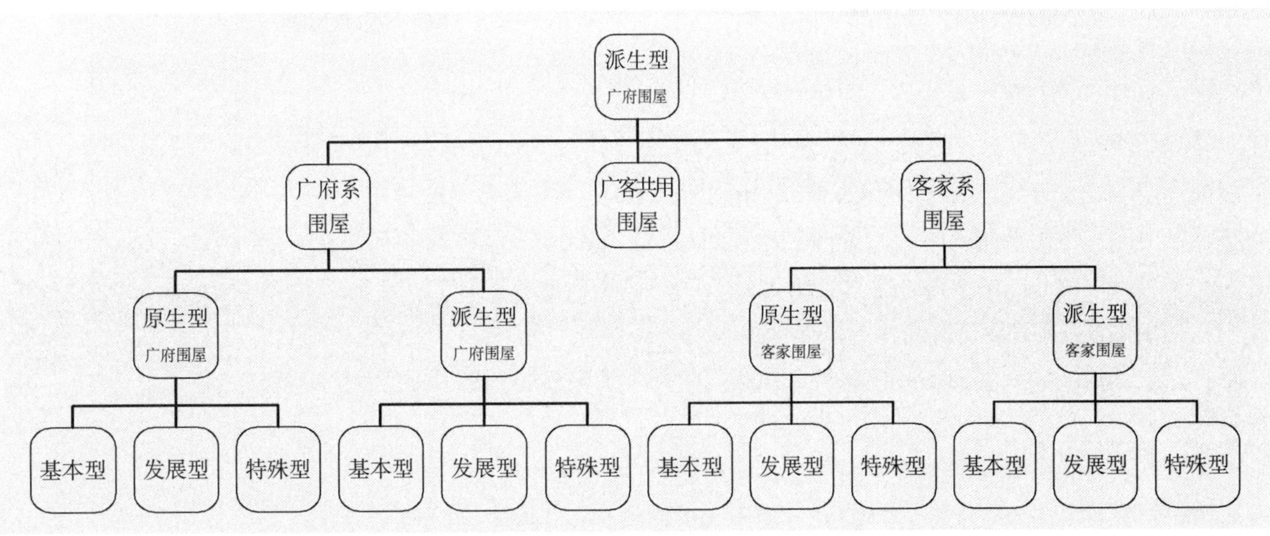

图 4 深圳东北地区围屋的二级文化类型分类图 2：派生型广府围屋

特殊式样的围合式住居建筑组群，如深圳宝安的镇业国际大厦、广州白云望岗堡等。

2. 小式飞带垂脊

飞带式垂脊是分布于古代广州府及其东部地区的一种垂脊样式，其早期样式之一是可能在明代初年的公共建筑上就已经使用了的大式飞带垂脊，而同时在公共建筑上流行的还有其他样式的垂脊，如叠落式垂脊，官帽式垂脊，五行式垂脊，直带博古式垂脊等等。但是在与此同时甚至更早的时代里，例如很可能在宋代，在与东晋的“宝安县”、唐宋元时期的“东莞县”、明万历以后的“东莞县”和“新安县”、民国时期的“东宝地区”所辖几乎完全重合的地域范围内，分布着一种住居建筑组群，普遍使用“小式飞带垂脊”（图5），而（除了博罗、惠州的南部边缘地区之外）在其他地区则完全不见其踪影。因此我们为其定名为“宝安型”（也可以描述为“本地型”）。

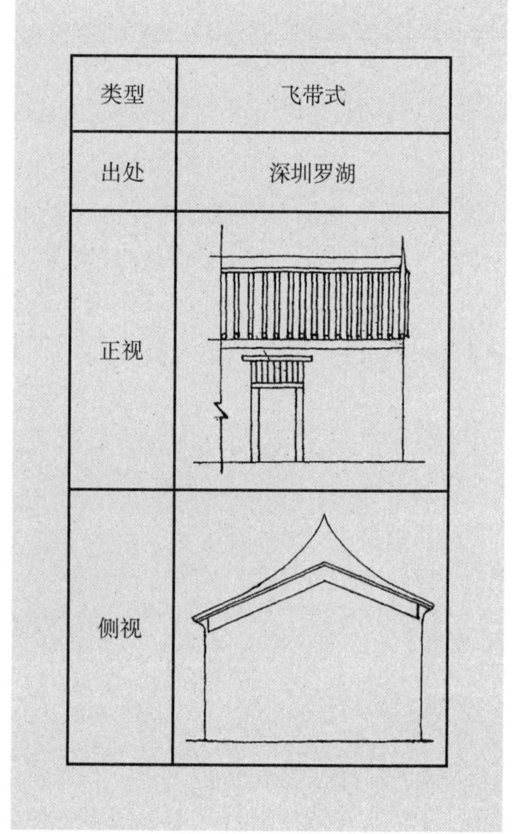

图5 小式飞带垂脊

“飞带式垂脊”的共同特征是：从建筑物的正面看，垂脊不是从正脊的两端向下延伸，而是从山墙的顶端高高竖起，从山墙的顶端算起，其高度有大式、小式及地域之别，其厚度亦有大式、小式及地域之别。从建筑物的侧面（山面）看，两条垂脊的上部相交于山墙的顶端，形成一个近似三角形的立面，与正脊的关系是各自独立的，从尖锐的顶部以倒置的抛物线向山面前后两边延伸，形成一种特定样式的人字（本地工匠称之为“金字”）形山墙面，给人造成一种这是瓦面有明显举折的房屋的假象。当然，实际上凡是使用飞带的建筑物，除了极个别的公共建筑物之外，原则上是不用屋面举折而是直椽到底的。所以飞带式垂脊有两个基本特征：（1）前后坡两条垂脊在山墙平面的上端互相接合，形成人字（金字）山墙。从垂脊与正脊的关系看，北与流行的正脊为主、垂脊为次的原则、前后坡两条垂脊互不相干、各自分别从正脊脊身上向下延伸的做法，在这里都不存在。垂脊和山墙上部成为装饰的重点。正脊或者仅仅作成一条直线相接在飞带的上部，成为垂脊的帮衬；或者在尚未延伸到山面时就提前高高翘起，独自成为一组装饰而与垂脊山墙的装饰分庭抗等礼，是否与垂脊连接已无关紧要，但不能穿过垂脊与山墙的平面。（2）前后坡两条垂脊上缘各自呈倒置的抛物线形向下延伸，大式飞带延伸到下部后向上翘起，小式飞带延伸到中下部后变为直线直到瓦口。这里最关键的是要有倒置的抛物线。大式飞带垂脊的分布范围遍及广府文化影响的几乎所有地区，而“小式飞带垂脊”的分布范围则仅限于广府文化区东部东晋的宝安县范围（图6）。“小式飞带垂脊”的形制为垂脊顶端尖如利剑、薄如利刃，两侧垂脊向下形成抛物线曲折，是他种类型建筑物上所不见的。

3. 由二水归堂到二水归槽

1980年以前，在与东晋的“宝安县”、唐宋元时期的“东莞县”、明万历以后的“东莞县”和“新安县”、民国时期的“东宝地区”所辖几乎完全重合的地域范围内，密

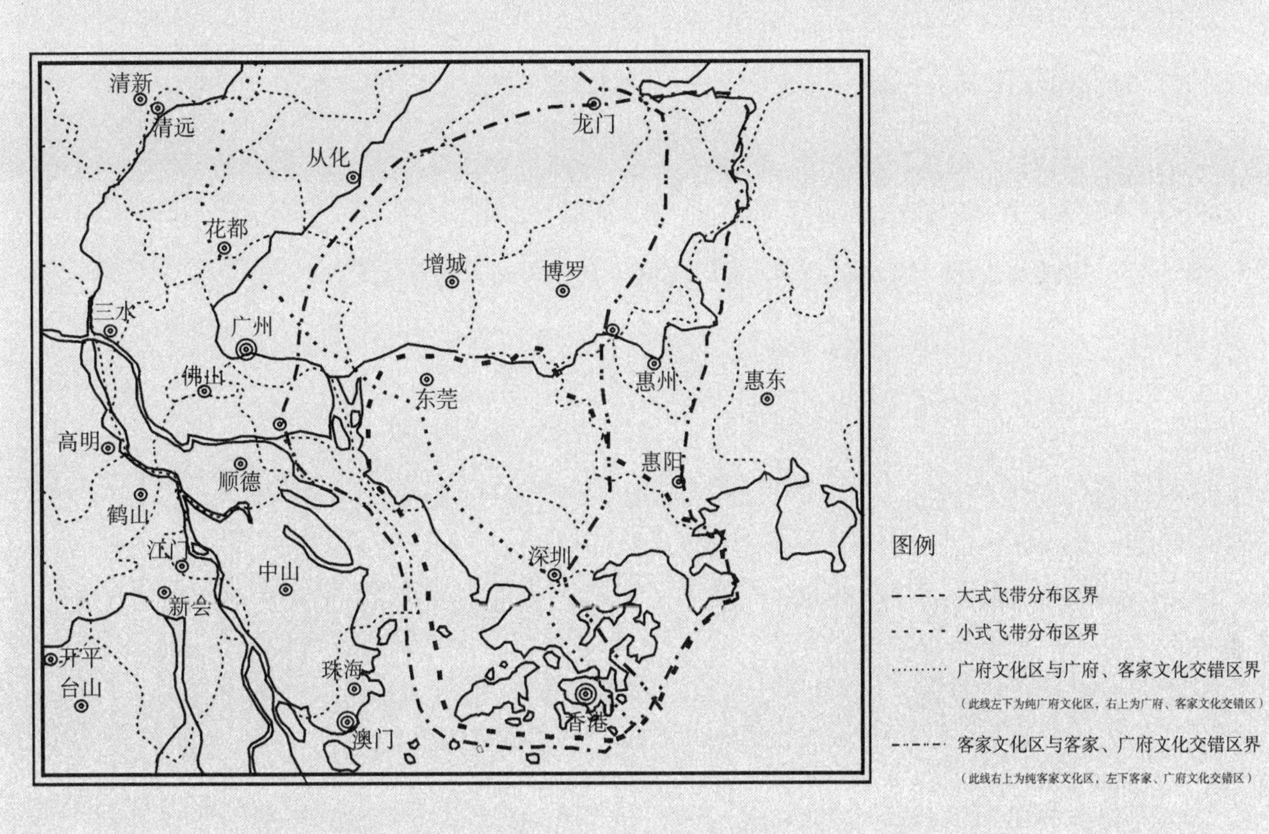

图6　飞带分布与广府、客家分界线

集地分布着一种住居建筑样式，无论是围合式还是开敞式建筑组群，都以三间一排的排屋为组合单元，往往又扩展为四间、五间、六间、七间、八间乃至十几间一排的排屋；而排屋的基本单位都是单开间面宽，前为门厅，后为主屋；外墙正中设一个双扇门，上有贴墙勾滴灰塑彩绘门罩；入门为门厅，门厅内左卫生间、右厨房；主屋正中设一个双扇门，前为起居室、后为卧室、上为储物间；主屋前坡水落在门厅瓦面上，门厅向内单坡水落入檐口木槽（或为灰砂槽，或为水泥槽）里流向两侧，再入夯土墙半明半暗陶水管（晚期入明水管或砖墙暗水管），再入暗渠排出。这样每一个单开间面宽的基本单位都是主屋前坡向前面落水，门厅一面坡向主屋落水，二水汇合归入檐口木槽（或为灰砂槽，或为水泥槽），以下排水路径又有几种变化，因此我们称这种住居建筑为“单开间门厅主屋二水归槽式排屋”。其实，“二水归槽”并不是一种原始形态，它的直系前身是“二水归堂”，即主坡水落入门厅坡面上，二坡水汇流后再落入小天井。

在深圳使用这种住居建筑的有罗湖区罗湖村社区、赤尾村社区、福田村社区、岗厦村社区、皇岗村社区、新洲村社区；南山区向南村社区；宝安区流塘村社区、西乡村社区、怀德村社区、老围头村社区、潭头村社区等等，如果加上东莞、香港地区，使用这种样式住居建筑的村庄可能达到1000座以上（图版11、12）。

4. 宝安式小铳斗炮楼

在广府文化区的周边疏密不等地分布着多种样式的炮楼，而最密集的炮楼分布在广府文化中心地的两翼，一在右侧即南部的开平一带，一在左侧即东南部的深圳、东莞、香港一带。开平炮楼属于核心家庭的就有一个小院子，属于大家族全村的就没有院子；顶部大都设一周突出的射击平台或围廊，往往有西方的巴洛克风格，装饰华丽。深圳、东莞、香港一带的炮楼也是属于核心家庭的就有一个小院子，属于大家族全村的就没有院子；顶部大都设小铳斗式的突出的射击平台，西方的巴洛克风格极为罕见，装饰朴素无华。由于其顶部大都设有小铳斗，所以称之为“小铳斗炮楼”；由于其分布范围与东晋的“宝安县”、唐宋元时期的“东莞县”、明万历以后的“东莞县”和“新安县”、民国时期的“东宝地区”所辖几乎完全重合，所以称之为“宝安式炮楼”。

具有这四个特征之一的住宅建筑，其分布地区以今深圳市南头古城为中心，西北到东莞麻涌、中堂为止；北到东莞企石、清溪一带的东江南岸为止；东北到深圳的观澜、平湖、横岗一带为止（“小式飞带垂脊”的分布范围还可以再远一些，抵达博罗、惠州的南部边缘）；东到深圳的罗湖区、香港的大鹏湾抵海；南到香港的全境；西到东莞虎门、深圳松岗、沙井抵海。这里最为重要的现象是，离开上述地区，我们完全找不到有这四大特征中任何一种特征的住宅建筑。上述地区与东晋的“宝安县”几乎完全重合，唐、宋、元时期称为“东莞县”，明万历以后分属于“东莞县”和“新安县”，民国时期称为“东宝地区”。这个分布范围的最原始以及覆盖率最大的名称是“宝安县”，就是“东莞县”的士人近代以来也一直自称“宝安人”，写诗则称为《宝安诗录》，而其他几个地名如“东莞县”、“新安县”、“东宝地区”、“广府”等，都不是原始名称，其覆盖范围也与上述特征的住宅建筑的分布范围大不相同。因此我们将具有上述四个特征之一的住宅建筑，定名为“宝安型”（“本地型”）住宅建筑（图版 13）。

参考《龙岗记忆——深圳东北区炮楼建筑调查》（杨荣昌，文物出版社，2011 年）。

（二）传统“广府型”住宅建筑

传统的“广府型”建筑有三大特征：

1. 里坊制排屋村。在广府文化中心地，一般指今天的广州市区、番禺区、南海市、佛山区、三水市、花都区、增城市、从化市，即古代的广州府及其近郊一带，分布着多种样式的住居建筑。其中建筑组群的最基本形式是里坊制的排屋村。这种类型村庄的特征是以长条形池塘和沿池塘一侧布列的祠堂为核心，祠堂后整齐地排列着村庄的基本组成单元：每一座单体排屋都是三间两廊一天井，纵横排列，大都是横平竖直。

2. 直带式垂脊。典型形制是垂脊上尖与平直清水正脊相交而略高，用筒子瓦向下排列一条直线，直到檐口勾头瓦。是与飞带式垂脊相对的概念，与飞带式垂脊的形制和分布地区明显有别。

3. 三间两廊单坡一天井三水归堂式排屋。三间两廊一天井是很多地区住宅建筑的基本单位，北方有三合院，闽南有料廊屋，云南有一颗印。但是主屋前墙插廊屋檩、两廊固定地使用向内单坡水的，做法独特，未见于其他任何地区，也是“广府型”住宅建筑的主要特点之一。

如果某个建筑组群或者是单体建筑仅仅具有上述三大特征中的一个或两个特征，而同时还具有其他类型住宅建筑的若干特征，那么这个建筑组群或者是单体建筑就还只是受到“广府型”住宅建筑的影响，至多只能说受其影响比较大而已。但是如果某个建筑组群或者是单体建筑具有上述全部三大特征，而同时不具有其他类型住宅建筑的任何特征，那么这个建筑组群或者是单体建筑就是比较典型纯粹的“广府型”住宅建筑。在深圳地区，同时具有上述全部三大特征的建筑组群或者是单体建筑、比较典型但还不够纯粹的“广府型”住宅建筑，当推南山区南园村社区、沙井洪田围社区等。当然，受到“广府型”住宅建筑比较大影响的各种做法也派生出许多变体，形成围绕着典型“广府型”住宅建筑的一些次级类型。

（三）“客家型”住宅建筑

“客家型”建筑有四大类型：

1. “围龙屋”是一种围合式住居建筑组群，来源是古代的嘉应州（梅县）地区。其基本形制是前面为半圆形池塘，塘边是禾坪，禾坪后为围龙屋的主体，外围为单层长排屋；前半部是中设祖公堂的近似方形的围屋，后半部是半圆形长排屋，正中为龙厅，以聚藏龙脉，合称为“围龙”，“围龙屋”即得名于此；再后是风水林。流传到深圳地区以前，“围龙屋”就已经有许多变体；流传到深圳地区后，又产生了数量繁多、形制各异的新变体。

2. 围堡也是一种围合式住居建筑组群，来源是古代的归善县。其基本形制是前面为半圆形池塘，塘边是禾坪；禾坪后为围堡的矩形主体，外围为二层长排科廊屋，前半部有下天街和中设祖公堂的近似方形的围合式长排屋，后半部有上天街和高高矗起的龙厅楼，亦为聚藏龙脉的关节点；四角设高于围合长排屋的角楼；再后是风水林。流传到深圳地区以前，“围堡”就已经有许多变体；流传到深圳地区后，“围堡”也产生了更多的形制各异的新变体。

3. 土墙围是一种围墙围合式住居建筑组群，来源是古代的广州府和归善县。其基本形制是外围用夯土筑一周围墙，高者 3、4 米，低者不足 2 米；围门为照顾最佳风水角度而开成歪斜的；围墙内建造长排科廊屋。围墙围合式住居建筑组群与围屋围合式住居建筑组群是两个完全不同的体系，前者是广州府周边地区的主要建筑样式之一，后者则是嘉应州（梅县）地区和归善县的主要建筑样式之一。长排科廊屋是潮汕（闽南）地区和归善县的主要建筑样式之一。土墙围也有许多变体。其代表者有观澜永顺围、龙岗简湖围、香港松柏朗。

4. 排屋村是一种开敞式住居建筑组群，其基本形制是硬山（隔间墙）搁檩排屋，屋顶或用深圳本地的飞带式垂脊，或用客家中心地的白灰梢垄式垂脊、排瓦正脊。其次级形制有外凹肚式、内凹肚式、平排屋式、科廊屋式、齐头屋式、宝安二水归槽式等。客家排屋主要来源于古代的归善县，又有对本地排屋的多种改造型。

“客家型”住宅建筑的四大类型之下，还有更多分支变体和改造型。

（四）“闽南潮汕型”住宅建筑

“闽南潮汕型”建筑有三大特征：

1. 平垂带式垂脊、五行山墙。按照阴阳五行创造出金、木、水、火、土五种不同样式的山墙。在深圳地区仅仅见到木形山墙一种，即龙岗永盈世居廖氏宗祠崇德堂木形山墙、坪山国泰路某宅木形山墙、大鹏鹏城社区谭公庙等；香港地区仅仅见到土形山墙一种，即沙田潘屋。“闽南潮汕型”住宅建筑上的平垂带式垂脊与“宝安型”住宅建筑上的飞带式垂脊正是相对的概念。

2. 倒花蕾鹰嘴瓜柱，在“客家型”住宅建筑中多次使用。

3. 枓廊排屋。最基本的形式是在三开间主屋上接建两坡水的厢房，此外还有许多扩展的形式。代表例证有龙岗鳌吓等。

（五）“西洋型”建筑

清代中、晚期以及民国时期，西洋文化开始大规模影响广东沿海地区，深圳地区出现了大量的“西洋楼”，由于其中往往还保留了一些中国传统文化的因素，因此人们也称其为“中西合璧式”建筑。在每一个“型”里，还可能有多种“亚型”、多种分支、多种变体。其中比较典型的样式有“骑楼”、“鬼佬楼”。

现在一般以为在改革开放之前，深圳只不过是一个名不见经传的小渔村，根本谈不上什么“深圳的传统住宅建筑”，即使有，也只能是一般的所谓“广东民居”。从上述深圳地区传统住宅建筑的五个区域性文化来源看，这里的传统住宅建筑大概远远不止一般的所谓“广东民居”一种，而是具有多个来源乃至多种变体，具有相当丰富的多样性。如果认真地对深圳地区的传统住宅建筑进行分区分期、分型分式研究，就会发现它绝不是我们原来想象的那样简单，而是一个庞大复杂的体系。深圳既然如此，全国各地的复杂程度可想而知。

第二节　广府系统围屋

广府系统核心地区的传统广府建筑，主要包括广州、佛山、肇庆等地区的建筑。

传统广府建筑群落布局的共同特征是“棋盘格”式，东西横向成行，行与行之间有通道；南北纵向成列，列与列之间分别留出“火巷”，组成聚落内部的通行网络。这种布局建筑的朝向、采光、通风良好，适应珠江三角洲的气候。

现在仍然保留的从明代到民国时期的许多古村落都由横平竖直的道路分布其间，而广府中心地的旧番禺县与周边的新会、台山、三水、四会、花都、从化、增城、东莞，四面八方又各不相同。粗略说来以广府中心地广州为最核心的样式，四周又至少可以看到四种不同的样式。广州样式的村落布局特点是各个单体住宅建筑的纵向排列虽然比较紧密，但前座的后墙与后座的前围墙总是保留一定距离的空隙，一般在 20 厘米以上，常常可以达到 50 ~ 80 厘米。

典型的广府围村，民居多用青砖垒筑，其前无月池和禾坪，四角有角楼，宗祠偏在一隅或建在围外，围墙内是以巷道隔为若干横排，每一横排又分成若干单元。每一单元一般为二进一天井布局，罩式大门，天井的一侧或两侧有廊房（作厨房、厕所），正房一般为三开间的一层或二层，底层明间一般一隔为二，前为客堂，后为卧室或供祖神。何氏“元勋旧址”（省级文物保护单位）位于深圳罗湖区笋岗村，始建于明初，为岭南名贤何真的旧居，是深圳现存最古老的广府系统宝安型寨堡式围村典型建筑。

“广府型”住宅建筑，有三大特征：其一是里坊制排屋村。在广府文化中心地，一般指今天的广州市区、番禺区、南海市、佛山区、三水市、花都区、增城市、从化市，即古代的广州府及其近郊一带，分布着多种样式的住居建筑。其中建筑组群的最基本形式是里坊制的排屋村。这种类型村庄的特征是以长条形池塘和沿池塘一侧布列的祠堂为核心，祠堂后整齐地排列着村庄的基本组成单元：每一座单体排屋都是三间两廊一天井，纵横排列，大都是横平竖直。二是直带式垂脊。典型形制是垂脊上尖与平直清水正脊相交而略高，用筒子瓦向下排列一条直线，直到檐口勾头瓦。是与飞带式垂脊相对的概念，与飞带式垂脊的形制和分布地区明显有别。三是三间两廊单坡一天井三水归堂式排屋。三间两廊一天井是很多地区住宅建筑的基本单位，北方有三合院，闽南有科廊屋，云南有一颗印。但是主屋前墙插廊屋檩、两廊固定地使用向内单坡水的，做法独特，未见于其他任何地区，也是“广府型”住宅建筑的主要特点之一。

如果某个建筑组群或者是单体建筑仅仅具有上述三大特征中的一个或两个特征，而同时还具有其他类型住宅建筑的若干特征，那么这个建筑组群或者是单体建筑就还只是受到“广府型”住宅建筑的影响，至多只能说受其影响比较大而已。但是如果某个建筑组群或者是单体建筑具有上述全部三大特征，而同时不具有其他类型住宅建筑的任何特征，那么这个建筑组群或者是单体建筑就是比较典型纯粹的“广府型”住宅建筑。在深圳地区，同时具有上述全部三大特征的建筑组群或者是单体建筑、比较典型但还不够纯粹的“广府型”住宅建筑，当推南山区南园村社区、沙井洪田围社区等。当然，受到“广府型”住宅建筑比较大影响的各种做法也派生出许多变体，形成围绕着典型“广府型”住宅建筑的一些次级类型。

（一）原生型广府围屋

原生型围屋的基本式，有着最为简单的平面布局，其特征是：先建一圈近似正方形的夯土或青砖围墙，四角大都建有角楼，围墙上仅在正面大约正中的位置开设大门一座，其余三面无门出入，大门内为一条直通后墙的沿中轴线设置的中心巷道，巷道尽端是一间倚靠后墙而建的“神厅”，两侧横向布置三到五排单层住屋，围墙内侧倚墙建造一周规格较小、多半是围屋建成后添加的房屋；水井或在围墙以内，或在大门外近旁，殊无定制；围墙外绕以环濠，通称“护濠”；灌以河水，所以常常被称为“水围”。其代表者为建造于明代早中期的深圳元勋旧址，其他还有深圳的福镇围、清湖老围、沙嘴围、皇岗老围、铁门围、香港的衙前围，积存围、锡降围、石步围、沙江围、辋井围、石湖围、高莆围、泰康围、锦庆围、永隆围等。

原生型围屋的发展式，其平面布局既保留了前述基本式的特征，如近似方形的总平面、初期规划里没有倚靠于围墙内侧的围屋间、中轴线上一直通到后墙的主巷道、后墙正中的神厅、大门内外的水井、围墙外的护濠等；同时又在基本式的基础上有所变化：整体面积明显扩大，排屋平面更为复杂。其代表者为香港的吉庆围，东莞的白沙水围、赤岭大围等等，建造时代一般在清代初年以后。

原生型围屋的特殊式，本文仅涉及其中一式，其平面为在较大面积的里坊制村庄中心建筑一座近似方形的围堡，而围墙内却不设置住屋，其代表者为广州望岗大围等。

（二）派生型广府围屋

派生型围屋的基本式，其平面都以先期建好的开敞式村庄为基础，在整个村庄受到社会动乱的威胁或其他原因影响时，第二次（或更多次）规划并首次建造全封闭的村庄外周围墙，其平面形制往往呈不规则的多边形，围墙体与围内建筑之间有空间隔开，但后人又往往在围墙内侧加建一些小棚屋，中轴线上无中心巷道，围墙上设置五到十二个甚至更多的炮楼，其代表者为深圳的升平围，满堂围，上游松，东莞的塘尾，香港的仁寿围等。

派生型围屋的发展式，其建造时代一般较晚，其平面开始趋于规整，往往先建好横平竖直的开敞式村庄，然后再规划并在其周围建造独立于围内建筑的长方形围墙，其代表者为深圳的赤尾老围，福田祠堂村等。

派生型围屋的特殊式，其平面上的基本特征是：内部为先期建成的里坊制村庄，后期则加建由房屋合成的外围屋，呈近似长方形。

一　广府系统宝安型围屋

广府系统宝安型围屋包括两个亚型：

宝安Ⅰ型，以元勋旧址为代表的有明显中心巷加神厅布局类型；

宝安Ⅱ型，以平湖大围为代表的类型。

1. 白坭坑老围

白坭坑老围位于龙岗区平湖街道南部白坭坑社区。老围正面开有一门，有中心巷道，为一纵巷七横巷式布局，在中心巷左右布置 7 排房屋。从前至后步步高起。房屋多为齐头单间、两进，大部分房屋的大门带有门罩，饰博古灰塑。房屋用三合土、青砖砌墙而起，硬山顶，覆灰板瓦。东南角有一祠堂，大门额书“东野刘公祠”，单间两进，建筑整体保存一般。老围正面中部墙体上嵌有一座祠堂，大门额书“德元公祠”。

白坭坑老围平面上有比较大的特点。首先看面积，通面阔 82.5 米，最大进深 77 米，占地面积 6352.5 平方米，在登记到的本地区围屋中属于中等大小规模。近似六边形的平面形制是一个极其特殊的情况，在岭南范围内没有见过有这样平面形制合院建筑的记载。广东传统建筑比较讲究风水，深圳附近的合院建筑中，就有将围屋模仿灵龟的形象建造的典型事例。东莞市虎门镇白沙村逆水流龟围，寨堡建筑布局如龟游水。据悉，该村寨又名“水围”村，建于明崇祯年间，坐东北、向西南，全村呈正方形，边长为 83 米，占地 6889 平方米。寨内从南至北一条直巷，宽 2 米，横贯东西 4 条巷，各宽 1.4 米；共有 72 间大小统一青砖大屋瓦房，代表 72 块龟鳞甲；四角各有一间两层楼阁建筑，代表四足；直巷南端的一座二层楼阁，代表龟尾，也是唯一的一个寨门，可通吊桥出寨（现改为水泥桥）；直巷北端的 1 座二层楼阁代表龟头。寨堡周围环以高 6 米、厚 0.6 米的青砖寨墙；寨墙外是围绕全寨 18 米宽的护城河，因四周环水，而又名水围。该寨围墙的砖规格不一，传说是郑瑜派兵士拆取邻近烽火台的砖筑成的，故有“拆烟墩，建水围”之说。又传当年郑瑜为了保护财产，将七船金银珠宝从京城运回白沙，建造水围，保太子，做好“反清复明”之后路；据说当时只用去一船金银，其余藏在地下以备“反清复明”之用。该寨平面布局特殊，是东莞市保存较好的古村寨建筑。据我们调查，该寨也是国内少见的明代村堡。1993 年公布为东莞市文物保护单位（图 7，表 16）。

再看白泥坑老围内布局，由二纵六横排屋组成。

我们利用“形态分解法”对每一个围屋的现有形态进行仔细分析，根据现有形态特征，运用考古层位学的方法，寻找建造时必然遵循的四个基本步骤，四个层次：整体、单元、组件、构件。

整体是由若干个单元组成的。例如“白坭坑老围” 有“围墙”、“排屋”、“倚庐”、“祠堂”四个单元。

单元是由若干个组件组成的。例如“白坭坑老围”有“祠堂”自身又是一个整体。

组件是由若干个构件组成的。例如“白坭坑老围”有四个单元。

（1）“围墙”这个单元有四个组件：“门楼”、“墙体”、“角楼”、“望楼”。

（2）“排屋”这个单元有多个组件：“门墙”、“过厅”、“天井”、“倒水坡”等。

（3）“倚庐”这个单元有三个组件：“墙体”、“门”、“屋顶”。

（4）“祠堂”这个单元有八个组件：“门厅”、“正厅”、“墙体”、“天井”等。

构件是建筑形态的最小组成部分。组件由构件组成，构件的组成部分是材料材质，

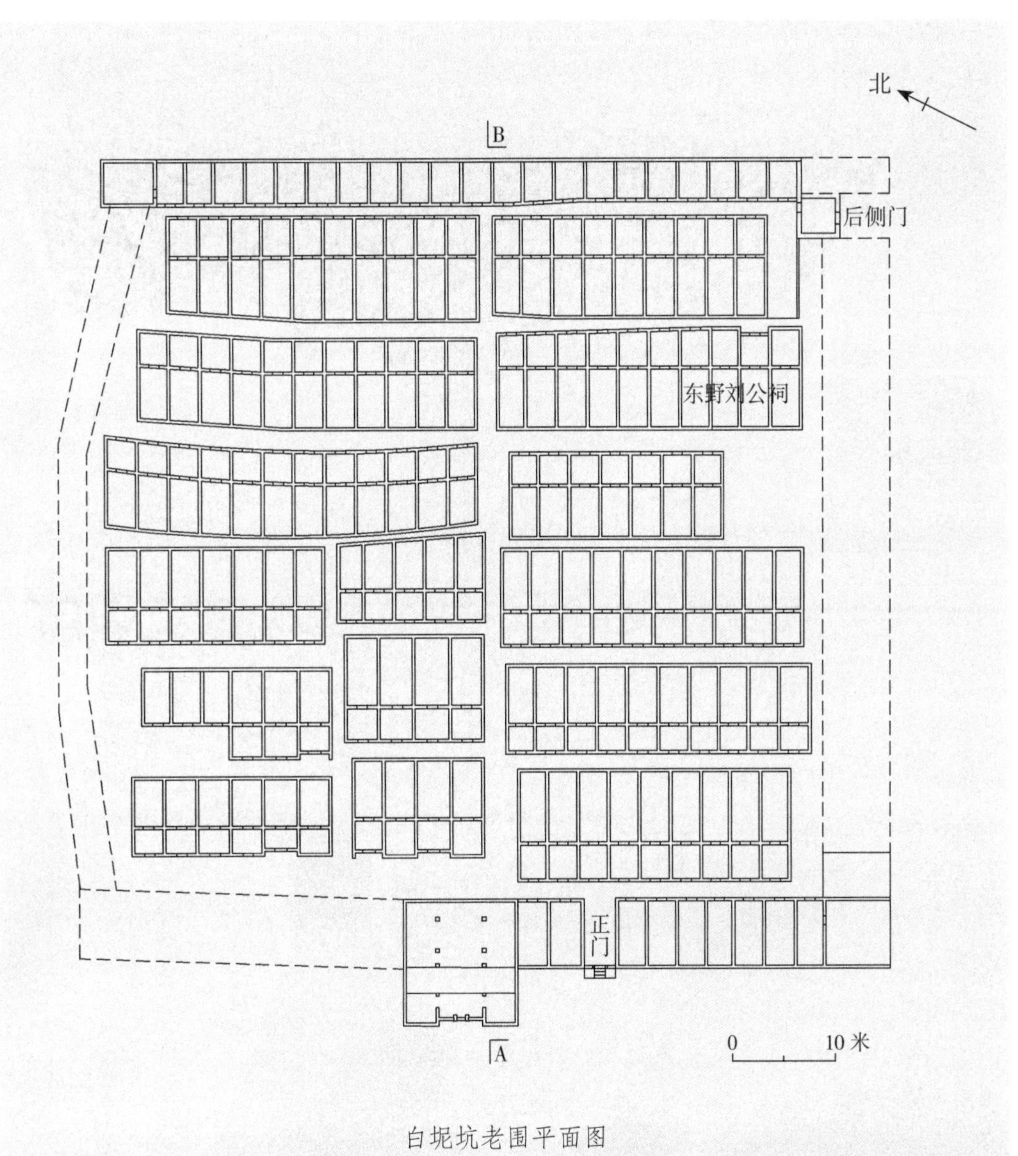

白坭坑老围平面图

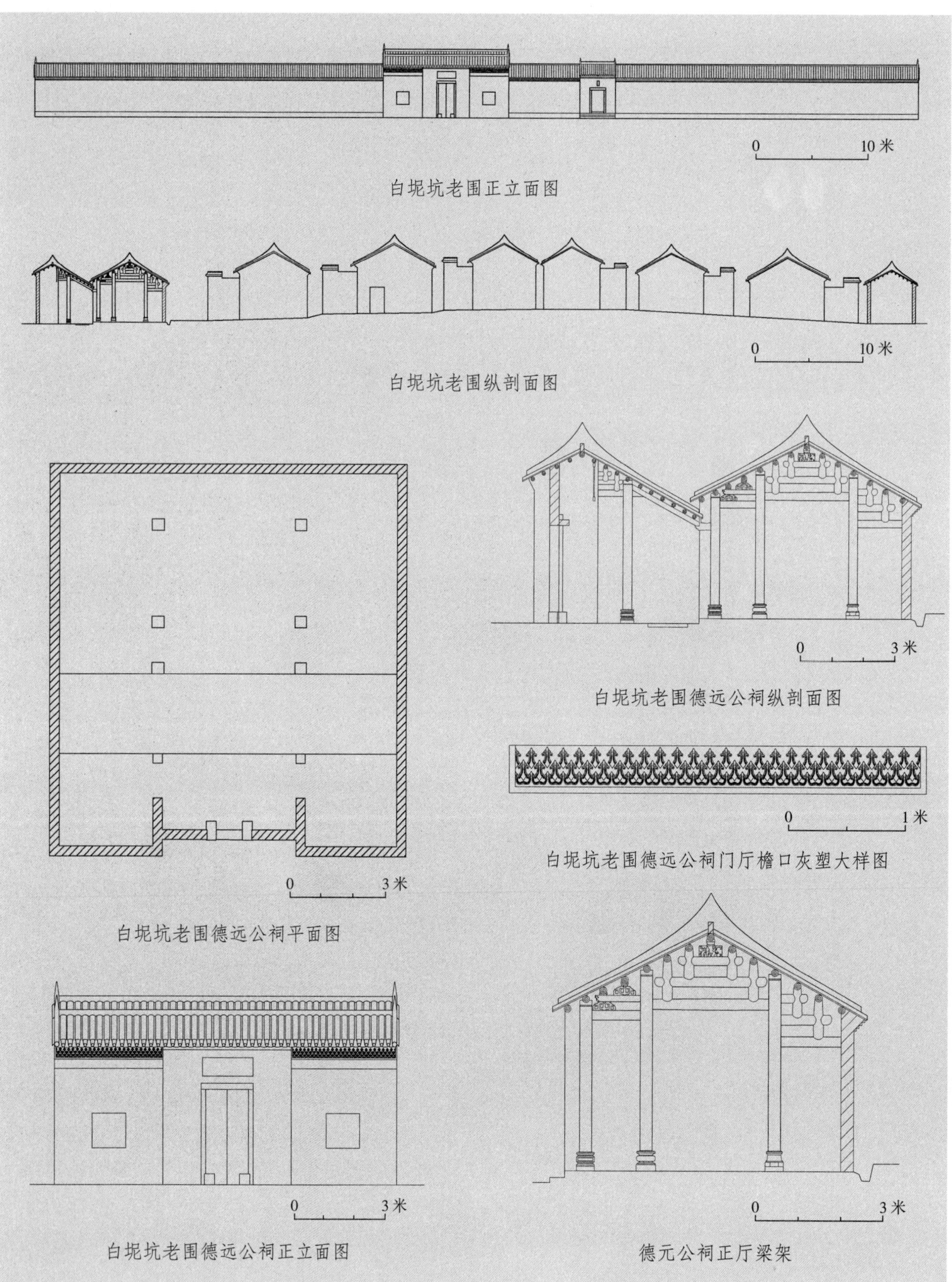

图 7　平湖街道白泥坑老围

表 16 白泥坑老围形态特征分析表

层级	项目	特征
整体	平面形态	多边形、龟背
	体量	面宽 82.5 米，进深 77 米、外墙残厚约 0.4 米、高约 2 米
	平面布局	周墙、倚庐残 2 排、祠堂 2 座、门楼 2 座、角楼残 1 座、排屋 12 排、护濠不存
	立面形态	通高约 6 米、正面 1 门、侧面 1 门、角楼 1 座、双坡顶、现代矩窗
单元 1：周屋、排屋	体量	排屋面宽 36 米、进深 9 米、通高 5.5 米
	平面布局	平排屋、二水归堂
	立面形态	硬山、门笠头、实榻门、趟栊门
单元 2：门楼、角楼	平面形态	矩
	体量	门楼面宽 3.5 米、进深 7.5 米、通高 6 米；角楼面宽 5 米、进深 4.7 米、残高 3 米
	立面形态	硬山、趟栊门、实榻门
单元 3：祠堂一	平面形态	矩
	体量	面宽 11.5 米、进深 12.5 米、通高 6 米
	平面布局	三间、二进、二廊
	立面形态	硬山、内凹肚、实榻门
	建筑性质	原生祠
单元 4：祠堂二	平面形态	矩
	体量	面宽 11.5 米、进深 12.5 米、通高 6 米
	平面布局	三间、二进、二廊
	立面形态	硬山、内凹肚、实榻门、斗廊院
	建筑性质	宅改祠
组件	正脊	清水
	垂脊	飞带
	瓦面	叠瓦
	箭窗	石框、铁棱棂
	气窗	石框、铁棱棂
	墙基	三合土
	墙身	三合土
	雉堞	三合土
	楼身	三合土
	楼顶	双瓦坡
	梁架	穿柱、落榫
	天井	加飘盖
	门	实榻门
	窗	铁棱棂
	脊头	猪咀筒
	脊身	砖、灰沙

续表 16

层级	项目	特征
组件	砖	土红
	瓦	青
	梁	直圆梁
	檩	矩、圆
	椽	板
	枋	矩
	柱础	槙盆座础
	射击孔	矩、葫芦（加注材料：鸭屎石、红砂岩、花岗岩）
	气孔	圆（加注材料：鸭屎石、红砂岩、花岗岩、石灰岩）
	雀替	深浮雕

就脱离了建筑形态。

2. 平湖大围

平湖大围位于深圳市龙岗区平湖街道平湖社区松柏村，建筑坐西北面东南，据调查该村始建于宋末明初，历经 700 余年。现存建筑多为清代晚期至民国时期，部分排屋建筑墙体中见明代砖构。占地面积约 15000 平方米，有围墙，广府式排屋和一祠堂组成平湖大围的整体。排屋用青砖砌起，硬山顶、覆灰板瓦、脊饰博古带门罩，部分房屋三开间两进，檐口饰精美木刻。由两条西北－东南方向的主巷道将建筑分隔成左、中、右三路，从前至后步步高起。祠堂位于大围东南角，面阔三间三进，面宽 10.8 米，进深 40 米。正门额书“刘氏宗祠”，檐口所饰人物花鸟壁画木刻精美。梁架为穿柱造，脊饰博古、灰塑等。祠堂东南侧有一口古井，井壁用青砖砌券，井口用石条砌成，八边形，口径 1.7 米。据《刘氏家谱》记载，刘氏祖先先由南雄珠机巷迁至东莞后再迁至深圳丹竹头，最后至平湖大围，由刘氏一世祖达宗于宋代中期启基于此（图 8，表 17）。

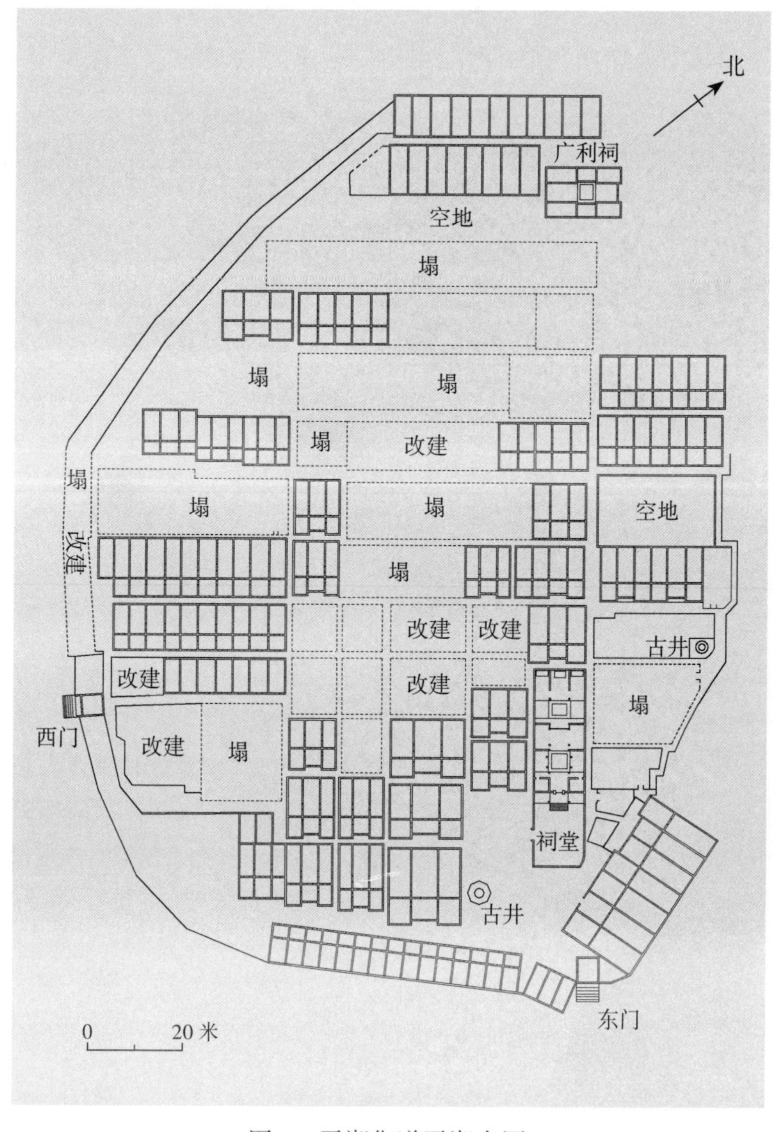

图 8　平湖街道平湖大围

表 17　平湖大围形态特征分析表

层级	项目	特征
整体	平面形态	多边形、龟背
	体量	通面阔 140 米、最大进深 130 米
	平面布局	周墙、倚庐残 2 排、祠堂 2 座、门楼 2 座、角楼残 1 座、排屋 12 排、护濠不存
	立面形态	通高约 6 米、正面 1 门、侧面 1 门、角楼 1 座、双坡顶、现代矩窗
单元 1：周屋、排屋	体量	排屋面宽 36 米、进深 9 米、通高 5.5 米
	平面布局	平排屋、二水归堂
	立面形态	硬山、门笠头、实榻门、趟栊门
单元 2：门楼	平面形态	矩
	体量	门楼面宽 3.5 米、进深 7.5 米、通高 6 米；角楼面宽 5 米、进深 4.7 米、残高 3 米
	立面形态	硬山、趟栊门、实榻门
单元 3：祠堂一	平面形态	矩
	体量	面宽 10.8 米、进深 40 米
	平面布局	三间、二进、二廊
	立面形态	硬山、内凹肚、实榻门
	建筑性质	原生祠
单元 4：祠堂二	平面形态	矩、方
	平面布局	三间、二进、二廊
	立面形态	硬山、内凹肚、实榻门、斗廊院
	建筑性质	宅改祠
组件	正脊	清水
	垂脊	飞带
	瓦面	叠瓦
	箭窗	石框、铁梭棂
	气窗	石框、铁梭棂
	墙基	三合土
	墙身	三合土
	雉堞	三合土
	楼身	三合土
	楼顶	双瓦坡
	梁架	穿柱、落榫
	天井	加飘盖
	门	实榻门
	窗	铁梭棂
	脊头	猪咀筒
	脊身	砖、灰沙
	砖	土红
	瓦	青

续表 17

层级	项目	特征
组件	梁	直圆梁
	檩	矩、圆
	椽	板
	枋	矩形
	柱础	槓盆座础
	射击孔	矩、葫芦
	气孔	圆
	雀替	深浮雕

3. 西湖塘老围

西湖塘老围位于深圳市龙岗区坪地街道坪东社区西湖塘村居民小组，坐西北向东南，始建于明代。为坪地王氏始祖所创建，平面近正方形，面宽 83.1 米、进深 72.5 米，占地面积有 6000 平方米，外围有厚 0.4 米、最高达 8.7 米的围墙，前后有门楼，四角有角楼，角楼高两层，门楼和角楼两边有“锅耳”式封火墙，墙体由三合土夯筑而成。王氏宗祠位于老围南部靠近南侧门处，为两进一天井院结构，前有塾台和石檐柱，砖石木结构，尖山式灰瓦顶，船形屋脊，屋檐下壁画有修缮年款“己丑年春月”，是典型的广府式宗祠建筑。围内现存房屋多为民国时期修复，砖木结构灰瓦顶，巷道分明有序，是一处比较典型的宝安类型围堡（图 9，表 18）。

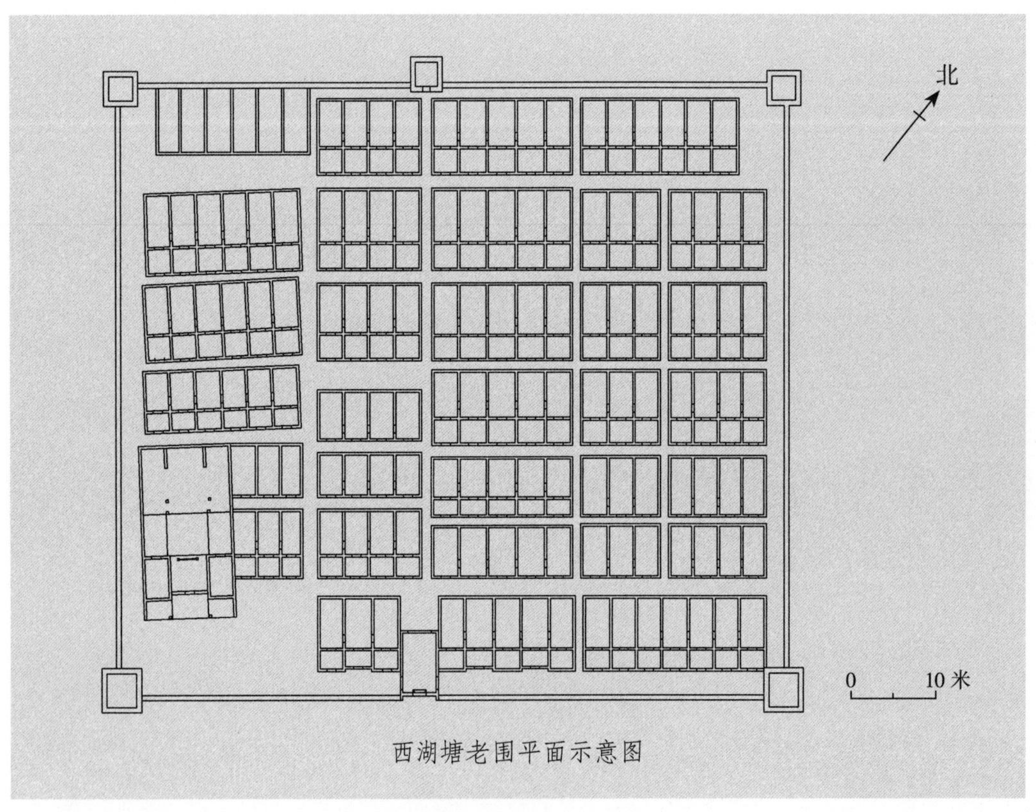

西湖塘老围平面示意图

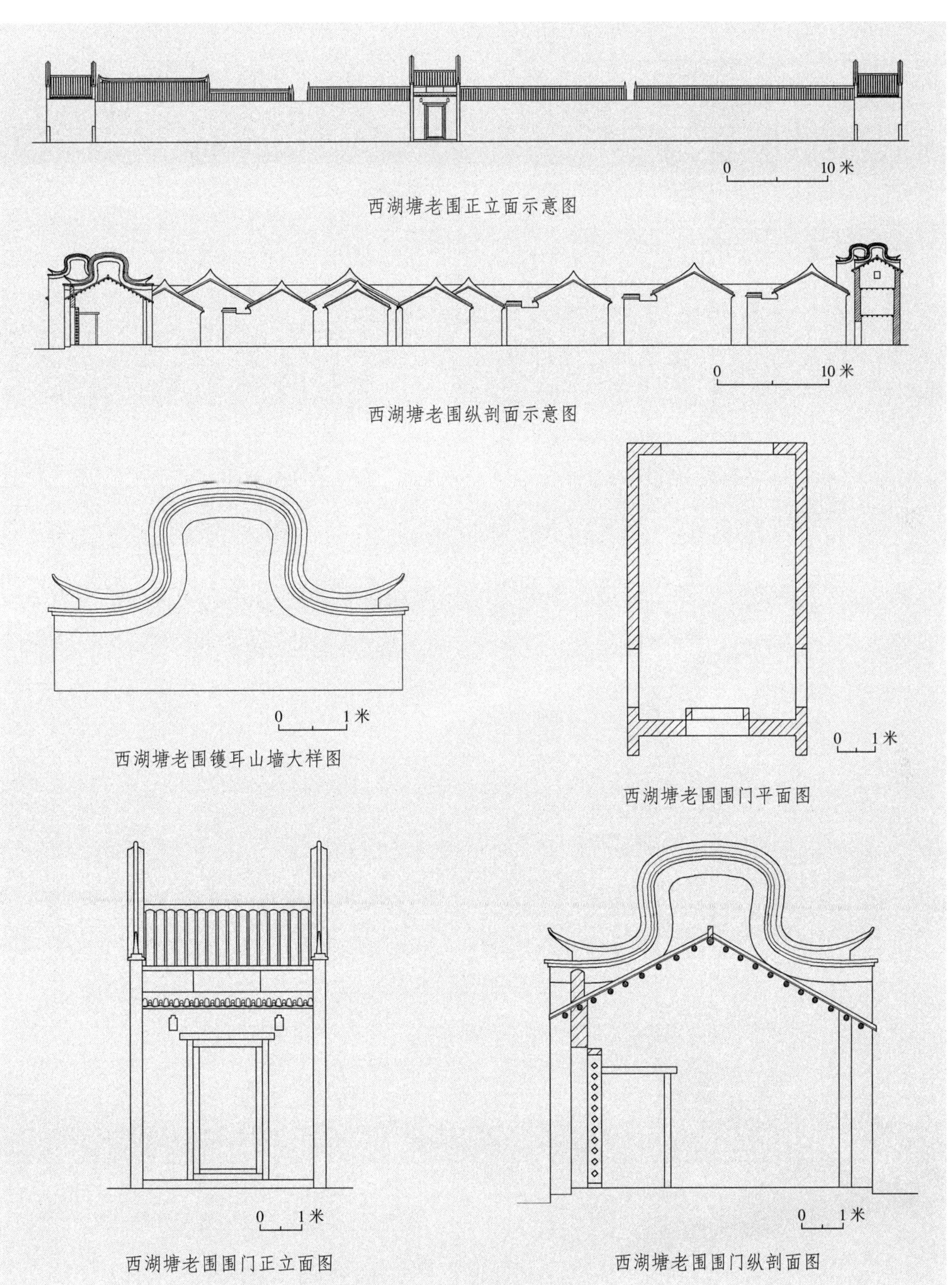

图 9　坪地街道西湖塘老围

表 18 西湖塘老围形态特征分析表

层级	项目	特征
整体	平面形态	（近似）矩形
	体量	面宽 83.1 米，进深 72.5 米、外墙厚约 0.4 米、高约 8.7 米
	平面布局	周墙、排屋 32 排、祠堂 1 座、门楼 2 座、角楼 4 座
	立面形态	通高约 8.7 米、正面 1 门、侧面 1 门、双坡顶、矩窗
单元 1：周屋、排屋	体量	斗廊排屋面宽 21.9 米、进深 8.7 米、通高 7 米
	平面布局	平排屋、斗廊排屋、二水归堂
	立面形态	硬山、门笠头、脚门、实榻门、趟栊门
单元 2：门楼、角楼	平面形态	矩
	体量	门楼面宽 4.8 米、进深 8 米、通高 5.4 米；角楼面宽 4.7 米、进深 5.2 米、高 8.1 米；连角楼
	立面形态	硬山、趟栊门、实榻门
单元 3：望楼	平面形态	方
	平面布局	单间
	立面形态	硬山、实榻门
单元 4：祠堂一	平面形态	矩
	体量	面宽 10.8 米、进深 20 米、通高 8.5 米
	平面布局	三间、二进、二廊
	立面形态	硬山、双凹肚、楣柱廊平台、趟栊门、实榻门、隔扇门
	建筑性质	原生祠
组件	正脊	清水、龙舟、灰塑
	垂脊	清水、飞带
	瓦面	叠瓦、猪咀筒
	箭窗	石框、木直棂
	气窗	矩形、木直棂
	墙基	三合土
	墙身	三合土、砖、条石
	墙顶	鹰不落
	楼身	三合土
	房顶	双瓦坡
	梁架	穿柱
	天井	石 砖
	地坪	阶砖、三合土
	门	趟栊门、实榻门、隔扇门
	窗	矩、石框、木直棂
	脊头	直筒、猪咀筒
	脊身	砖、灰沙、灰塑
	砖	青、长 28 厘米、宽 12.5 米、厚 7 厘米

续表 18

层级	项目	特征
组件	瓦	青、长 20 厘米、宽 23 厘米、厚 0.8 厘米、弓高 2 厘米
	梁	直圆梁、虾公梁
	檩	圆
	椽	板
	柱	麻石、木、圆、四方、八方滚珠
	柱础	横盆座础、上盆下鼓（麻石 ）
	射击孔	葫芦、横条、竖条（ 花岗岩）
	气孔	方、圆（ 花岗岩 ）
	雀替	高浮雕、透雕
	驼橔	微弧、圆雕
	封檐板	深浮雕、山水、花鸟、人物
	匾额	灰
装饰	壁画	山水、花鸟、人物

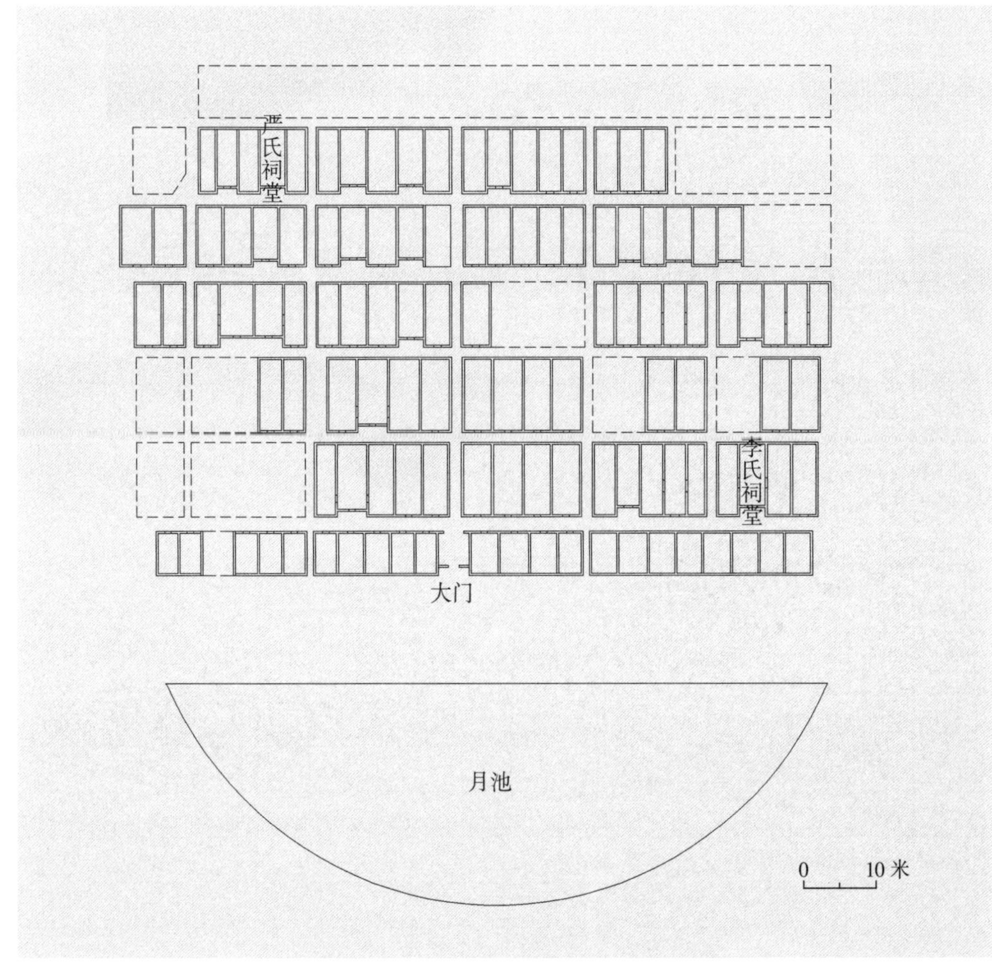

图 10　龙岗街道圳埔世居平面示意图

4. 圳埔世居

圳埔世居位于龙岗街道南联社区圳埔老屋村，正门朝西偏南 25 度，面宽约 95 米，进深约 67.5 米，建筑占地面积约 6400 平方米。明代建筑，平面为四纵五横排屋布局，有中心巷道，前有月池，部分房屋已拆并被改建为现代建筑。内设有三个祠堂，分别为“严氏宗祠”、“薛氏宗祠”和“李氏宗祠”。建筑由三合土、土砖墙建成，斗廊齐头式排屋和斗廊尖头式排屋混合组成（图版 14，图 10，表 19）。

表 19　圳埔世居形态特征分析表

层级	项目	特征
整体	平面形态	（近似）方形
	体量	面宽 95 米，进深 67.5 米、面积约 6400 平方米、高约 7 米
	平面布局	周屋仅存前排、祠堂 3 座 门楼 1 座、排屋（现存）23 栋、禾坪、月池
	立面形态	通高约 7 米、正面 1 门、双坡顶、矩窗
单元 1：周屋	体量	周屋面宽 95 米、进深 6 米、通高 5.5 米
	平面布局	平排屋
	立面形态	硬山、门笠头、实榻门
单元 2：门楼	平面形态	矩
	体量	门楼面宽 4.5 米、进深 6 米、通高 6 米
	立面形态	硬山、实榻门
单元 3：祠堂一	平面形态	矩
	体量	面宽 4.5 米、进深 9 米、通高 7 米
	平面布局	单间二进
	立面形态	硬山、实榻门
	建筑性质	宅改祠
单元 4：祠堂二	平面形态	矩
	体量	面宽 4 米、进深 9.5 米、通高 6.8 米
	平面布局	单间
	立面形态	硬山、实榻门
	建筑性质	宅改祠
组件	正脊	清水、灰塑
	垂脊	飞带
	瓦面	叠瓦、猪咀筒
	箭窗	木直棂
	气窗	矩
	墙基	三合土
	墙身	三合土、砖、条石
	房顶	双瓦坡
	天井	石、砖
	地坪	阶砖、三合土
	门	实榻门
	窗	矩、石框、木梭棂、木直棂
	脊头	博古
	脊身	砖、灰沙、灰塑
	砖	青、长 27 厘米、宽 12 厘米、厚 6.5 厘米
	瓦	青、长 20 厘米、宽 23 厘米、厚 0.8 厘米、弓高 2 厘米

续表 19

层级	项目	特征
组件	檩	圆
	椽	板
	气孔	方（加注材料：砖）
装饰	壁画	山水、花鸟、人物

二 广府系统归善类型围屋

分布在原归善县境内，原居民主要讲本地话（本地话，非客家话），并且有强烈的广府文化认同感。其建筑代表有仙人岭老屋村、松柏围等。

其建筑特征是：

归善类型保存了基本的广府系统元素，与宝安类型不同的是缺少小式飞带，完全没有二水归堂（槽）。重脊瓦作多为灰沙直带或微弧带；不同于客家的堆瓦脊、排砖脊；也不同于潮汕地区的叠带脊。

1. 仙人岭老围

仙人岭老围位于深圳市龙岗区龙岗街道新生社区仙人岭，据调查此建筑始建年代为晚清时期。正面朝西南，建筑整体为梳式排列布局，祠堂居于前方正中，前有禾坪和月池。通面宽约 220 米，进深约 115 米，现存建筑占地面积约为 12000 平方米，村西南有一风水塘。围内多为齐头排屋，也有部分单元式三间两廊结构。少部屋顶有船形脊或博古脊。陈姓祠堂已倒，后期改建较多，历史风貌已破坏，应属于比较典型的广府系统归善类型围村（图版 15，图 11，表 20）。

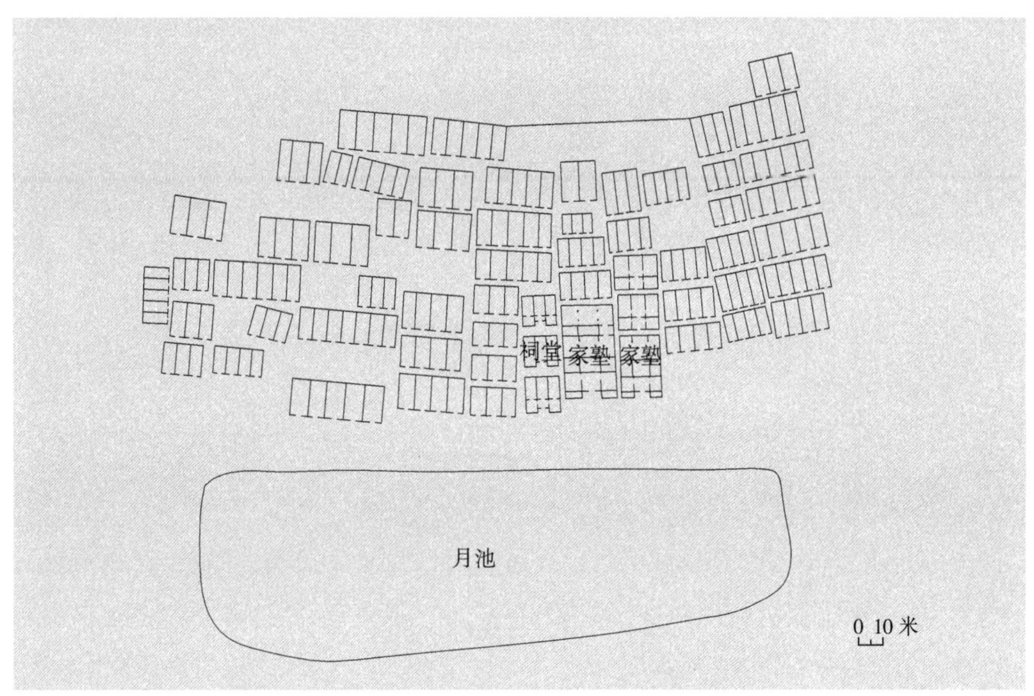

图 11 龙岗街道仙人岭老屋村平面示意图

表 20 仙人岭老屋形态特征分析表

层级	项目	特征
整体	平面形态	（近似）矩形
	体量	面宽 220 米，进深 115 米、现存建筑占地面积约为 12000 平方米，通高 7.5 米
	平面布局	排屋、祠堂 1 座、书室 2 座、月池
	立面形态	通高约 7 米、双坡顶、矩窗
单元 1：排屋、散屋	体量	排屋面宽 11 米、进深 8 米、通高 6 米
	平面布局	平排屋、齐头斗廊排屋、门斗院、三间二进连廊排屋
	立面形态	硬山、门笠头、贴灰门罩、实榻门
单元 2：祠堂一	平面形态	矩
	体量	面宽 7 米、进深 8 米、通高 6 米
	平面布局	二间二进
	立面形态	硬山、锁头屋、实榻门
	建筑性质	宅改祠
单元 3：书室（3 座）	平面形态	矩
	体量	面宽 12.5 米、进深 18 米、通高 6.8 米
	平面布局	三间三进四廊
	立面形态	硬山、匾额、窄楣柱廊、平台、趟栊门、实榻门、隔扇门
	建筑性质	原生书室
组件	正脊	清水、龙舟、灰塑
	垂脊	清水、飞带、灰塑
	瓦面	叠瓦、猪咀筒
	箭窗	石框、木直棂
	墙基	三合土、碎石
	墙身	三合土、砖、三合土夹砖
	房顶	双瓦坡
	梁架	落榫
	天井	石、砖
	地坪	阶砖、三合土
	门	趟栊门、企栊门、隔扇门
	窗	矩形、石框、木直棂
	脊头	博古、直筒
	脊身	砖、灰沙、灰塑
	砖	土红、青、长 28 厘米、宽 12 厘米、厚 6.5 厘米
	瓦	青、长 21 厘米、宽 22 厘米、厚 0.8 厘米、弓高 2 厘米
	梁	直圆梁
	檩	圆
	椽	板
	飞椽	鸡胸

续表 20

层级	项目	特征
组件	枋	矩
	柱	石（麻石）、八方
	柱础	櫍盆座础（加注材料：麻石）
	雀替	深浮雕
	封檐板	深浮雕、山水、花鸟、人物
装饰	壁画	山水、花鸟、人物、锦灰堆

2. 松柏围

松柏围位于广东省深圳市龙岗区平湖街道平湖社区内，与平湖大围相邻。建村于明早期，现存建筑多为清末民国年间，围屋名松柏围，是因门厦前有两棵松树而得名，但现今树已不存。围屋坐西北面东南，占地面积 5400 平方米。由数排广府式排屋组成松柏围整体。排屋用青砖砌起，少部分用三合土夯筑，硬山顶、覆灰板瓦，脊饰博古带门罩；后排有三房屋为锅耳山墙。房屋大部分为三开间两进，檐口有精美木刻，由三条主巷道分隔，从前至后不断高起。大部分建筑尚存，原村民由南雄珠机巷迁至东莞后再迁至深圳丹竹头，最后至平湖大围，居民均为刘姓。明朝刘氏十四世本刚在大围立围，其子十五世武弼在松柏围立围，发展至今已有三十五世。在封建的科举时代，松柏围有“九代不扶犁”的美誉（图版 16，表 21）。

表 21　松柏围形态特征分析表

层级	项目	特征
整体	平面形态	（近似）矩形
	体量	现存占地面积约 5400 平方米
	平面布局	排屋、三间两进凹斗排、祠堂 1 座
	立面形态	通高约 8 米、双坡顶、矩窗
单元 1：排屋、散屋	体量	排屋面宽 11 米、进深 9 米、通高 7 米；散屋面宽 23 米、进深 9 米、通高 9 米
	平面布局	平排屋、齐头斗廊排屋、二进连廊排屋
	立面形态	硬山、门笠头、贴灰门罩、实榻门
单元 2：门楼	平面形态	矩
	体量	已毁坏
组件	正脊	清水、龙舟、灰塑
	垂脊	清水、飞带、五行、灰塑
	瓦面	叠瓦、堆瓦、猪咀筒
	箭窗	石框、木棱棂、木直棂、木窗板
	气窗	圆、木框、木窗板
	墙基	三合土、条石
	墙身	三合土、砖、条石

续表 21

层级	项目	特征
组件	房顶	双瓦坡
	天井	石、砖
	地坪	阶砖、三合土
	门	实榻门、隔扇门
	窗	矩、方、石框、木梭棂、木直棂、木窗板
	脊头	博古、直筒、猪咀筒
	脊身	砖、瓦、灰沙、灰塑
	砖	青、长 28 厘米、宽 12.5 厘米、厚 6.5 厘米
	瓦	青、长 21 厘米、宽 23 厘米、厚 0.8 厘米、弓高 2 厘米
	檩	圆
	椽	板
	飞椽	鸡胸
	枋	方
	射击孔	矩（加注材料：花岗岩）
	气孔	方（加注材料：花岗岩）
	封檐板	浅浮雕、深浮雕、山水、花鸟、人物、锦灰堆
装饰	壁画	山水、花鸟、人物、锦灰堆

3. 鹅公岭大围

鹅公岭大围位于广东省深圳市龙岗区平湖街道鹅公岭社区，坐北朝南，占地面积 25000 平方米。现存民居多为晚清民国以来建筑，由排屋、炮楼组成。房屋依山而建，成弯刀形，中间较为整齐。四条南北巷道分隔依次排列成五排房屋，从前至后步步高起。以单间排屋为主，青砖砌墙，东南面和东北面房屋较为混乱，巷道之间距离较窄。村内有两座炮楼，分别位于西南角和西北角。西南角炮楼高三层，天台栏墙方桶式，平面呈方形，四面开窗；西北角炮楼高四层，四面开窗，天台女墙方桶式，南面顶层有两个鱼形排水口。整体结构布局尚存（图版 17，表 22）。

表 22　鹅公岭大围形态特征分析表

层级	项目	特征
整体	平面形态	（近似）矩形
	体量	占地面积 25000 平方米
	平面布局	排屋、炮楼
	立面形态	通高约 7 米、炮楼、双坡顶、矩窗、方窗
单元 1：排屋、二进排屋	体量	排屋面宽 19 米、进深 6.1 米、通高 5.5 米
	平面布局	平排屋、斗廊排屋、二进连廊排屋、二水归堂
	立面形态	硬山、歇山、门笠头、贴灰门罩、实榻门

续表 22

层级	项目	特征
单元 2：炮楼一	平面形态	方
	体量	炮楼边长 6 米、高 13.5 米
	立面形态	平顶、天台栏墙方桶式、单孔了望、趟栊门、企栊门、实榻门、方窗
单元 3：炮楼二	平面形态	方
	体量	炮楼边长 4.5 米、高 11 米
	平面布局	平顶、天台栏墙方桶式、单孔了望、趟栊门、企栊门、实榻门、方窗
	立面形态	平顶、天台栏墙方桶式、单孔了望、趟栊门、企栊门、实榻门、方窗
组件	正脊	清水、龙舟、灰塑
	垂脊	清水、飞带、灰塑
	瓦面	叠瓦、猪咀筒
	箭窗	石框、木直棂
	气窗	矩、石框
	墙基	三合土、条石
	墙身	三合土、砖、条石
	楼身	三合土
	房顶	双瓦坡、天台栏墙方桶式
	天井	石、砖
	地坪	阶砖、三合土
	门	趟栊门、企栊门、实榻门
	窗	矩、方、石框、木直棂、
	脊头	兽头、博古、直筒、猪咀筒
	脊身	砖、灰沙、灰塑
	砖	青、长 27.5 厘米、宽 11.5 厘米、厚 6.5 厘米
	瓦	红、青、长 20.5 厘米、宽 22 厘米、厚 0.8 厘米、弓高 2 厘米
	檩	圆
	椽	板
	枋	方形
	射击孔	方、矩、葫芦、横条、竖条（加注材料：花岗岩）
	气孔	方（加注材料：花岗岩）
	封檐板	浅浮雕、山水、花鸟、人物
装饰	壁画	山水、花鸟、人物、锦灰堆

第三节　客家系统围屋

本地区客家围的建筑形式可谓集各地客家之大成，主要是粤东地区的围龙屋与四角楼的结合，并特别强化了城堡的防御功能，故我们可称之为“城堡式围楼”。它的主要特征是前有月池（半圆形池塘）和禾坪（晒谷场），围楼前开有一大门、两小门，大门两侧为二层的倒座，其后是长条形的前天街，中轴线上置上、中、下“三堂”为宗祠，“三堂”两侧附两横或四横屋，其后为长条形的后天街和后围楼（原型为半月形围龙屋），一圈围楼的四角建有角楼，有的在后围楼中间还建有高大的望楼（龙厅顶），有的四周围楼屋顶连成通道，称“四角走马楼”，而其内部给、排水设施齐全。这种带月池、禾坪、围屋、角楼且宗祠与住宅合一的城堡式客家围楼，给人以气势雄伟、森严壁垒的感觉。客家围强调“天圆地方”、“阴阳合一”及与自然和谐，讲究风水和龙脉的走向。这是在农业社会中血缘聚族而居，不断迁徙移动，在和自然与社会斗争中滚动发展的产物。其建筑技术和形式，屋内的堂联、壁画．灰塑和雕刻等，保存着以反映儒家思想为主的丰富的中原传统文化，是研究民族传统文化和客家社会历史与民俗风情的宝库，具有很高的历史、科学和艺术价值，是深圳历史文化的重要组成部分。

深圳东北地区现存较大型的客家城堡式围楼有上百座之多。令人瞩目的是，占地面积达25000平方米、建筑面积近15000平方米，号称“九厅十八井，十阁走马楼”（八角楼二望楼）的龙岗罗氏鹤湖新居，以及同等规模的坪山曾氏大万世居（两处均为广东省文物保护单位），分别建于嘉庆和乾隆年间，可称为赣、闽、粤客家围之冠，是不可多得的珍贵历史文化遗产。

如前所述，本地区客家型建筑包括四种大的样式：围龙屋、围堡、土墙围、排屋村。

一 客家系统惠州类型

深圳东北地区围屋建筑中，真正来自客家文化中心地区（广东兴梅地区）的传统文化因素实际上是比较少的，而大部分传统文化因素来自客家文化的扩展地区归善县，即今天的惠阳地区。清初，一方面为了消灭郑成功和打击海盗，一方面也为了惩罚支持过南明政权的沿海居民，清廷在康熙元年（1662年）实行“迁海”政策，广东沿海居民先后两次内迁30～50里。到康熙七年（1668年）清廷决定部分地区复界，新安县得以恢复建制。复界后能够迁回的原住民较少，于是清廷颁布了优惠的招垦政策。嘉应（梅县）地区和归善县的许多客家人为寻求出路，踊跃报名迁住复界的地区垦荒，到雍正初年开始大量迁入，形成了一次新的移民高潮。到清末，新安县的客家人已占全县总人口的60%以上。他们为新安县（深圳市、东莞市和香港地区）的围屋建筑带来了大量的客家传统文化因素。

“惠州类型围屋”是客家围屋的主要类型之一，它与兴梅地区的围龙屋相比，最大的特征是不用后面的围龙部分，而在外围的围屋上面加建第二层楼房，当地人称为“围楼”。另外在兴梅地区只有晚期的围龙屋或方形围屋才可能加建四个角楼，而所有的惠州类型围屋都要建有四个角楼。这个类型围屋的分布以惠州为中心，加上周边的河源、东源、揭西、惠阳、宝安、博罗、龙门等县，现存仍然有数千座，仅深圳东北地区就有300座左右，香港只剩下1座（沙田山厦围）。其代表性建筑有大万世居、龙田世居、鹤湖新居、青排世居、嘉绩世居等。

1. 大万世居

大万世居位于广东省深圳市坪山新区坪山街道坪环社区大万居民小组，朝向西偏

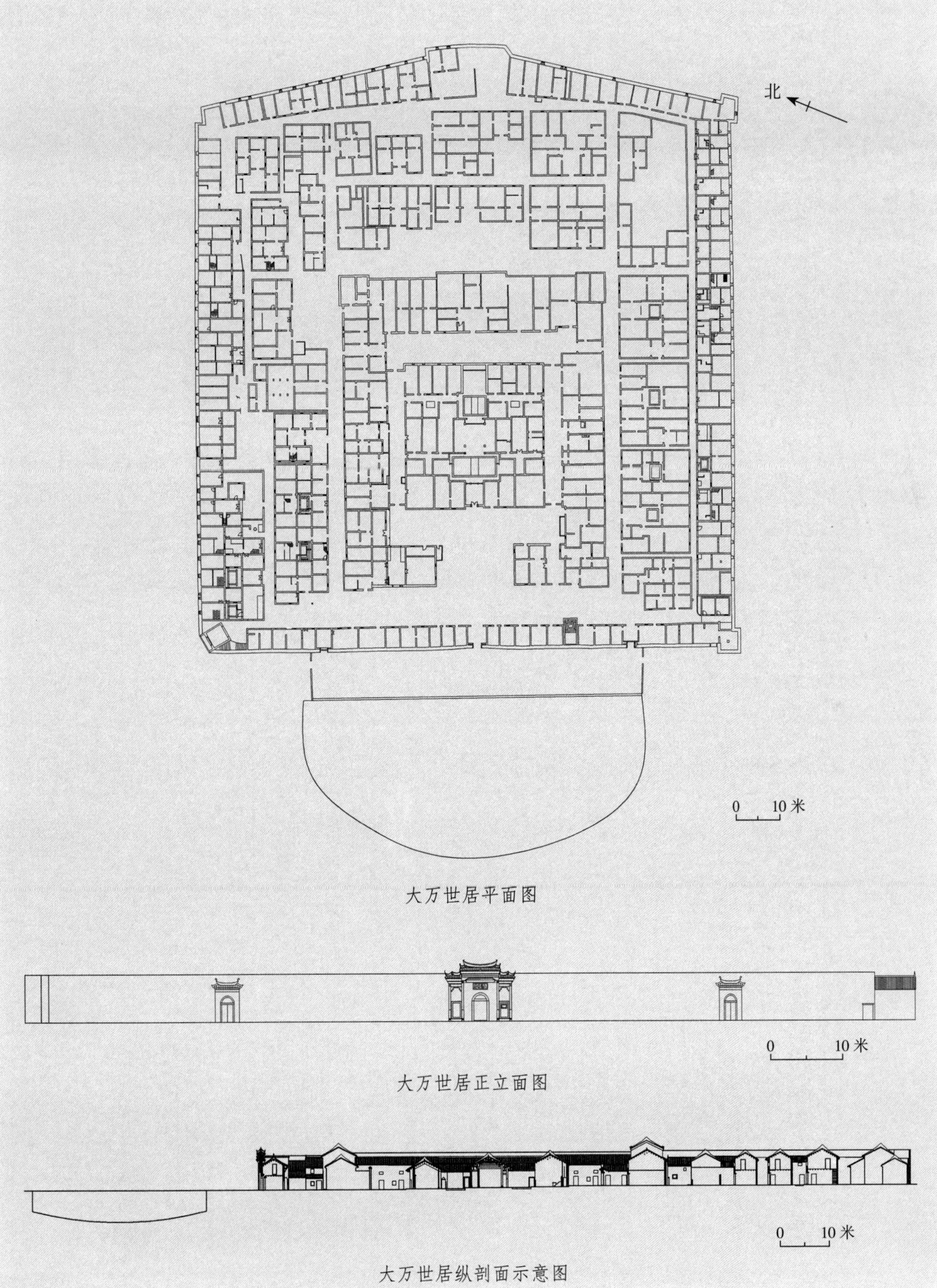

大万世居平面图

大万世居正立面图

大万世居纵剖面示意图

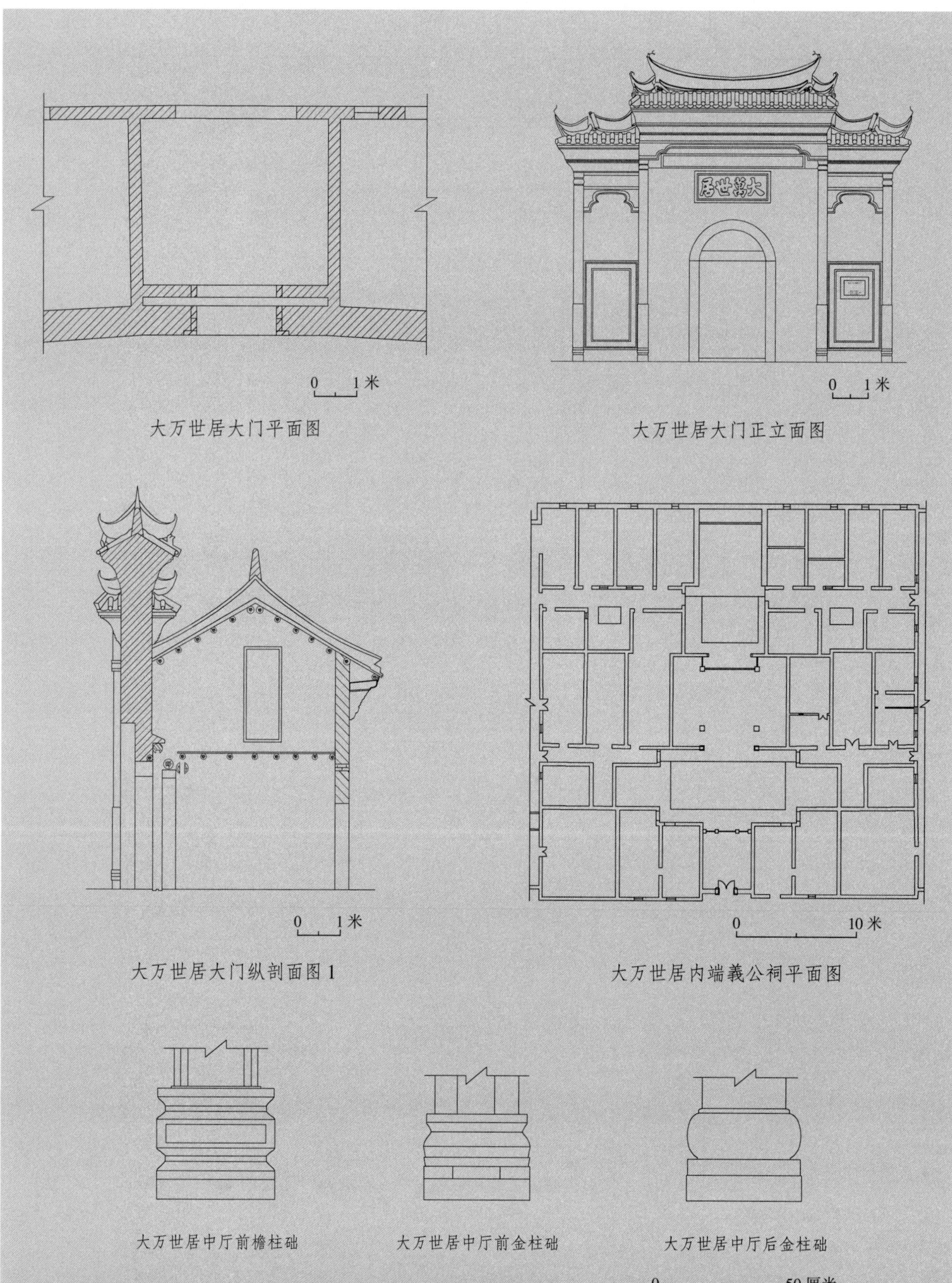

大万世居大门平面图

大万世居大门正立面图

大万世居大门纵剖面图1

大万世居内端義公祠平面图

大万世居中厅前檐柱础

大万世居中厅前金柱础

大万世居中厅后金柱础

大万世居柱础大样图

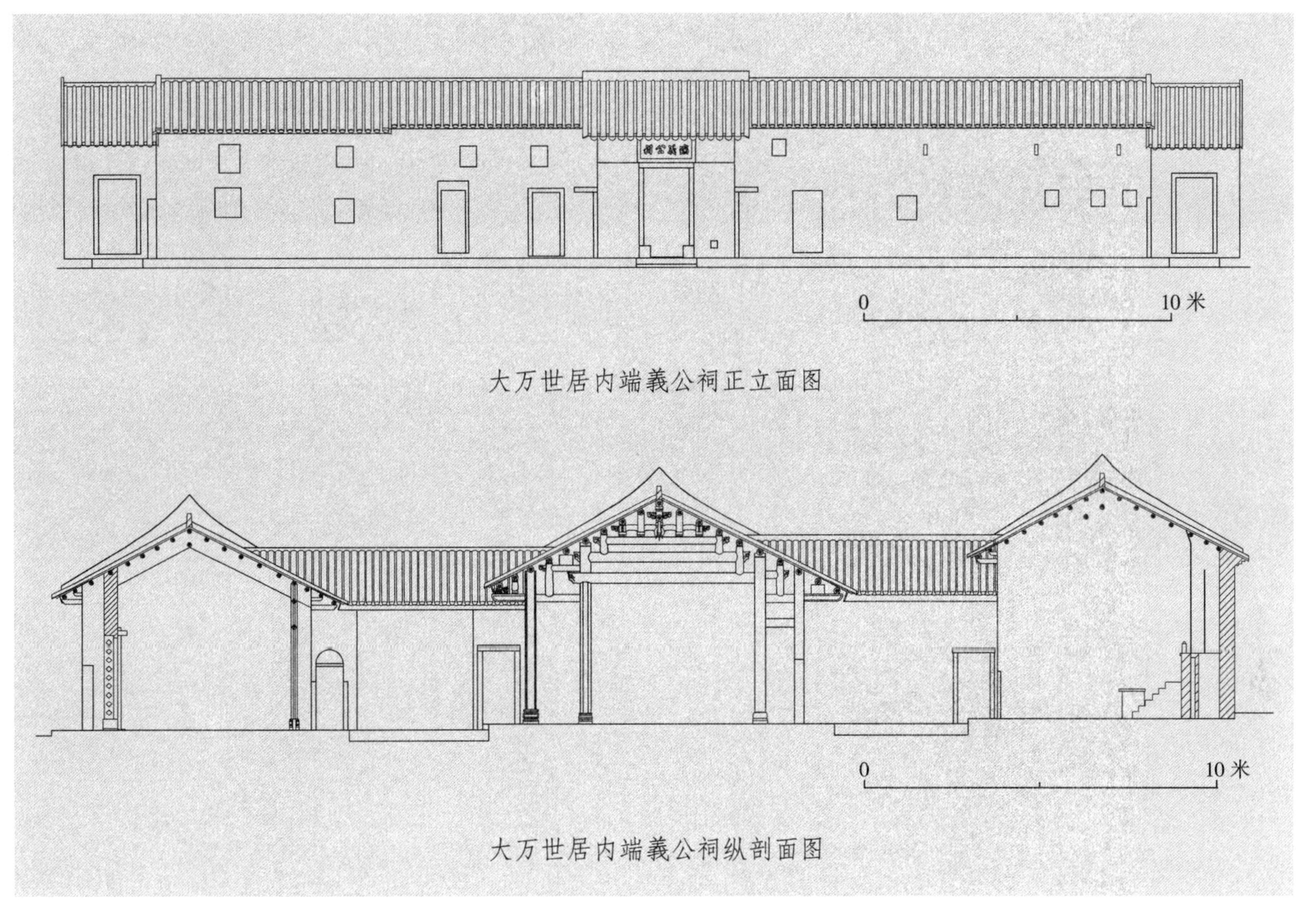

大万世居内端義公祠正立面图

大万世居内端義公祠纵剖面图

图 12　坪山街道大万世居

表 23　大万世居围屋形态特征分析表

层级	项目	特征
整体	平面形态	（近似）矩形
	体量	面宽 124 米，进深 133 米、外墙厚约 0.5 米、高约 9.6 米，
	平面布局	周屋、排屋、堂横屋、祠堂 1 座、门楼 3 座、角楼 8 座、望楼 1 座、月池
	立面形态	通高约 12.4 米、正面 3 门、角楼 8 座、双坡顶、矩窗
单元 1：周屋、排屋	体量	周屋面宽 112 米、进深 5.5 米；斗廊排屋面宽 17.6 米、进深 10.2 米、通高 6.6 米
	平面布局	平排屋、斗廊排屋、二进连廊排
	立面形态	硬山、门笠头、实榻门、趟栊门、企栊门
单元 2：门楼、角楼、炮楼	平面形态	矩
	体量	门楼面宽 4.8 米、进深 5.1 米、通高 7.3 米；角楼面宽 5.5 米、进深 5.6 米、高 6.4 米；连角楼
	立面形态	硬山、牌坊贴脸、匾额、趟栊门、企栊门、实榻门、隔扇门
单元 3：望楼	平面形态	矩
	体量	面阔 20 米、进深 11.6 米、残高 8 米
	平面布局	五间二进
	立面形态	硬山、实榻门

续表 23

层级	项目	特征
单元 4：祠堂一	平面形态	矩
	体量	面宽 11.4 米、进深 31.8 米、通高 7.1 米
	平面布局	三间三进
	立面形态	硬山匾额、内凹肚、趟栊门、实榻门、隔扇门
	建筑性质	原生祠
组件	正脊	清水、龙舟、灰塑
	垂脊	清水、飞带、灰塑
	瓦面	叠瓦、猪咀筒、扇瓦头
	箭窗	石框、木直棂
	气窗	圆、矩、木直棂
	墙基	三合土
	墙身	三合土、砖、条石
	墙顶	鹰不落
	楼身	三合土、砖
	房顶	双瓦坡
	梁架	穿柱、落榫
	天井	石、砖
	地坪	阶砖、三合土
	门	趟栊门、企栊门、实榻门、隔扇门
	窗	矩、石框、木直棂
	脊头	直筒、猪咀筒
	脊身	砖、灰沙、灰塑
	砖	青、长 27.5 厘米、宽 12 米、厚 6.5 厘米
	瓦	青、长 20 厘米、宽 23 厘米、厚 0.8 厘米 弓高 2 厘米
	梁	直圆梁
	檩	圆
	椽	板
	飞椽	鸡胸
	枋	矩
	柱	石（麻石）木、圆、四方、八方、滚珠
	柱础	槓盆础、上盆下鼓（加注材料：麻石）
	射击孔	葫芦、横条、竖条（加注材料： 花岗岩）
	气孔	方（加注材料：花岗岩）
	雀替	深浮雕
	驼檄	方、狮子、圆雕
	封檐板	深浮雕、山水、花鸟、人物
	匾额	石
装饰	壁画	山水、花鸟、人物

南 15 度，建于清乾隆年间（1736 ~ 1795 年），规模宏大，占地 1.5 万平方米，平面布局为三堂六横四角楼，四角建有炮楼，中厅上有“州司马”木匾并有嘉庆八年（1803 年）款，屋内墙上嵌有“赞政宏才”木匾并有乾隆五十六年（1791 年）款，正面有大门楼，门楼上塑有“大万世居”石匾，外围有高高的围墙相连，围墙上有走马廊相通。大门前有禾坪，和半月池，夯土墙，木梁架，灰瓦顶，为典型的清代城堡式客家围龙屋建筑。现为广东省文物保护单位（图 12，表 23）。

2. 龙田世居

龙田世居位于深圳市坪山新区坑梓街道龙田社区田段心（深汕高速公路旁），朝向北偏西 45 度。始建于清道光十七年（1837 年），由黄氏六世始祖黄奇伟及后人历时 30 多年建成，通面宽 111.2 米、进深 71.6 米，外墙厚 0.5 米、高 13.2 米，占地面积近 8000 平方米，由三堂两横、四角楼、加外横围和护寨河等组成，后围成弧形，门前有禾坪，禾坪前有宽 16 米的“凹”字型护寨河。围屋为夯土墙，土木结构，尖山式灰瓦顶，是一座清代大型四角楼客家围屋。整体保存完好。2002 年 7 月被公布为广东省文物保护单位（图 13，表 24）。

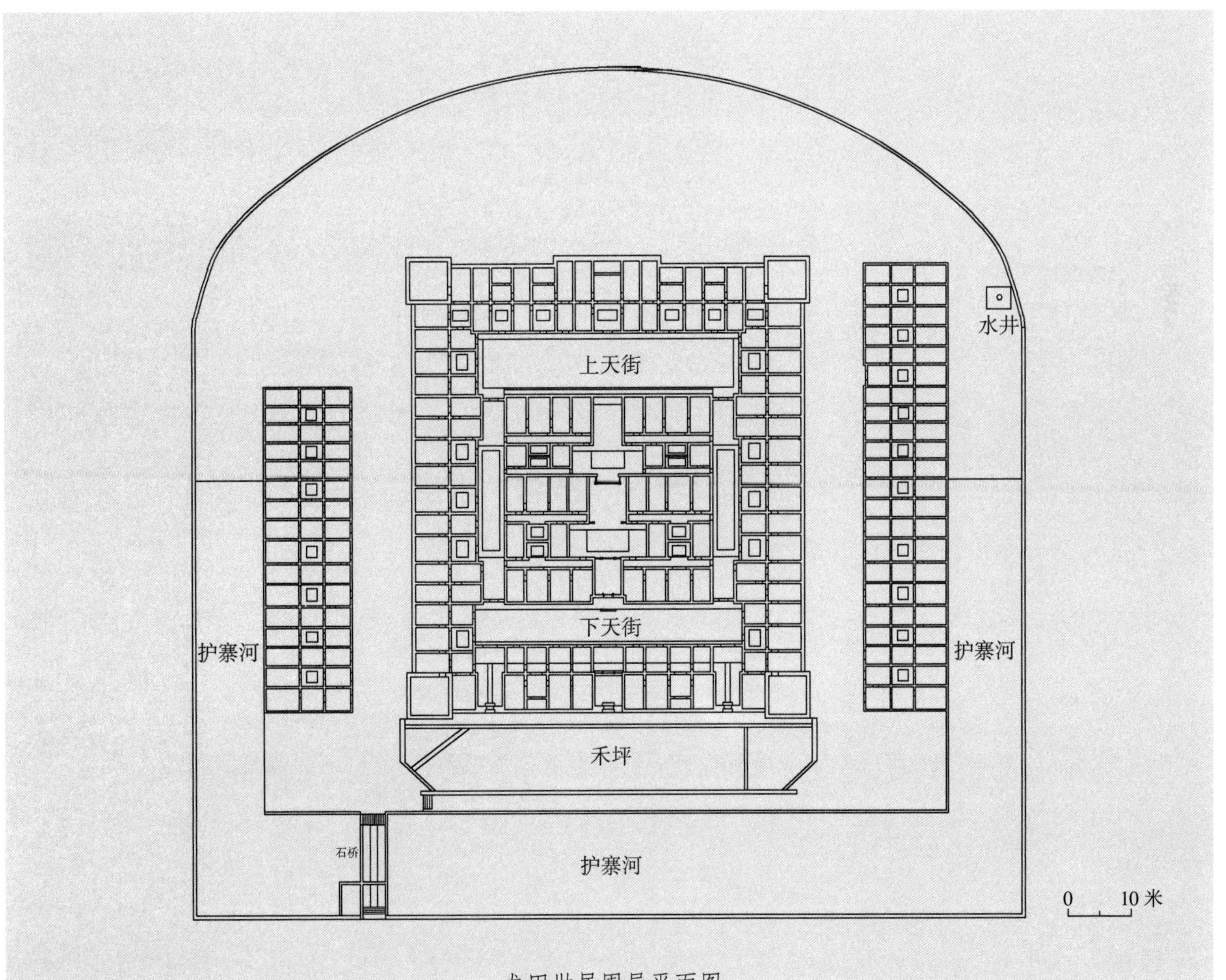

龙田世居围屋平面图

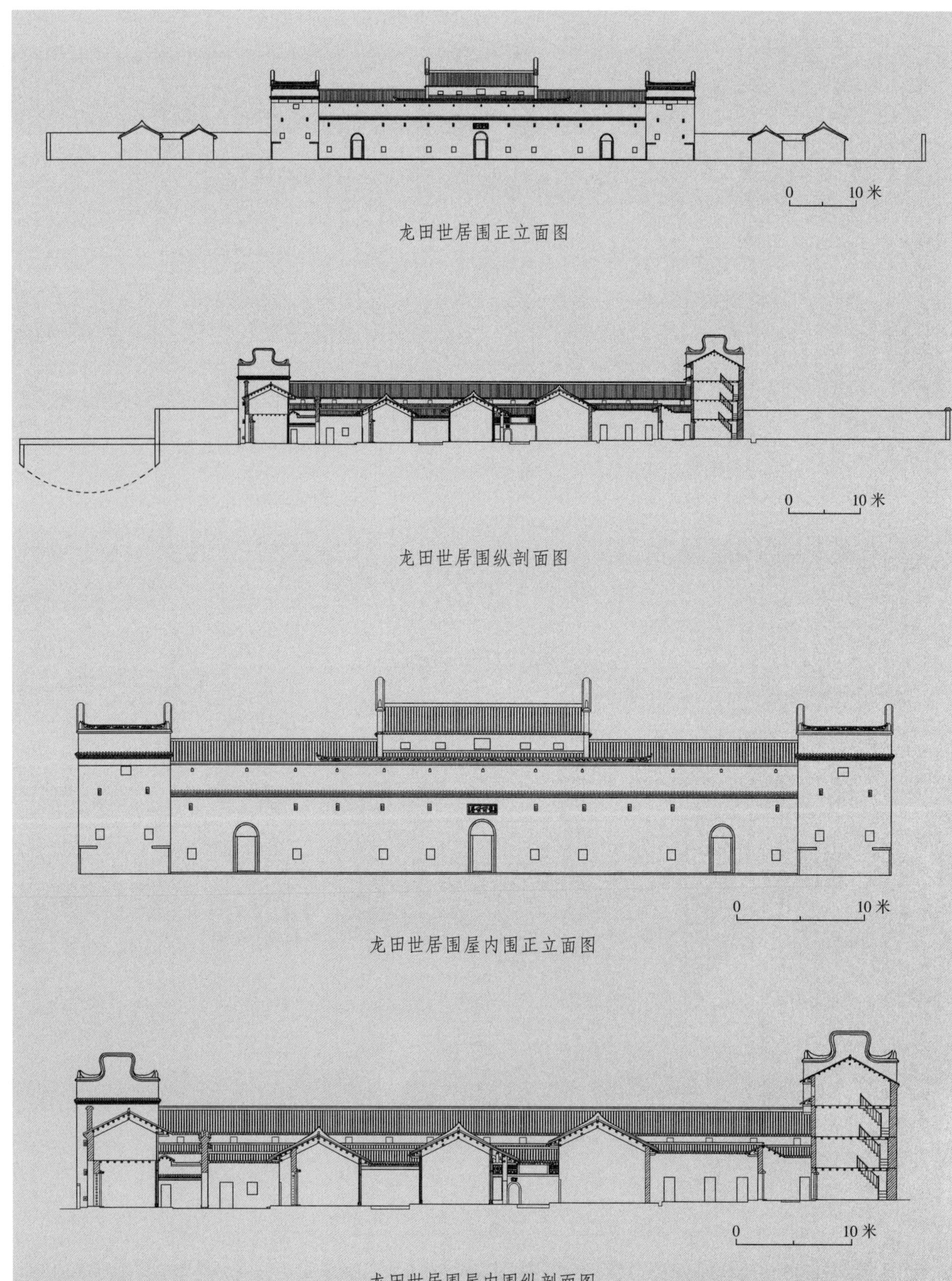

龙田世居围正立面图

龙田世居围纵剖面图

龙田世居围屋内围正立面图

龙田世居围屋内围纵剖面图

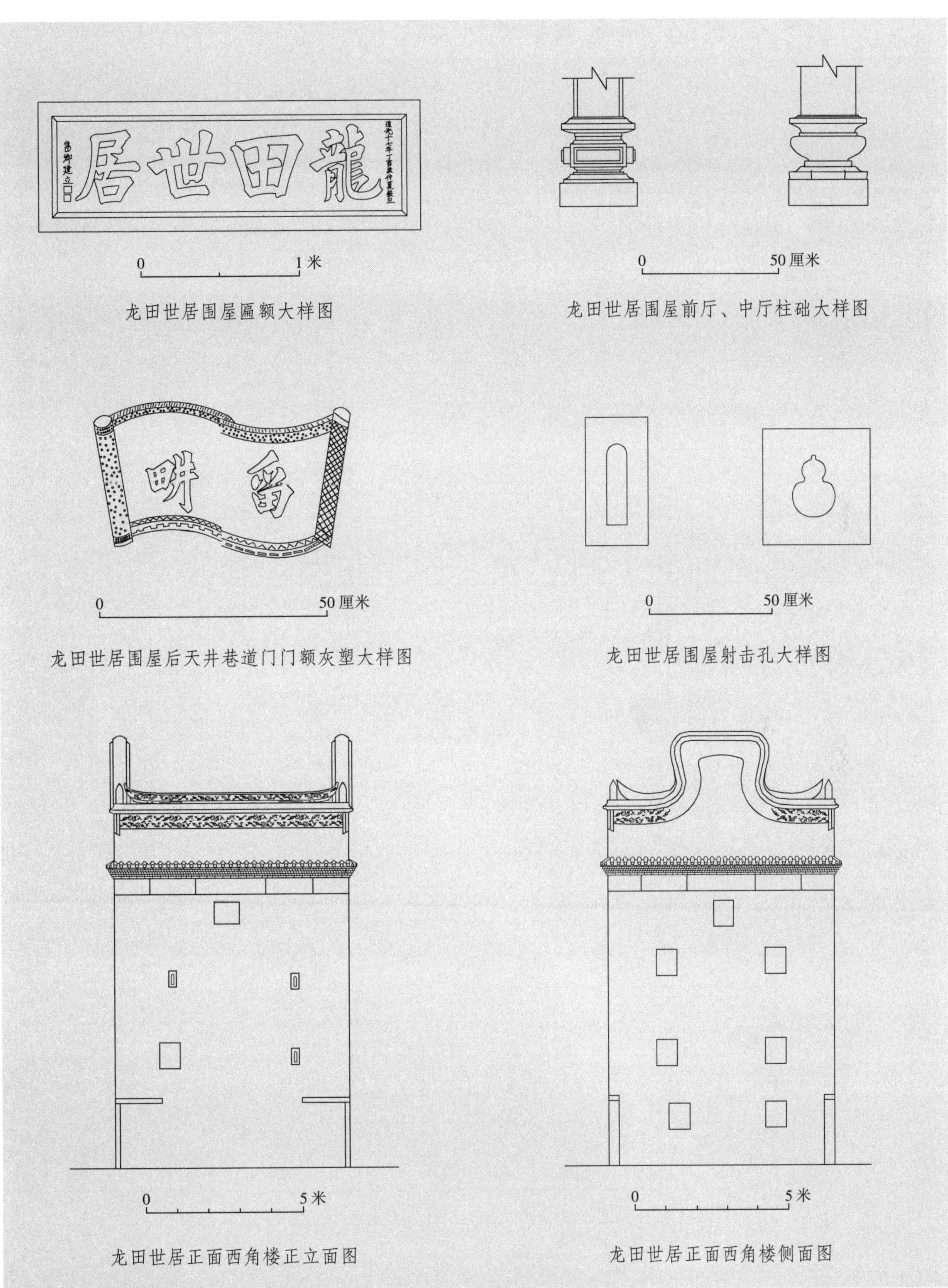

图13　坑梓街道龙田世居

表 24　龙田世居围屋形态特征分析表

层级	项目	特征
整体	平面形态	（近似）矩形
	体量	面宽 111.2 米，进深 71.6 米、外墙厚约 0.5 米、高约 13.2 米
	平面布局	周屋、排屋、祠堂 1 座、门楼 3 座、角楼 4 座、望楼 1 座、月池
	立面形态	通高约 13.2 米、正面 3 门、双坡顶、矩窗
单元 1：周屋、排屋	体量	斗廊排屋面宽 57.8 米、进深 10.2 米、通高 6.5 米
	平面布局	斗廊排屋
	立面形态	硬山、悬山、门笠头、实榻门、趟栊门
单元 2：门楼、角楼	平面形态	矩
	体量	门楼面宽 5.2 米、进深 10.6 米、通高 8.4 米；角楼面宽 7.2 米、进深 7.4 米、高 11.4 米；连角楼
	立面形态	硬山、假歇山、趟栊门、实榻门、隔扇门
单元 3：望楼	平面形态	方
	体量	面阔 17.2 米、进深 12 米、高 12 米
	平面布局	五间、二进、二廊
	立面形态	硬山、实榻门
单元 4：祠堂	平面形态	矩
	体量	面宽 5.7 米、进深 33 米、通高 7.7 米
	平面布局	单间、三进、四廊
	立面形态	硬山、悬山、内凹肚、趟栊门、实榻门、隔扇门
	建筑性质	原生祠
组件	正脊	清水、龙舟、灰塑
	垂脊	清水、飞带
	瓦面	叠瓦、猪咀筒
	箭窗	石框、木直棂
	气窗	矩、木直棂
	墙基	三合土
	墙身	三合土、砖、条石
	墙顶	鹰不落
	楼身	三合土
	房顶	双瓦坡
	天井	石、砖
	地坪	阶砖、三合土
	门	趟栊门、实榻门、隔扇门
	窗	矩、石框、木直棂
	脊头	直筒、猪咀筒
	脊身	砖、灰沙、灰塑
	砖	青、长 28 厘米、宽 12.5 米、厚 7 厘米

续表 24

层级	项目	特征
组件	瓦	青、长 20 厘米、宽 23 厘米、厚 0.8 厘米、弓高 2 厘米
	梁	梭梁、月梁
	檩	圆
	椽	板
	柱	木、圆
	柱础	上盆下鼓（麻石）
	射击孔	葫芦、哑铃、横条、竖条（花岗岩）
	气孔	方、圆（花岗岩）
	雀替	高浮雕、透雕
	封檐板	深浮雕、山水、花鸟、人物
	匾额	石
装饰	壁画	山水、花鸟、人物

3. 鹤湖新居

鹤湖新居位于深圳市龙岗区龙岗街道南联社区，始建于乾隆四十七年（1782 年）。鹤湖新居为广东兴宁客家人罗瑞凤创建。整座建筑由内外两围环套而成，中心为三堂二横。墙体结构下为三合土夯筑，上有少量泥砖。整座围屋通面宽 165.9 米，后宽 116.3 米，进深 104 米，建筑占地面积 25000 多平方米。以祠堂为中心，有 300 多间房屋。阁、楼、厅、堂、房、井、廊、院、天井等互相关联，有“九天十八井、十阁走马廊”

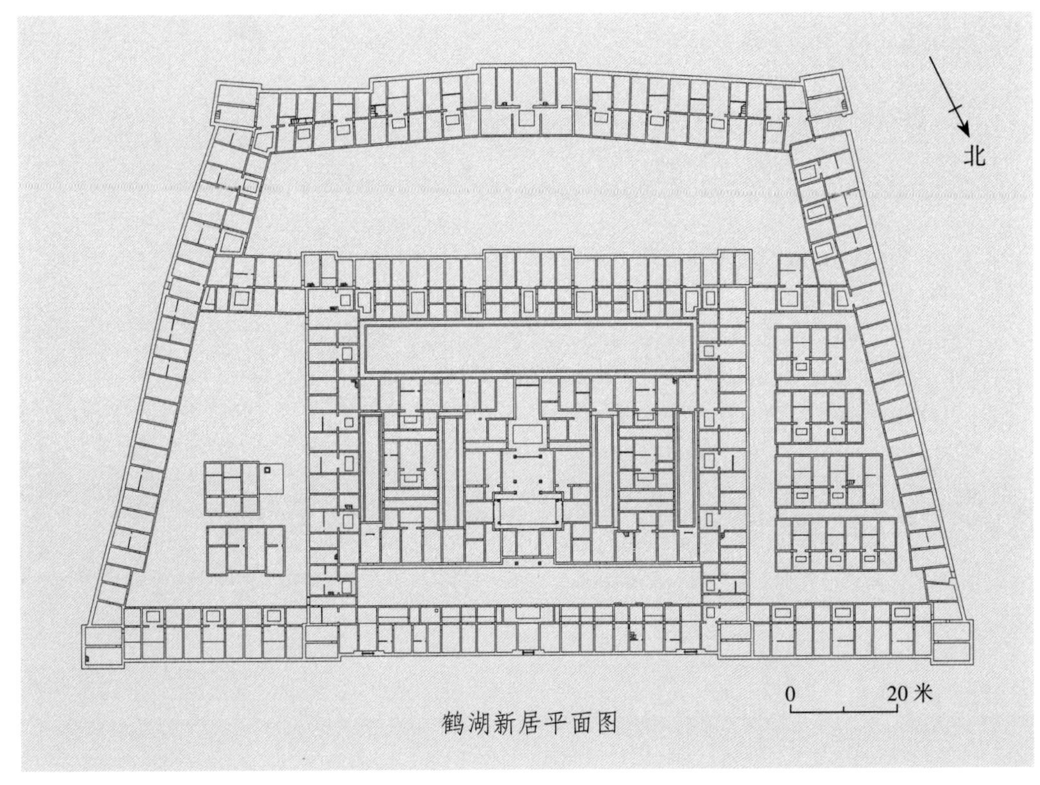

鹤湖新居平面图

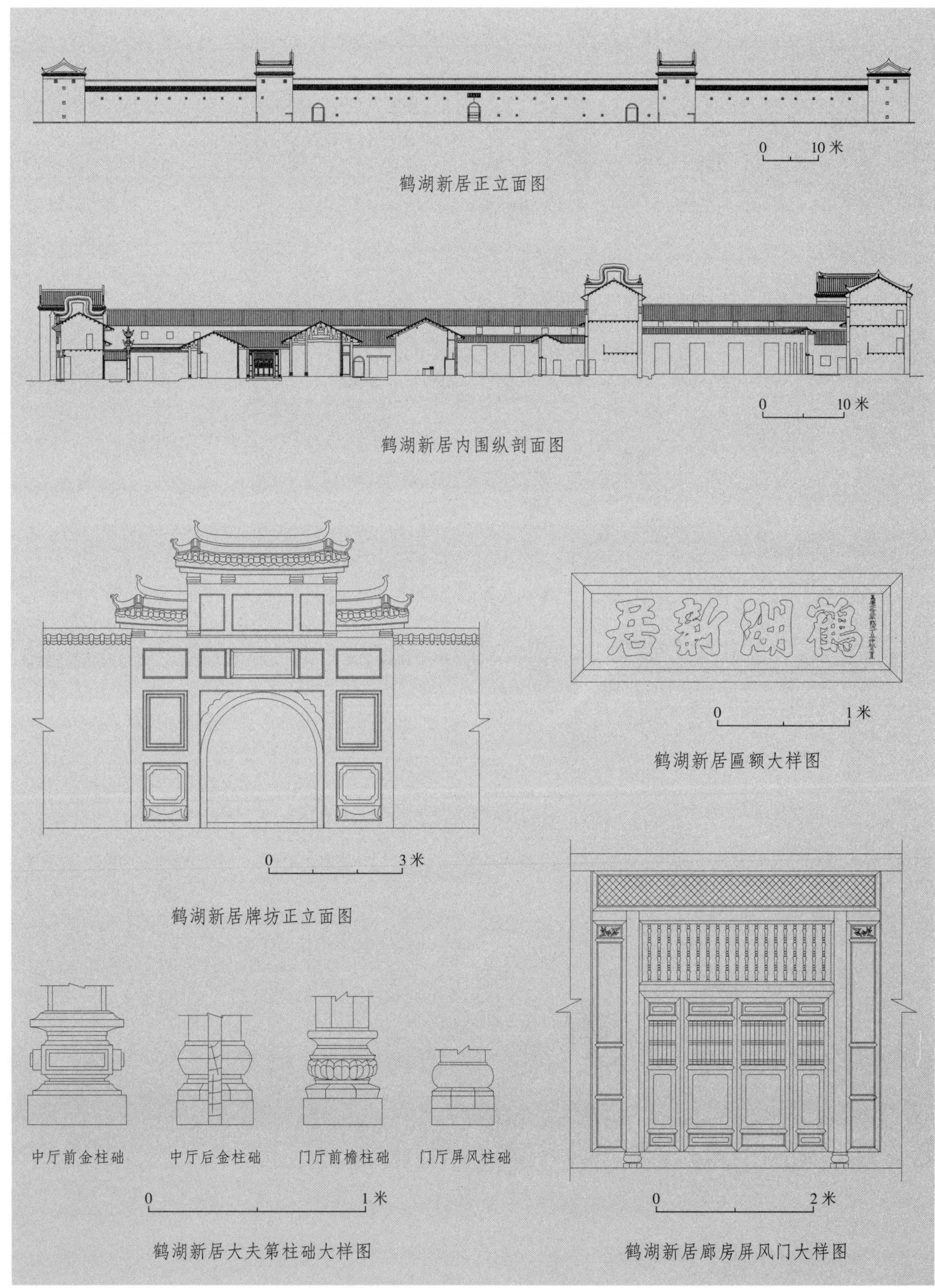

鹤湖新居正立面图

鹤湖新居内围纵剖面图

鹤湖新居匾额大样图

鹤湖新居牌坊正立面图

鹤湖新居大夫第柱础大样图

鹤湖新居廊房屏风门大样图

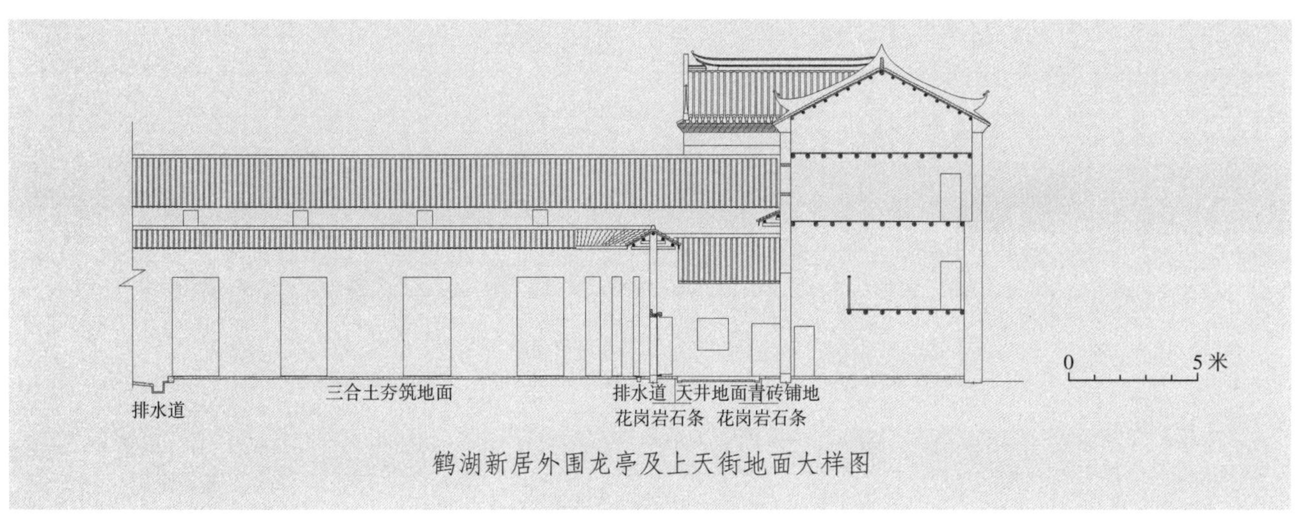

图 14　龙岗街道鹤湖新居

表 25　鹤湖新居围屋形态特征分析表

层级	项目	特征
整体	平面形态	（近似）梯形
	体量	通面宽 165.9 米、进深 104 米、外墙厚约 0.5 米、高约 12 米
	平面布局	周屋、祠堂 1 座、门楼 3 座、角楼 8 座、望楼 2 座、月池
	立面形态	通高约 12 米、正面 3 门、角楼 4、双坡顶、矩窗
单元 1：周屋、排屋	体量	一字斗廊排屋面宽 22.6 米、进深 9.4 米、通高 6.8 米
	平面布局	平排屋、斗廊排屋、一字斗廊排
	立面形态	硬山、悬山、实榻门
单元 2：门楼、角楼	平面形态	矩
	体量	门楼面宽 4.5 米、进深 8.8 米、通高 8 米；角楼面宽 7 米、进深 6.6 米、高 12.8 米；连角楼
	立面形态	硬山、假歇山、匾额、趟栊门、实榻门、隔扇门
单元 3：望楼	平面形态	矩
	体量	面阔 18 米、进深 13 米、高 12 米
	平面布局	五间、二进
	立面形态	硬山、实榻门
单元 4：祠堂	平面形态	矩
	体量	面宽 10.3 米、进深 33.5 米、通高 7.6 米
	平面布局	三间、三进、四廊
	立面形态	硬山、悬臂柱廊、平台、趟栊门、实榻门、隔扇门、风门
	建筑性质	原生祠
组件	正脊	清水、龙舟、灰塑
	垂脊	清水、飞带
	瓦面	叠瓦、猪咀筒、扇瓦头
	箭窗	石框、木直棂

续表 25

层级	项目	特征
组件	气窗	圆、矩、石框
	墙基	三合土
	墙身	三合土、砖、条石
	墙顶	鹰不落
	楼身	三合土
	房顶	双瓦坡
	梁架	穿柱
	天井	石、砖
	地坪	阶砖
	门	趟栊门、实榻门、隔扇门、风门
	窗	矩、石框、木直棂
	脊头	直筒、猪咀筒
	脊身	砖、灰沙、灰塑
	砖	青、长 28 厘米、宽 13 厘米、厚 7 厘米
	瓦	青、长 20 厘米、宽 23 厘米、厚 0.8 厘米、弓高 2 厘米
	梁	梭梁、虾公梁
	檩	圆
	椽	板
	柱	石（麻石）、木、上下卷杀、圆 四方、滚珠
	柱础	素础、上盆下鼓（麻石）
	射击孔	矩、葫芦、哑铃、横条、竖条（花岗岩）
	气孔	方（花岗岩）
	驼墩	微弧、圆雕
	封檐板	浅浮雕、山水、花鸟、人物
	匾额	石、年款
装饰	壁画	山水、花鸟、人物

之称。1996 年被原龙岗镇政府辟为客家民俗博物馆，现为广东省文物保护单位。有二级文物 4 件、三级文物 5 件（图 14，表 25）。

4. 青排世居

青排世居位于深圳市坪山新区坑梓街道金沙社区青排居民小组，朝向南偏东 15 度，建于清代早期，面宽 120 米，进深 68.9 米，外墙厚 0.4 米、高 12.8 米，占地面积为 8268 平方米，由三堂四横六角楼组成，该围屋形制比较特别，屋前并没有禾坪，墙基下直接连到半月池。前厅内屏风门上有“礼耕义种”木匾，一进有天街，东边间为黄氏宗祠，三进两天井结构，发现多处清代早期建筑构件柱础，围屋面开两大门，条石基、夯土墙，土木结构，灰瓦顶，是一座清代早期客家围屋，整体保存较好（图版 18、19，图 15，表 26）。

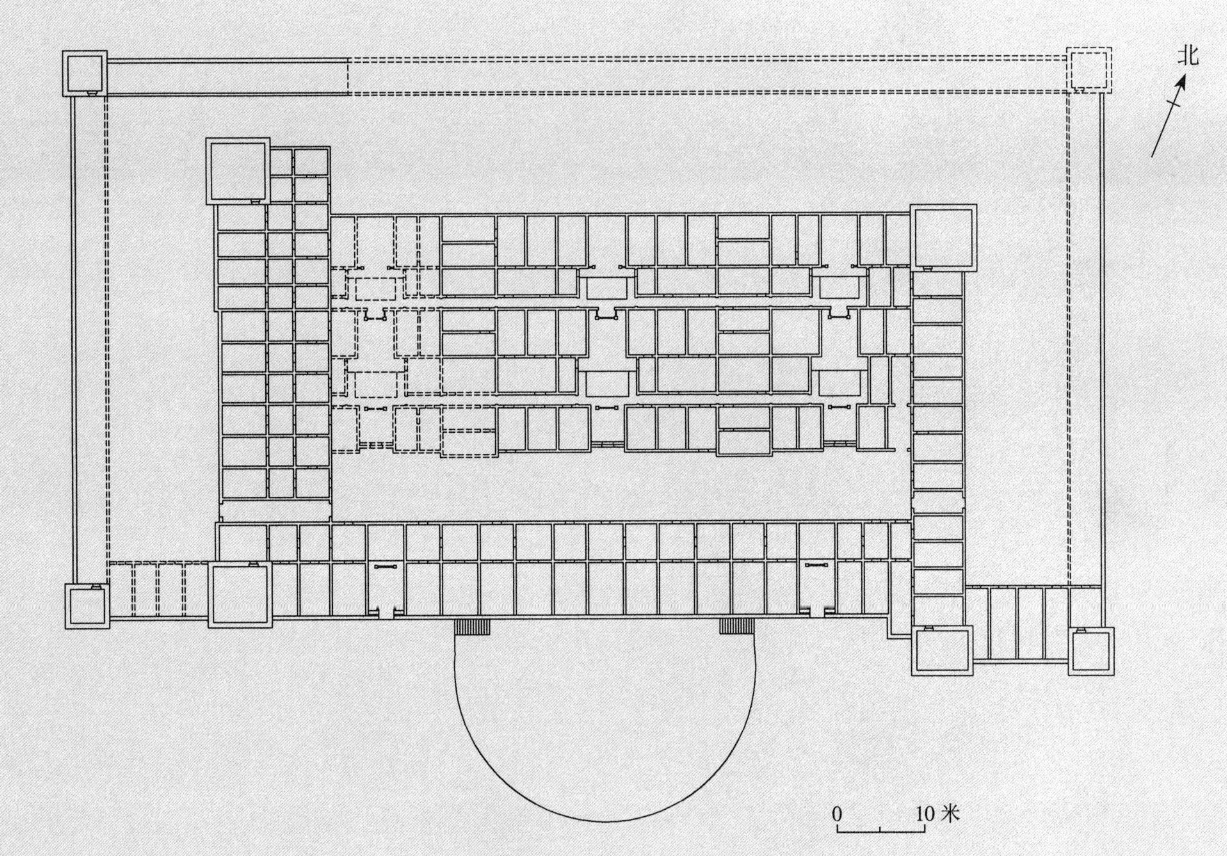

青排世居平面复原图

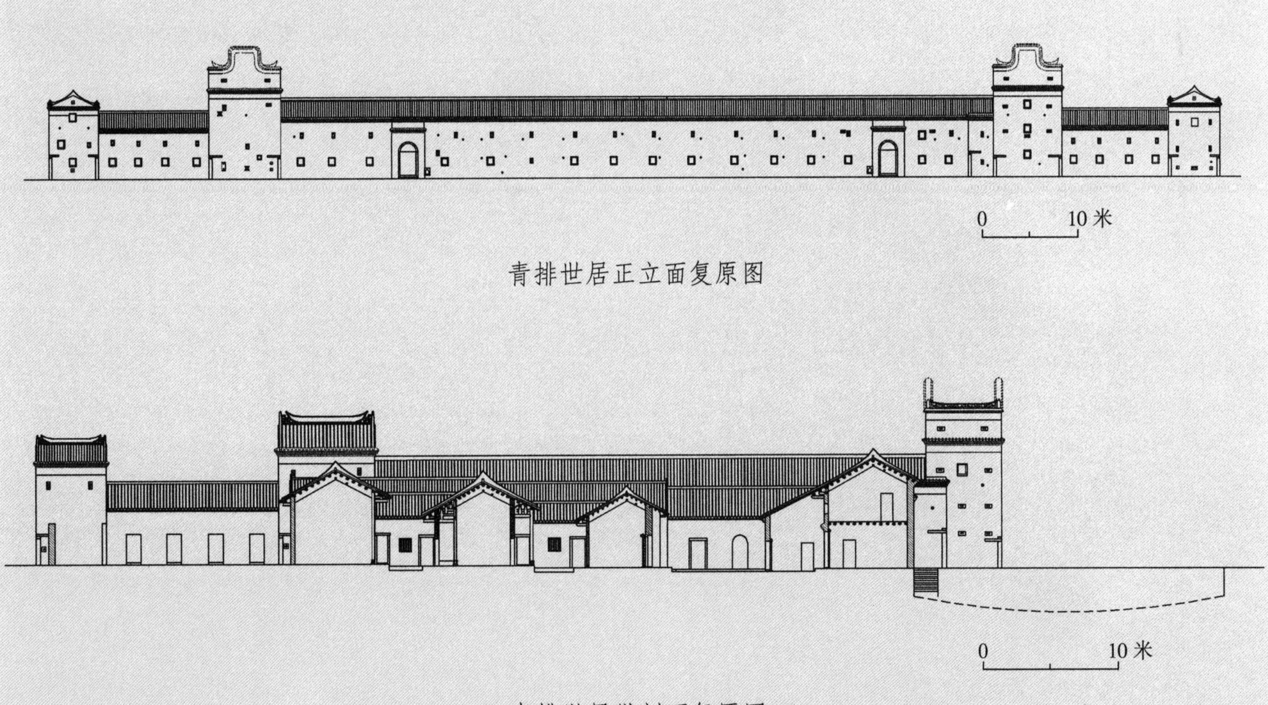

青排世居正立面复原图

青排世居纵剖面复原图

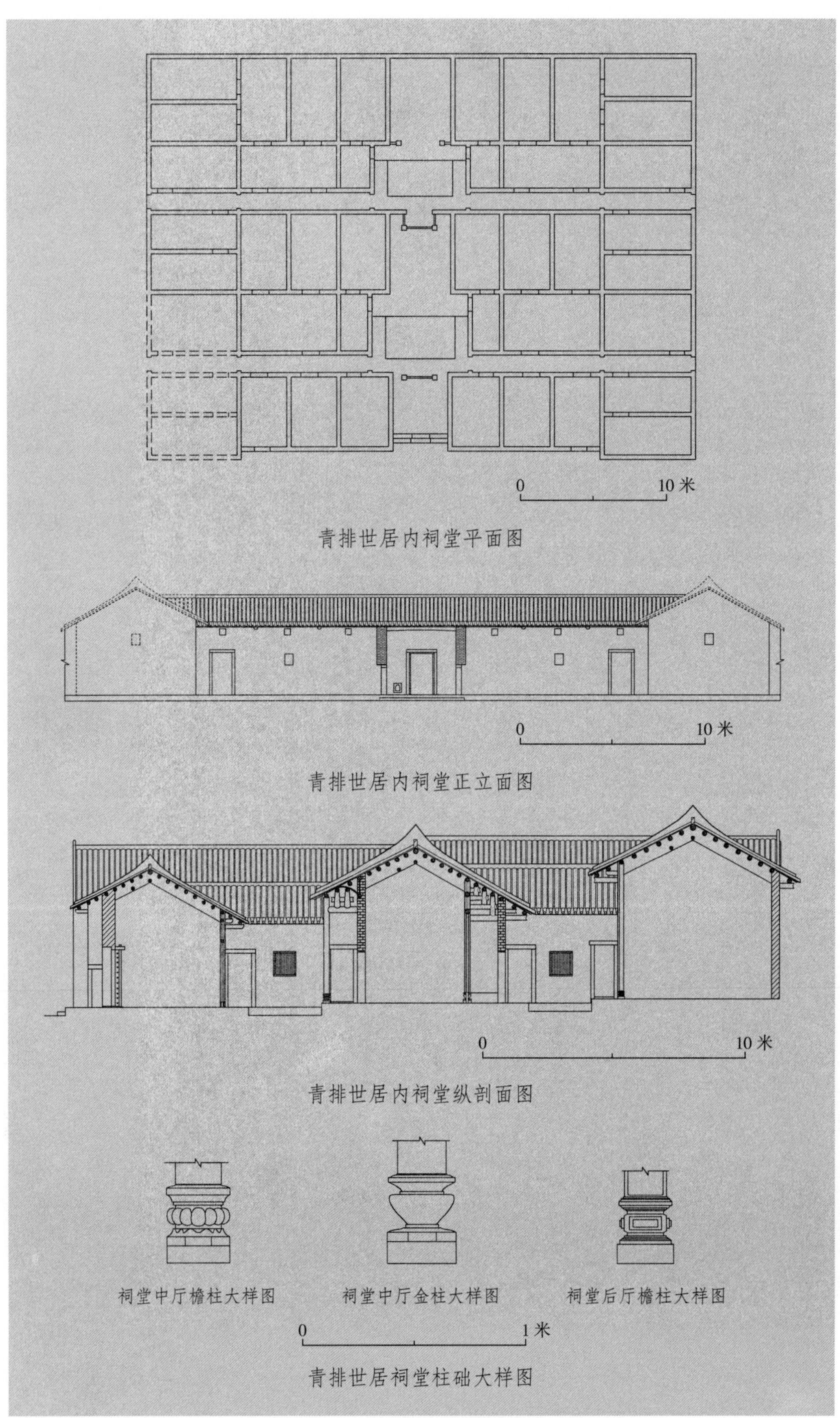

图 15　坑梓街道青排世居

表 26　青排世居围屋形态特征分析表

层级	项目	特征
整体	平面形态	（近似）矩形
	体量	面宽 120 米，进深 68.9 米、外墙厚约 0.4 米、高约 12.8 米
	平面布局	周墙、倚庐残、周屋、祠堂 2 座、门楼 3 座、角楼 5 座、月池
	立面形态	通高约 12.8 米、正面 3 门、角楼 5 座、双坡顶、矩窗
单元 1：周屋、排屋	体量	斗廊排屋面宽 70.4 米、进深 10.8 米、通高 7.8 米
	平面布局	平排屋、斗廊排屋、二进连廊排屋
	立面形态	硬山、悬山、实榻门、趟栊门
单元 2：门楼、角楼	平面形态	矩
	体量	门楼面宽 4.7 米、进深 10.5 米、通高 7.8 米；角楼面宽 7.1 米、进深 5.5 米、高 13.2 米；连角楼
	立面形态	硬山、假歇山、趟栊门、实榻门、隔扇门
单元 3：祠堂	平面形态	矩
	体量	面宽 4.4 米、进深 26.4 米、通高 6.5 米
	平面布局	单间、三进、四廊
	立面形态	硬山、悬山、内凹肚、趟栊门、实榻门、隔扇门
	建筑性质	原生祠
组件	正脊	清水、龙舟、灰塑
	垂脊	清水、飞带
	瓦面	叠瓦、猪咀筒
	箭窗	石框、木直棂
	气窗	圆、矩、木直棂
	墙基	三合土
	墙身	三合土、砖、条石
	墙顶	鹰不落
	楼身	三合土
	房顶	双瓦坡
	梁架	穿柱
	天井	石、砖
	地坪	阶砖、三合土
	门	趟栊门、实榻门、隔扇门、脚门
	窗	矩、石框、木直棂
	脊头	直筒、猪咀筒
	脊身	砖、灰沙、灰塑
	砖	青、长 28 厘米、宽 12.5 米、厚 7 厘米
	瓦	青、长 20 厘米、宽 23 厘米、厚 0.8 厘米、弓高 2 厘米
	梁	直圆梁
	檩	圆

续表 26

层级	项目	特征
组件	椽	板
	柱	石（麻石）、木、圆
	柱础	椟盆座础、上盆下鼓（麻石）
	射击孔	葫芦、哑铃、横条、竖条（花岗岩）
	气孔	方、圆（花岗岩）
	雀替	高浮雕
	封檐板	深浮雕、山水、花鸟、人物
装饰	壁画	山水、花鸟、人物

二　客家系统兴梅类型

兴梅类型围屋的特征来自梅州市和兴宁市，最具特征的是后面有半圆形的“围龙”，中间和前面与其他客家围屋基本相同，由半圆形的池塘和矩形的堂横屋组成。这种围屋分布的中心地是梅州和兴宁，但是它的周边还有极为广泛的分布，西北部可以到达江西的安远、寻乌、三南地区（龙南、定南、全南），北部几乎遍及福建的龙岩地区，西部到达连平、新丰、龙门，东部与潮汕系统的住宅建筑犬牙相错，南部通过惠州、博罗交界线，一直抵达深圳、香港（已知现存纬度最低的围龙屋是龙岗南联社区的正埔岭围屋，而香港还有一处鲜有人知的围龙屋遗址）。由这个分布范围可以看出围龙屋的分布是有方向性的，向北的分布比较远，向南的分布也比较远，而且能够看出来有一条由兴宁→五华→河源→惠州→宝安→香港组成的传播路径。向西的分布被局限在京广铁路线以东大约 100 公里的东侧，向东的分布则被局限于潮州文化区的边缘，总体上形成东西窄、南北长的一个分布带。代表性建筑有洪围、城肚内围、新乔世居、龙湾世居、丰田世居等。

1. 洪围

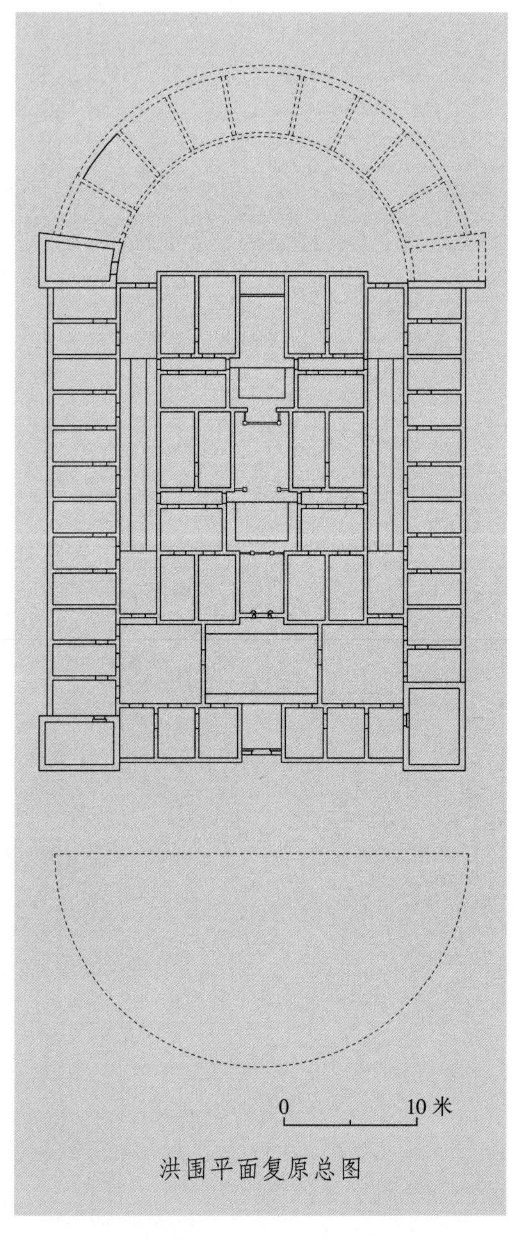

洪围平面复原总图

洪围位于深圳市坪山新区坑梓街道老坑社区老坑居民小组，坐西北朝东南，东偏北 45 度，始建于康熙三十年（1691 年），是坑梓黄氏二世祖黄居中所创建，曾于清道光十年进行过大修。现面宽 32 米，进深约 40 米，墙厚 0.4 米、高 7 米，占地面积有 1300 平方米左右。三堂两横加角楼、前倒座、后围龙，正中开一门，门前有禾坪和月池等，宗祠门额上有“黄氏宗祠”石匾，为石、土木结构，灰瓦顶，是一座清代早期客家围龙屋。2001 年由原龙岗区政府公布为区级文物保护单位，现整体保存较好（图 16，表 27）。

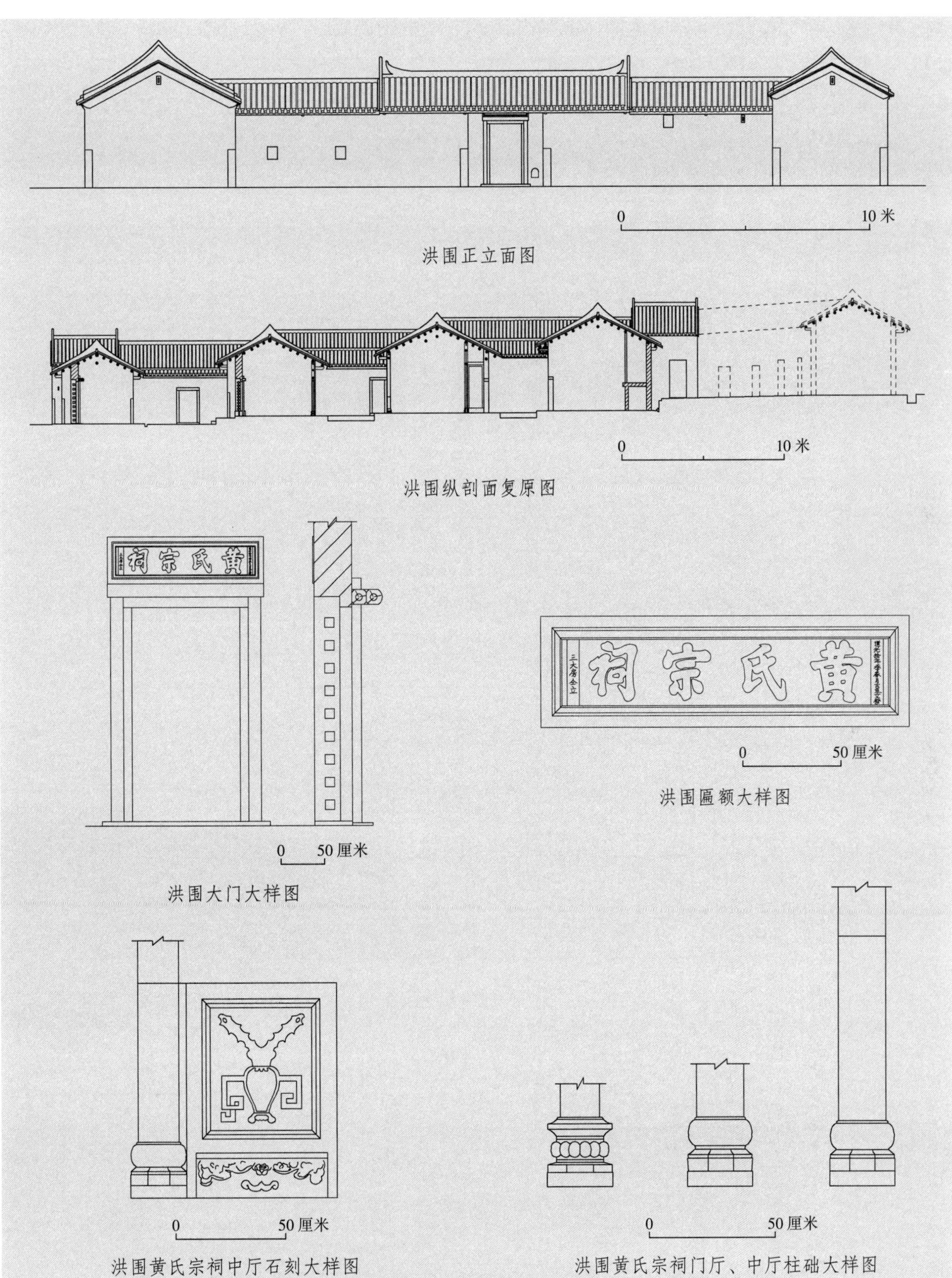
0
10米
洪围正立面图
0
10米
洪围纵剖面复原图
黄氏宗祠
洪围大门大样图
0
50厘米
黄氏宗祠
三大房仝立
0
50厘米
洪围匾额大样图
0
50厘米
洪围黄氏宗祠中厅石刻大样图
0
50厘米
洪围黄氏宗祠门厅、中厅柱础大样图

图16　坑梓街道洪围

表 27 洪围围屋形态特征分析表

层级	项目	特征
整体	平面形态	（近似）矩形、半圆
	体量	面宽 32 米，进深残 39 米、外墙厚约 0.4 米、高约 7 米
	平面布局	周屋、围龙、祠堂 1 座、门楼 1 座、角楼 3 座、月池
	立面形态	通高约 7.5 米、正面 1 门、角楼 3 座、双坡顶、矩窗
单元 1：周屋、排屋	体量	斗廊排屋面宽 31.1 米、进深 5.5 米、通高 6 米
	平面布局	平排屋
	立面形态	硬山、悬山、实榻门、趟栊门
单元 2：门楼、角楼	平面形态	矩
	体量	门楼面宽 3.6 米、进深 4.3 米、通高 5 米；角楼面宽 6 米、进深 4 米、高 5.6 米；连角楼
	立面形态	硬山、趟栊门、实榻门、隔扇门
单元 3：祠堂	平面形态	矩
	体量	面宽 4 米、进深 25.7 米、通高 6.3 米
	平面布局	单间、三进、四廊
	立面形态	硬山、内凹肚、趟栊门、实榻门、隔扇门
	建筑性质	原生祠
组件	正脊	清水、龙舟、灰塑
	垂脊	清水、飞带
	瓦面	叠瓦、猪咀筒
	箭窗	石框、木直棂
	气窗	圆、矩、木直棂
	墙基	三合土
	墙身	三合土、砖、条石
	墙顶	鹰不落
	楼身	三合土
	房顶	双瓦坡
	天井	石、砖
	地坪	阶砖、三合土
	门	趟栊门、实榻门、隔扇门
	窗	矩、石框、木直棂
	脊头	直筒、猪咀筒
	脊身	砖、灰沙、灰塑
	砖	青、长 28 厘米、宽 12.5 米、厚 7.5 厘米
	瓦	青、长 20 厘米、宽 23 厘米、厚 0.8 厘米、弓高 2 厘米
	檩	圆
	椽	板
	柱	石（麻石）、木、圆

续表 27

层级	项目	特征
组件	柱础	横盆座础、鼓座连筋、上盆下鼓（麻石）
	射击孔	葫芦、横条、竖条（花岗岩）
	气孔	方、圆（花岗岩）
	雀替	高浮雕
	封檐板	深浮雕、山水、花鸟、人物
装饰	壁画	山水、花鸟、人物

2. 城肚内围

城肚内围位于深圳市坪山新区坑梓街道秀新社区城肚居民小组，坐东南朝西北，方向西偏北35度，始建于明代，通面宽147米、进深123米，外墙厚约0.8米，高15米，占地面积约18000平方米，除正中的宗祠保存尚可外，城内建筑大多损毁。前有月池，后为围龙。正门两侧残留部分围墙，墙高约为5米。两边的角楼高约四层，保存较好；城内主要有四横四纵巷道，水泥路面，古建筑为土木结构，外围墙是夯土构成，是曾有一定规模的客家围屋，整体保存较差（图版20、21，图17，表28）。

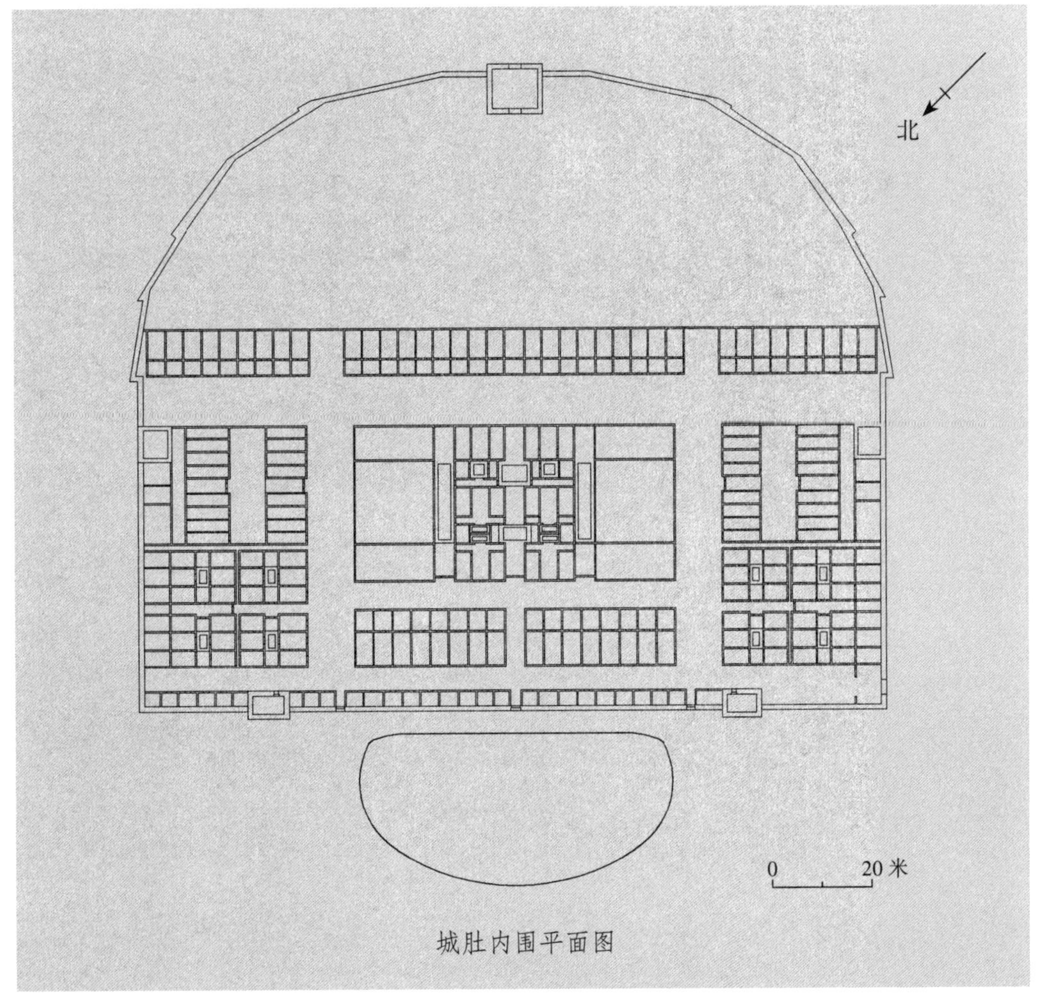

城肚内围平面图

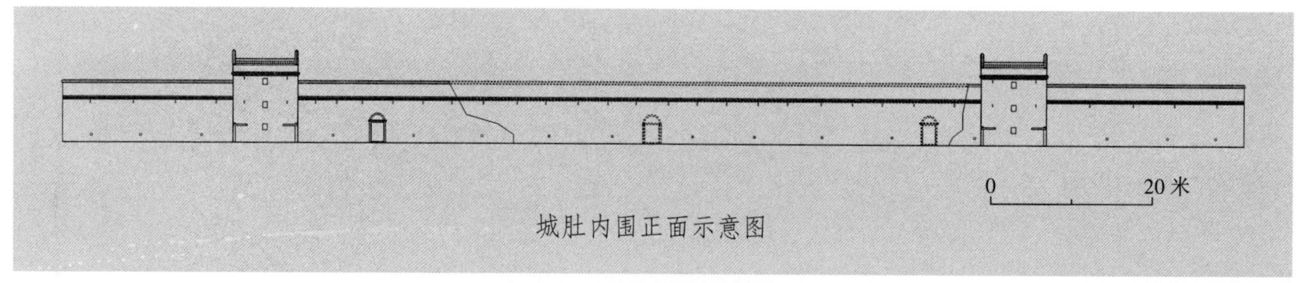

图 17 坑梓街道城肚内围

表 28 城肚内围围屋形态特征分析表

层级	项目	特征
整体	平面形态	（近似）矩形、半圆
	体量	面宽 147 米，进深 123 米、外墙厚约 0.8 米、高约 15 米
	平面布局	周墙、周屋、排屋、祠堂 1 座、门楼残 3 座、角楼 2 座、望楼 1 座、月池
	立面形态	通高约 15 米、正面 3 门、角楼 2 座、双坡顶、矩窗
单元 1：周屋、排屋	体量	斗廊排屋面宽 67 米、进深 10 米、通高 6.8 米
	平面布局	平排屋、斗廊排屋、二进连廊排屋
	立面形态	硬山、悬山、实榻门、趟栊门
单元 2：门楼、角楼	平面形态	矩
	体量	门楼面宽 2.3 米、进深 4 米、通高 7.3 米；角楼面宽 8.1 米、进深 5.4 米、高 11 米；连角楼
	立面形态	硬山、假歇山、趟栊门、实榻门、隔扇门
单元 3：祠堂	平面形态	矩
	体量	面宽 4.3 米、进深 29.8 米、通高 7.5 米
	平面布局	单间、三进、四廊
	立面形态	硬山、悬山、内凹肚、趟栊门、实榻门、隔扇门
	建筑性质	原生祠
组件	正脊	清水、龙舟、灰塑
	垂脊	清水、飞带
	瓦面	叠瓦、猪咀筒
	箭窗	石框、木直棂
	气窗	圆、矩、木直棂
	墙基	三合土
	墙身	三合土、砖、条石
	墙顶	鹰不落
	楼身	三合土
	房顶	双瓦坡
	天井	石、砖
	地坪	阶砖、三合土
	门	趟栊门、实榻门、隔扇门、脚门

续表 28

层级	项目	特征
组件	窗	矩、石框、木直棂
	脊头	直筒、猪咀筒
	脊身	砖、灰沙、灰塑
	砖	青、长 28 厘米、宽 12.5 米、厚 7 厘米
	瓦	青、长 20 厘米、宽 23 厘米、厚 0.8 厘米、弓高 2 厘米
	檩	圆
	椽	板
	柱	石（麻石）、木圆、四方、滚珠
	柱础	槓盆座础、上盆下鼓（麻石）
	射击孔	葫芦、哑铃、横条、竖条（花岗岩）
	气孔	方、圆（花岗岩）
	雀替	高浮雕
	封檐板	深浮雕、山水、花鸟、人物
装饰	壁画	山水、花鸟、人物

3. 龙湾世居

龙湾世居位于深圳市坪山新区坑梓街道龙田社区大水湾居民小组，坐东北朝西南，方向西偏南 45 度，始建于清代乾隆辛丑年（1781 年），面宽 70 米，进深 85 米，建筑占地面积为6350平方米，有三堂两横四角楼、一望楼、两边有转斗门楼，前有禾坪和月池、后有围龙等组成，月池两边立有旗杆石。正门额上有“龙湾世居”石匾，门下角有狗洞，二门牌楼一进有天街，当心间为黄氏宗祠，三进两天井结构，围屋为夯土墙，土木结构，灰瓦顶，是一处清代早期典型客家围龙屋，整体保存较差（图版 22，表 29）。

表 29　龙湾世居围屋形态特征分析表

层级	项目	特征
整体	平面形态	（近似）矩形、半圆
	体量	面宽 70 米，进深 85 米、高约 12 米
	平面布局	周屋、围龙、堂横屋、祠堂 1 座、门楼 3 座、倒角门 2 座、角楼 4 座、望楼、月池
	立面形态	通高约 12 米、正面 3 门、角楼 4 座、双坡顶、矩窗
单元 1：周屋、排屋	体量	周屋（残）面宽 36 米、进深 9.5 米、通高 7.5 米；排屋面宽 16.5 米、进深 5.5 米、通高 6.5 米
	平面布局	平排屋、斗廊排屋、围拢、二进连廊排屋
	立面形态	硬山、悬山、门笠头、实榻门、趟栊门
单元 2：门楼、角楼	平面形态	矩、方
	体量	门楼面宽 4 米、进深 10 米、通高 7.5 米；角楼边长 7.5 米、高 11.5 米；连角楼
	立面形态	硬山、双孔了望、牌坊贴脸、匾额、趟栊门、企栊门、隔扇门

续表 29

层级	项目	特征
单元 3：望楼	平面形态	矩
	体量	面阔 18 米、进深 9 米、高残不详
	平面布局	五间二进
	立面形态	硬山、实榻门
单元 5：祠堂	平面形态	矩形
	体量	面宽 16 米、进深 24 米、通高 7.3 米
	平面布局	五间三进
	立面形态	硬山、悬山、内凹肚、悬臂柱廊、趟栊门、企栊门、隔扇门
	建筑性质	原生祠
组件	正脊	清水、龙舟、灰塑
	垂脊	清水、飞带、灰塑
	瓦面	叠瓦、扇瓦头
	箭窗	石框、木直棂
	气窗	矩形　石框
	墙基	三合土、条石
	墙身	三合土、砖、条石
	楼身	三合土、砖、条石
	房顶	双瓦坡
	梁架	穿柱
	天井	石、砖
	地坪	阶砖、三合土
	门	趟栊门、企栊门、实榻门、隔扇门
	窗	矩形、石框、木直棂
	脊头	博古、直筒
	脊身	砖、瓦、灰沙、灰塑
	砖	青、长 27.5 厘米、宽 12 厘米、厚 6.5 厘米
	瓦	青、长 20 厘米、宽 22.5 厘米、厚 0.8 厘米、弓高 2 厘米
	梁	梭梁
	檩	圆
	椽	板
	飞椽	鸡胸
	枋	矩
	柱	木、上下卷杀、假坐斗、圆
	柱础	横盆座础、上盆下鼓、（加注材料：麻石 ）
	射击孔	矩形、葫芦、横条、竖条（加注材料：花岗岩）
	气孔	方（加注材料：花岗岩）
	雀替	深浮雕
	封檐板	深浮雕、山水、花鸟、人物、锦灰堆
	匾额	石
装饰	壁画	山水、花鸟、人物、锦灰堆

4. 丰田世居

丰田世居位于深圳市坪山新区坪山街道六联社区丰田居民小组（锦龙大道旁），朝向南偏东28度，建于清嘉庆四年（1799年），面宽68米，进深35米，占地面积有1640平方米，平面布局为三堂两横四角楼加后围龙屋结构，前有禾坪与半月池等组成，禾坪两边有“伸手屋”式转斗门，顶上设有封火墙，正大门额上有“丰田世居”石匾，刻有清嘉庆四年年款，当心间为黄氏宗祠，角楼高三层，外围设女儿墙，夯土墙，木梁架，灰瓦顶，船形屋脊，是一处保存完整的清代客家围龙屋（图版23，表30）。

表30 丰田世居围屋形态特征分析表

层级	项目	特征
整体	平面形态	（近似）方形、半圆
	体量	面宽68米，进深35米、高约12.5米
	平面布局	周屋、围龙、堂横屋、祠堂1座、门楼3座、倒角门2座、角楼4座、望楼不详、月池
	立面形态	通高约12.5米、正面3门、角楼4座、双坡顶、矩窗
单元1：周屋、排屋	体量	排屋面宽58米、进深7.5米、通高6.7米
	平面布局	平排屋、斗廊排屋、围拢、二进连廊排屋
	立面形态	硬山、悬山、门笠头、实榻门
单元2：门楼、角楼、	平面形态	矩、方
	体量	门楼面宽5.4米、进深7.5米、通高7米；角楼边长5.5米、高12.5米；连角楼
	立面形态	硬山、双孔了望、牌坊贴脸、门罩、匾额、趟栊门、企栊门、实榻门、隔扇门
单元3：祠堂一	平面形态	矩
	体量	面宽11.5米、进深27.5米、通高7.67米
	平面布局	三间三进
	立面形态	硬山、悬山、悬臂柱廊、趟栊门、企栊门、隔扇门
	建筑性质	原生祠
组件	正脊	清水、龙舟、灰塑
	垂脊	清水、飞带、五行、灰塑
	瓦面	叠瓦、猪咀筒、扇瓦头
	箭窗	石框、木直棂
	气窗	矩、石框
	墙基	三合土、条石
	墙身	三合土、砖、条石
	楼身	三合土、砖、条石
	房顶	双瓦坡
	梁架	穿柱
	天井	石、砖、甬道
	地坪	阶砖、三合土
	门	趟栊门、企栊门、隔扇门

续表 30

层级	项目	特征
组件	窗	矩、方、石框、木直棂
	脊头	博古、直筒
	脊身	砖、灰沙、灰塑
	砖	青、长 27 厘米、宽 12 厘米、厚 6.5 厘米
	瓦	青、长 20 厘米、宽 22 厘米、厚 0.8 厘米、弓高 2 厘米
	梁	梭梁、月梁
	檩	圆
	椽	板
	飞椽	鸡胸
	枋	圆
	柱	石（麻石）、木、筒柱、上下卷杀、假坐斗、圆、八方
	柱础	槓鼓座础、槓瓶座础（加注材料：麻石）
	射击孔	矩、葫芦、哑铃、横条、竖条（加注材料：花岗岩）
	气孔	方（加注材料：花岗岩）
	雀替	透雕
	驼橔	狮子、圆雕
	封檐板	深浮雕、山水、花鸟、人物、锦灰堆
	匾额	石
装饰	壁画	山水、花鸟、人物、锦灰堆

5. 新乔世居

新乔世居位于深圳市坪山新区坑梓街道秀新社区秀新居民小组，朝向南偏西 35 度，由黄氏三世祖黄振宗（昂燕公）于清乾隆十八年（1753 年）建成。通面宽 83.9 米，最大进深 108 米，外墙厚 0.5 米、高 10 米，占地面积约有 9000 平方米，平面布局为三堂四横四角楼一望楼结构，后有化胎和围龙屋，前有禾坪和月池等组成，两边有带山墙的转斗门楼，正门额上有“新乔世居”石匾，一进有天街，中部为黄氏宗祠，三进两天井结构，祖堂前挂有“文魁”、“恩贡”等牌匾。围屋为夯土墙，土木结构，灰瓦顶，一字清水脊，是深圳地区保存建筑年代较早的典型客家围龙屋，现整体保存较好（图 18，表 31）。

新乔世居正立面现状图

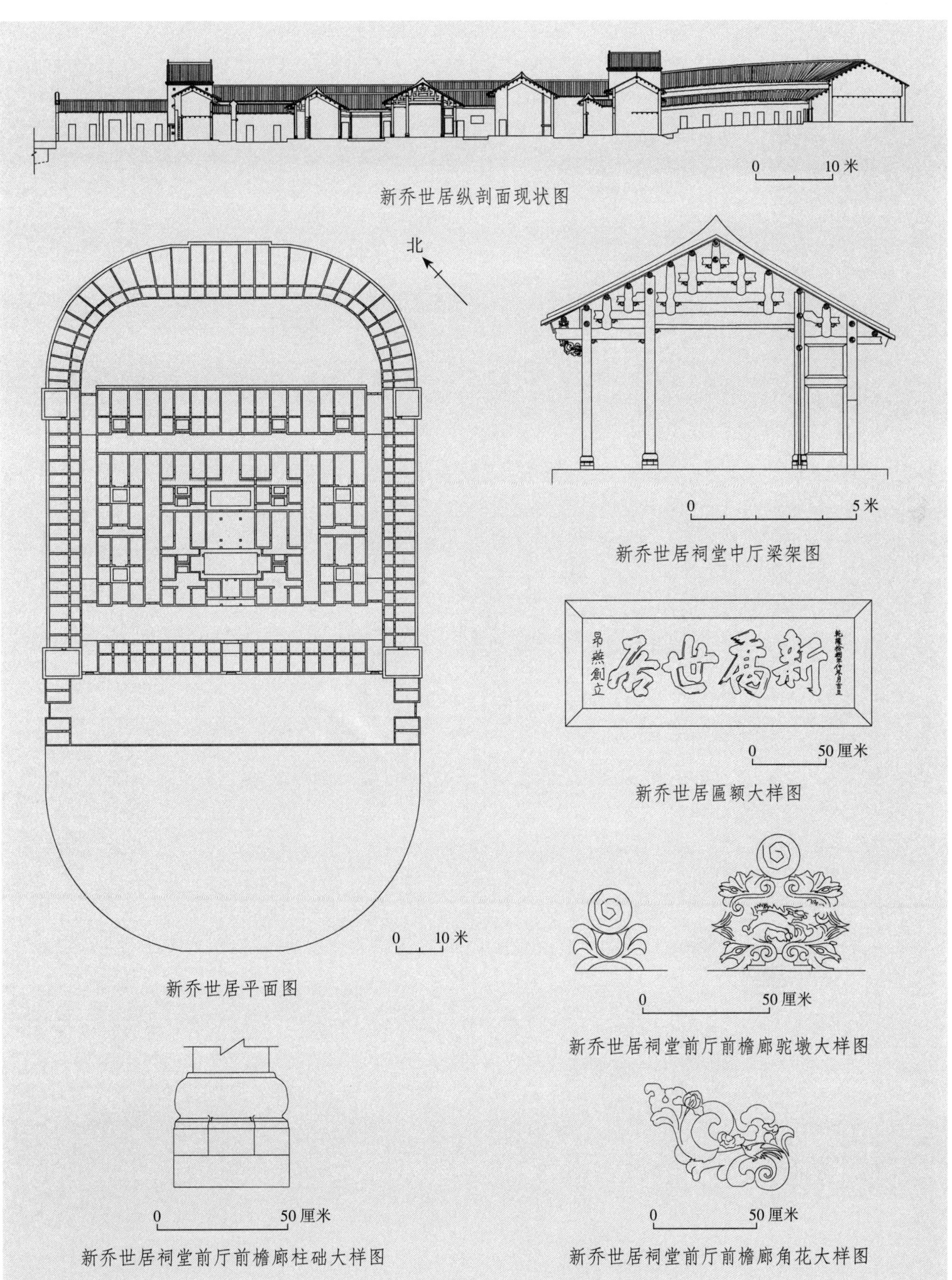

图 18　坑梓街道新乔世居

表 31　新乔世居围屋形态特征分析表

层级	项目	特征
整体	平面形态	（近似）矩形、半圆
	体量	面宽 83.9 米，进深 108 米、外墙厚约 0.5 米、高约 10.1 米
	平面布局	周屋、围龙、祠堂 1 座、门楼 3 座、倒角门 2 座、角楼 4 座、望楼 1 座、月池
	立面形态	通高约 10.1 米、正面 3 门、侧面 2 门、角楼 4 座、双坡顶、矩窗
单元 1：周屋、排屋	体量	斗廊排屋面宽 59 米、进深 9.6 米、通高 7.9 米
	平面布局	斗廊排屋
	立面形态	硬山、悬山、实榻门、趟栊门
单元 2：门楼、角楼	平面形态	矩
	体量	门楼面宽 4.6 米、进深 7.3 米、通高 7.1 米；角楼面宽 8.7 米、进深 6.7 米、高 10 米；连角楼
	立面形态	硬山、假歇山、趟栊门、实榻门、隔扇门
单元 3：望楼	平面形态	方
	体量	面阔 18.5 米、进深 12.2 米、高 7.8 米
	平面布局	五间、二进
	立面形态	硬山、实榻门
单元 4：祠堂	平面形态	矩
	体量	面宽 11.3 米、进深 33.2 米、通高 8 米
	平面布局	三间、三进、四廊
	立面形态	悬山、楣柱廊、趟栊门、实榻门、隔扇门
	建筑性质	原生祠
组件	正脊	清水、龙舟、灰塑
	垂脊	清水、飞带
	瓦面	叠瓦、猪咀筒
	箭窗	石框、木直棂
	气窗	矩、木直棂
	墙基	三合土
	墙身	三合土、砖、条石
	墙顶	鹰不落
	楼身	三合土
	房顶	双瓦坡
	梁架	穿柱
	天井	石、砖
	地坪	阶砖、三合土
	门	趟栊门、实榻门、隔扇门、脚门
	窗	矩、石框、木直棂
	脊头	直筒、猪咀筒
	脊身	砖、灰沙、灰塑

续表 31

层级	项目	特征
组件	砖	青、长 27 厘米、宽 12 米、厚 6.5 厘米
	瓦	青、长 20 厘米、宽 23 厘米、厚 0.8 厘米、弓高 2 厘米
	梁	梭梁、月梁
	檩	圆
	椽	板
	飞椽	鸡胸
	柱	石（麻石）木、上下卷杀、圆
	柱础	素础、鼓座连筋（麻石）
	射击孔	葫芦、哑铃、横条、竖条（花岗岩）
	气孔	方、圆（花岗岩）
	雀替	高浮雕
	封檐板	深浮雕、山水、花鸟、人物
	匾额	石
装饰	壁画	山水、花鸟、人物

三　客家人用广府类型围屋

该类型围屋是在禁海迁界之后迁徙而来的客家人没有在本地另筑新屋，而是就地取材直接利用迁界之前本地原住民遗留的老屋，具体表现为围屋平面形态为广府系统围屋，但住屋本身却逐步被外来客家人按照自己的传统和需要而修缮和改建，并且围屋里的客家居民成分复杂，大多为多个姓氏人家合住在一个围屋。本地区建筑代表主要有西坑围屋、下李朗老围、南岭围、吉厦老围、王母围、塘坑围等。

1. 西坑围屋

西坑围屋位于广东省深圳市龙岗区横岗街道西坑社区西坑村，正面朝北偏西 20 度，通面阔 80 米，最大进深 65 米，占地面积约 5200 平方米。清代建筑，排屋加中心巷式围屋布局。正面开石拱券门，书“西坑”二字。檐口饰壁画、花鸟、人物，檐枋所饰花卉木刻仍清晰。村内有三个祠堂分别为“余氏宗祠”、“魏氏宗祠”和“曾氏宗祠”，均为单间，已无人使用。整体保存较差（图版 24，表 32）。

表 32　西坑围屋形态特征分析表

层级	项目	特征
整体	平面形态	（近似）矩形
	体量	面宽 80 米，进深 65 米、高约 6.5 米
	平面布局	周屋、中巷底神厅、祠堂 3 座、门楼 1 座
	立面形态	通高约 7.5 米、正面 1 门、双坡顶、矩窗
单元 1：周屋、排屋	体量	周屋面宽 60 米、进深 6 米、通高 6 米；排屋面宽 45 米、进深 8 米、通高 6.5 米
	平面布局	平排屋、斗廊排屋、二进连廊排屋、二水归堂

续表 32

层级	项目	特征
单元 1：周屋、排屋	立面形态	硬山、门笠头、实榻门
单元 2：门楼	平面形态	矩
	体量	门楼面宽 4 米、进深 5 米、通高 5.5 米
	立面形态	硬山、匾额、实榻门
单元 3：祠堂（共 3 座）	平面形态	矩
	体量	面宽 3.5 米、进深 9.5 米、通高 6 米
	平面布局	单间二进
	立面形态	硬山、外凹肚、实榻门、隔扇门
	建筑性质	宅改祠
组件	正脊	清水、龙舟、灰塑
	垂脊	清水、飞带、灰塑
	瓦面	叠瓦、猪咀筒、扇瓦头
	箭窗	石框、木直棂
	气窗	矩、石框
	墙基	三合土
	墙身	三合土、砖、条石
	房顶	双瓦坡
	天井	石、砖
	地坪	阶砖、三合土
	门	趟栊门、企栊门、实榻门、隔扇门
	窗	矩、石框、木直棂
	脊头	直筒、猪咀筒
	脊身	砖、灰沙、灰塑
	砖	青、长 27 厘米、宽 11 厘米、厚 6.5 厘米
	瓦	青、长 20 厘米、宽 22 厘米、厚 0.8 厘米、弓高 2 厘米
	檩	圆
	椽	板
	飞椽	鸡胸
	枋	矩
	射击孔	矩、葫芦、横条、竖条（加注材料：花岗岩）
	封檐板	深浮雕、山水、花鸟、人物
	匾额	灰
装饰	壁画	山水、花鸟、人物

2. 南岭围

南岭围位于深圳市龙岗区南湾街道南岭社区，坐西南面东北，通面阔 50 米，进深 27 米，占地面积约 1225 平方米。清末时期建筑，为排屋式围屋。正面开一门，门额书“南岭”二字，围内共有八个祠堂，“绍玉张公祠”位于中间，面阔三间两进，其他祠堂都为单间一进，分别是“维创张公祠”、“绍华张公祠”、“林氏宗祠”、“袁氏宗祠”、“李氏宗祠”、“邱氏宗祠”、“谭氏宗祠”。围内房屋依次排列为三排，以斗廊齐头三间两廊结构为主，三合土筑墙，顶覆灰板瓦。正对大门有一月池，整体保存尚可（图19，表33）。

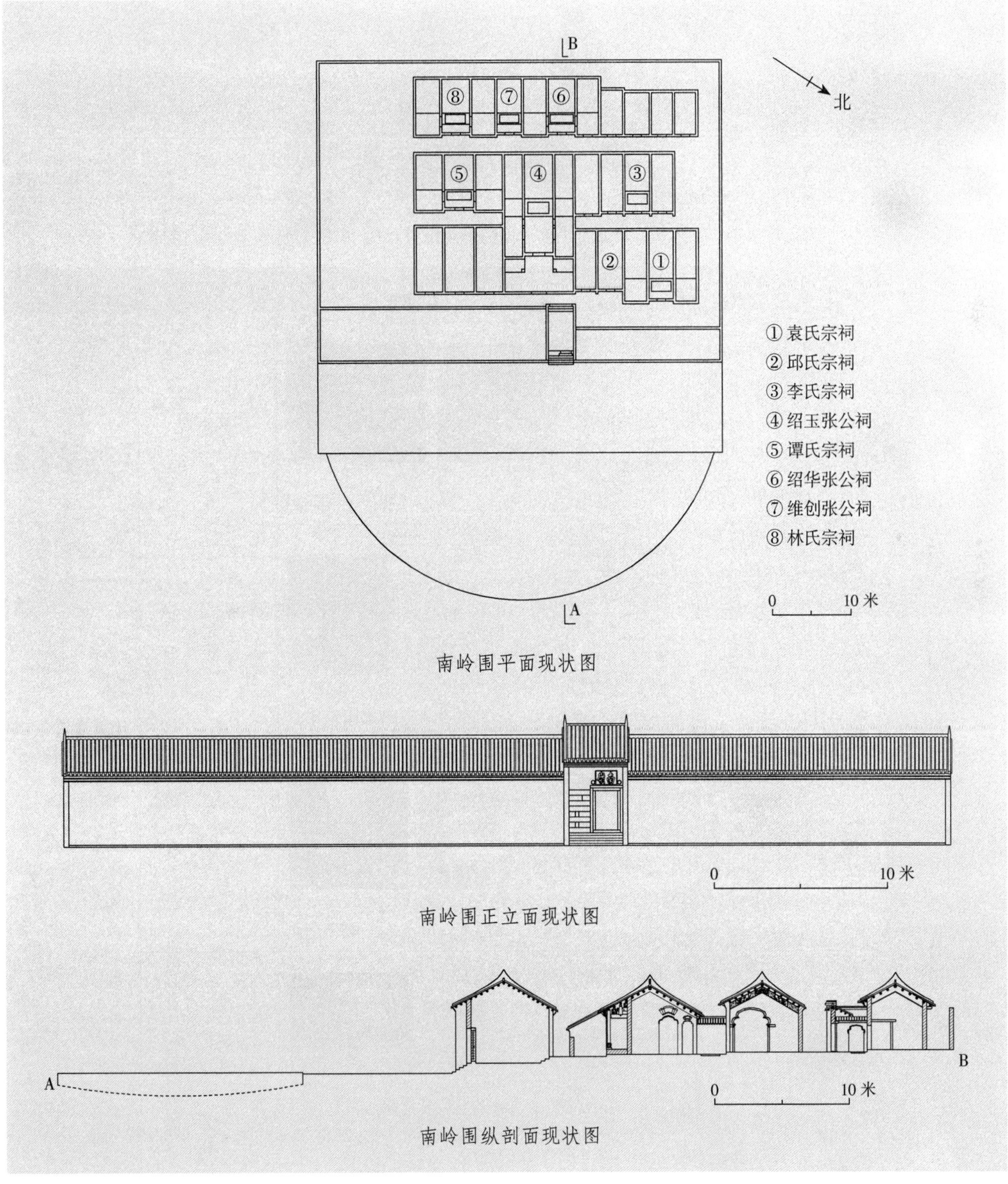

南岭围平面现状图

南岭围正立面现状图

南岭围纵剖面现状图

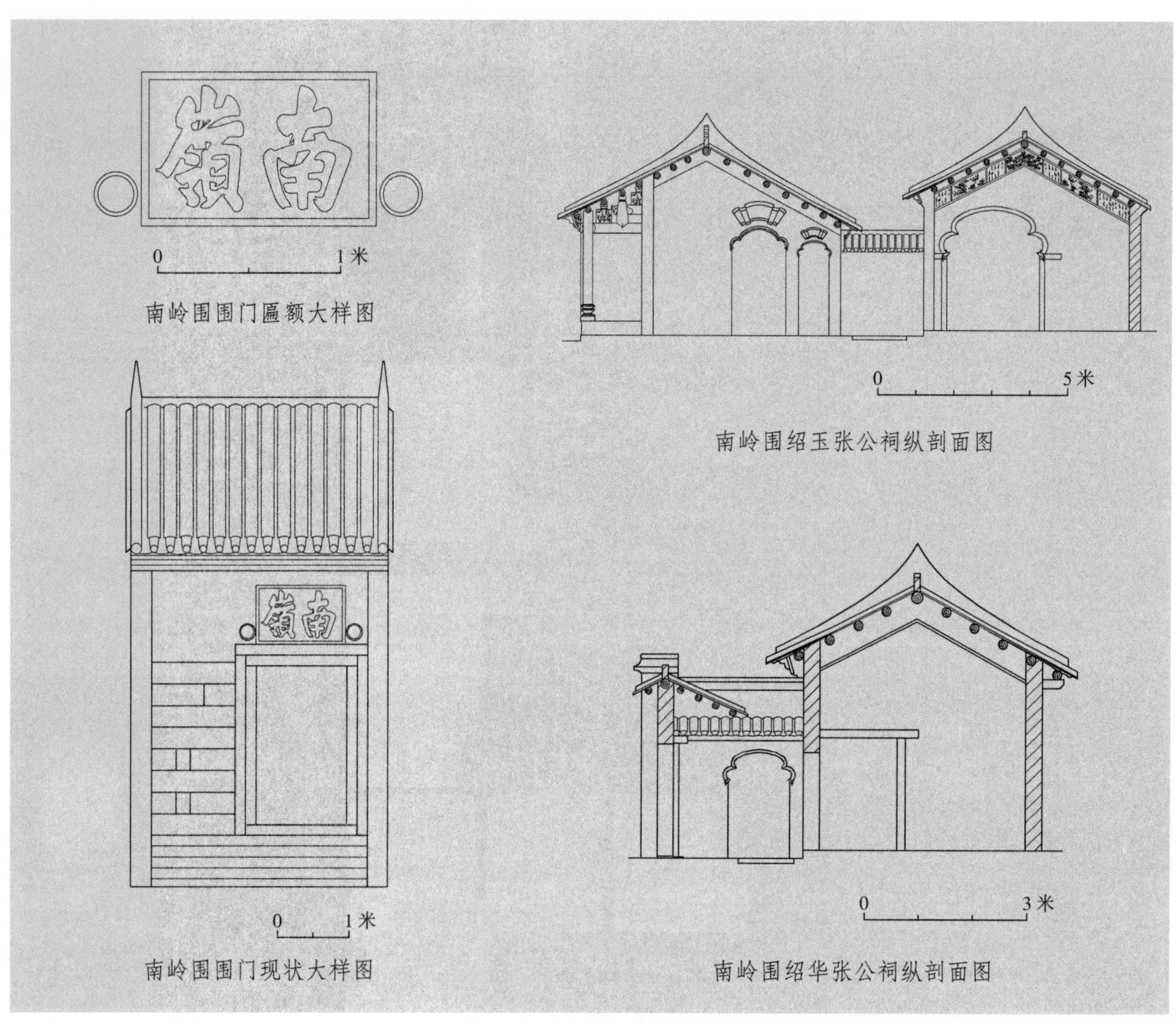

图 19 南湾街道南岭围

表 33 南岭围围屋形态特征分析表

层级	项目	特征
整体	平面形态	矩形
	体量	面宽 50 米，进深 27 米
	平面布局	周墙、排屋 3 排、祠堂 8 座、门楼 1 座、禾坪、月池
	立面形态	通高约 6 米、正面 1 门、双坡顶
单元 1：周屋、排屋	体量	排屋面宽 35.4 米、进深 16.7 米、通高 6 米
	平面布局	平排屋、斗廊排屋、二进连廊排屋
	立面形态	硬山、贴灰、门罩、实榻门
单元 2：门楼	平面形态	矩
	体量	门楼面宽 3.7 米、进深 7.5 米、高 7.1 米
	立面形态	硬山、双孔了望、实榻门

续表 33

层级	项目	特征
单元 3：祠堂一	平面形态	矩
	体量	面宽 8.3 米、进深 16.6 米、通高 6 米
	平面布局	三间二进二廊
	立面形态	硬山、匾额、柱廊、抱台、实榻门
	建筑性质	排屋串
单元 4：祠堂二	平面形态	矩
	平面布局	三间、二廊
	立面形态	硬山、内凹肚、实榻门、斗廊院
	建筑性质	宅改祠
组件	正脊	清水
	垂脊	飞带
	瓦面	猪咀筒、扇瓦头
	墙基	三合土
	墙身	三合土
	墙顶	鹰不落、双瓦坡
	梁架	穿柱
	天井	石、砖
	地坪	阶砖
	门	实榻门
	脊头	猪咀筒
	瓦	青
	梁	直圆梁
	檩	圆
	椽	板
	柱	石（麻石）、筒柱、瓜柱
	柱础	槓盆座础（ 麻石 ）
	驼墩	高浮雕、矩
装饰	壁画	花鸟、诗词

3. 吉厦老围

吉厦老围位于深圳市龙岗区南湾街道吉厦社区，整座建筑南偏东 20 度，面宽 127.4 米，进深 66.1 米，占地面积约为 8400 平方米。现存主体建筑为一座围墙式排屋村，现存主要是清末和民国两个时期的建筑，由数排房屋组成老屋村主体，从总平面示意图和俯视图上，可以看出有三条南北主巷道分隔成四部分，依次排列成四列五排，排屋单体以三间两廊的齐头斗廊屋为主，顶覆灰色小板瓦。前排房屋中间设一门楼，上有双眼了望孔，中开拱门，匾额楷书“吉厦”二字，是为老围门。四角有炮楼，墙体均用三合土夯筑（图 20，表 34）。

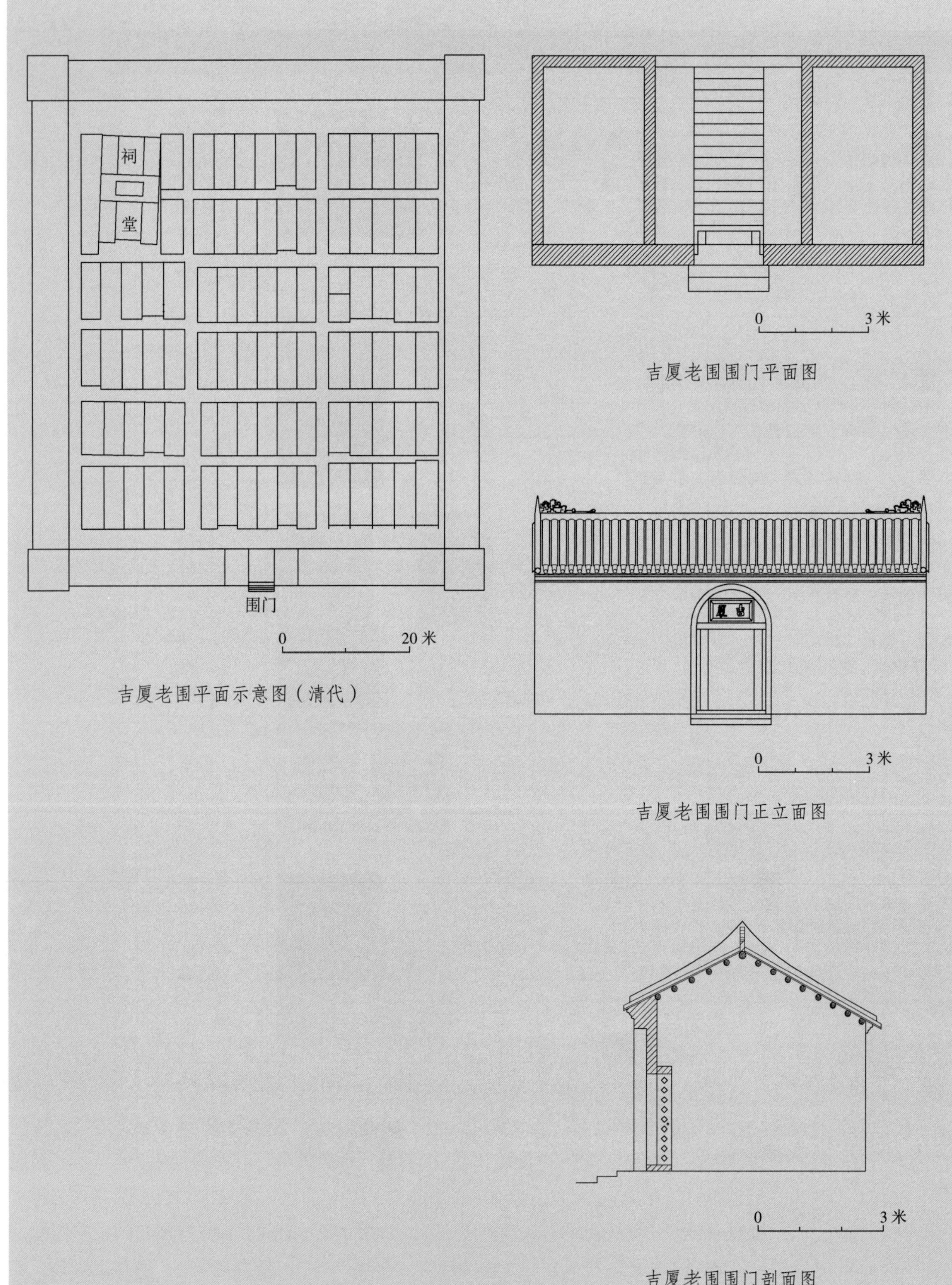

吉厦老围平面示意图（清代）

吉厦老围围门平面图

吉厦老围围门正立面图

吉厦老围围门剖面图

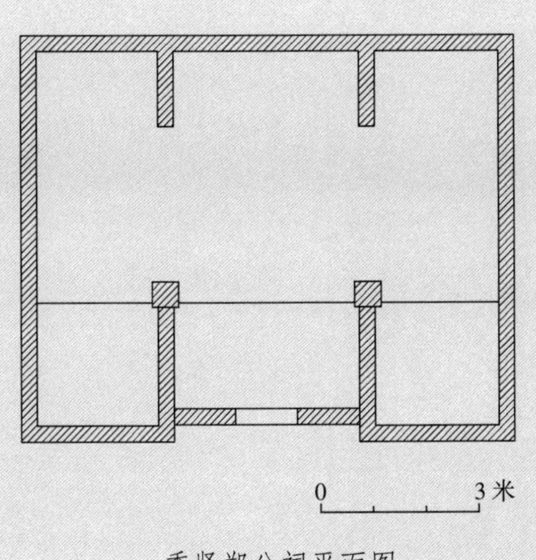

秀贤郑公祠平面图

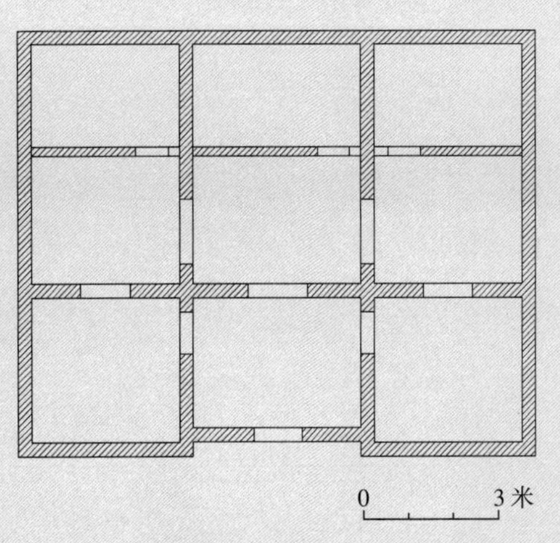

郑敏军住宅平面图

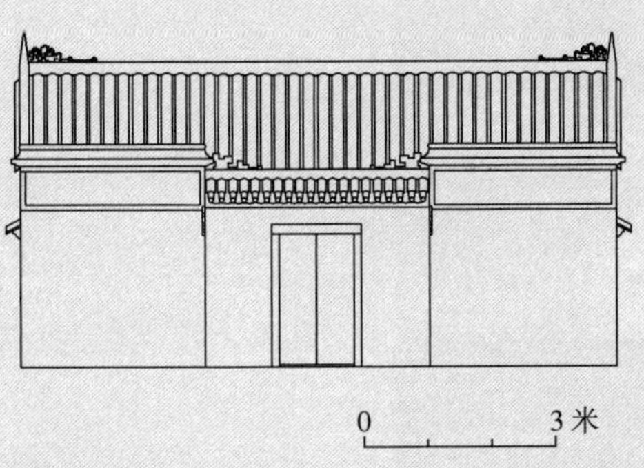

秀贤郑公祠正立面图

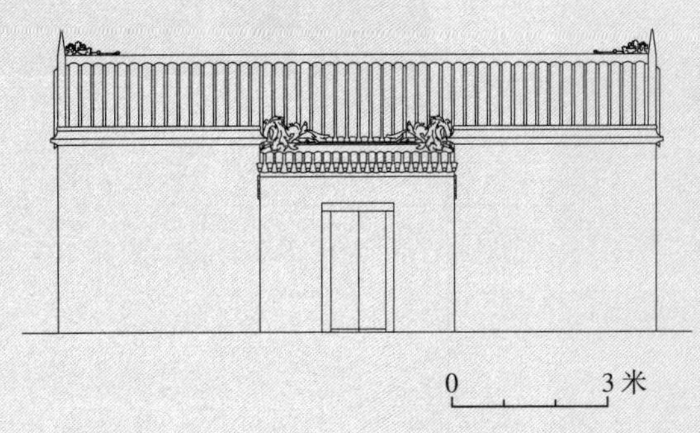

郑敏军住宅正立面图

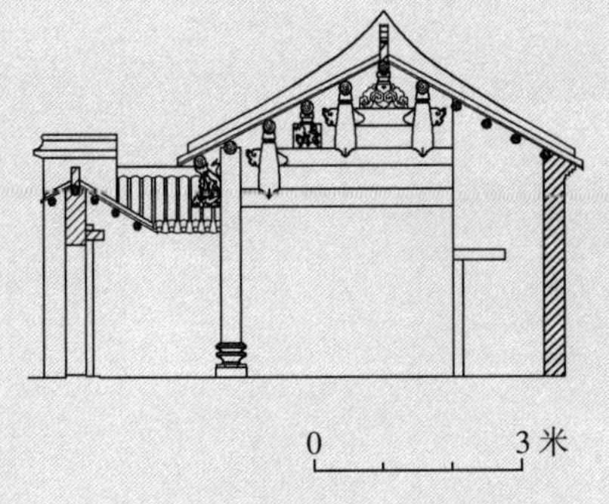

秀贤郑公祠纵剖面图

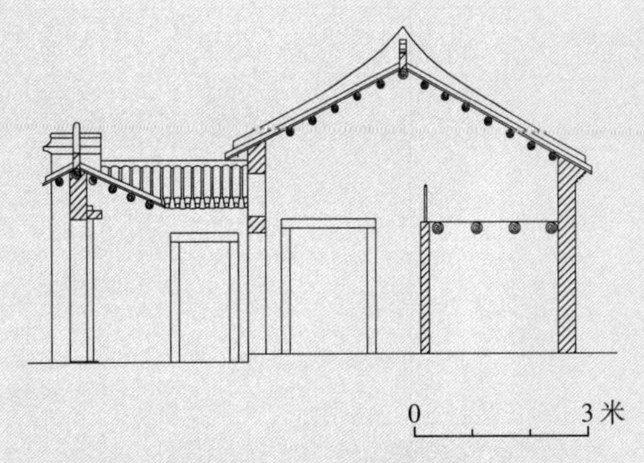

郑敏军住宅纵剖面图

秀贤郑公祠正厅驼墩大样图

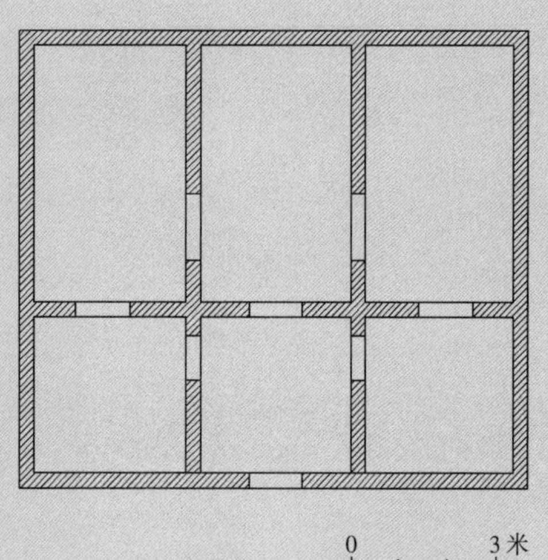

南湾吉厦围东二巷 26–28 号住宅平面图

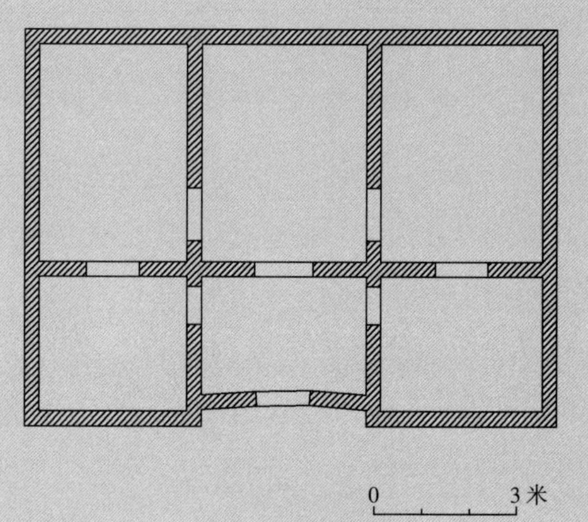

温氏宗祠平面图

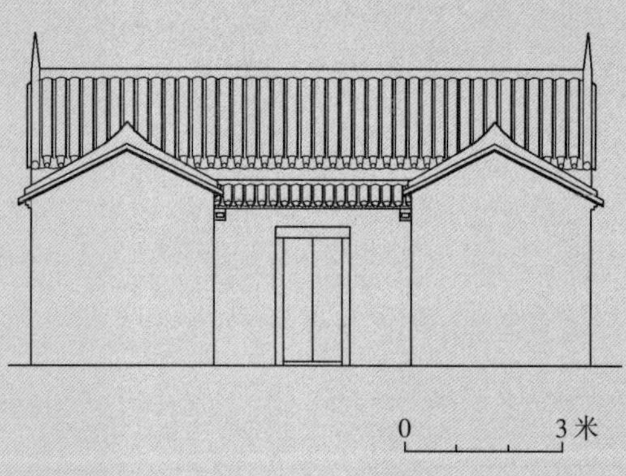

南湾吉厦围东二巷 26–28 号住宅正立面图

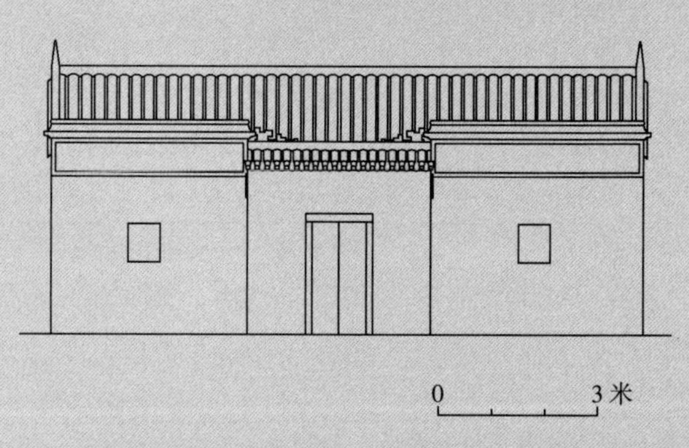

温氏宗祠正立面图

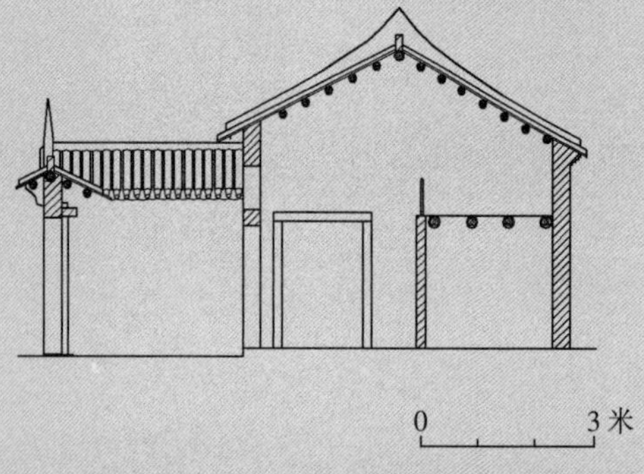

南湾吉厦围东二巷 26–28 号住宅纵剖面图

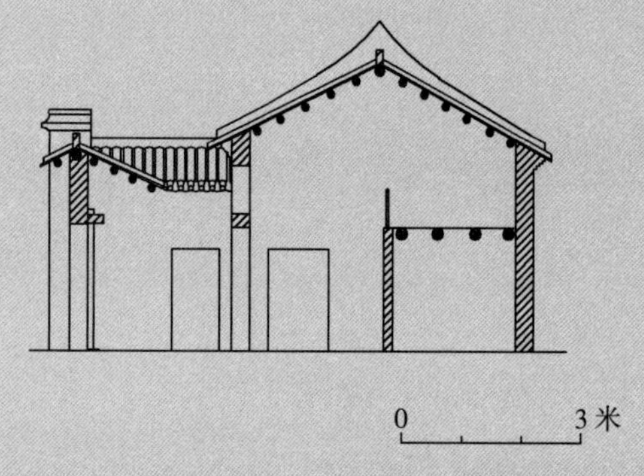

温氏宗祠纵剖面图

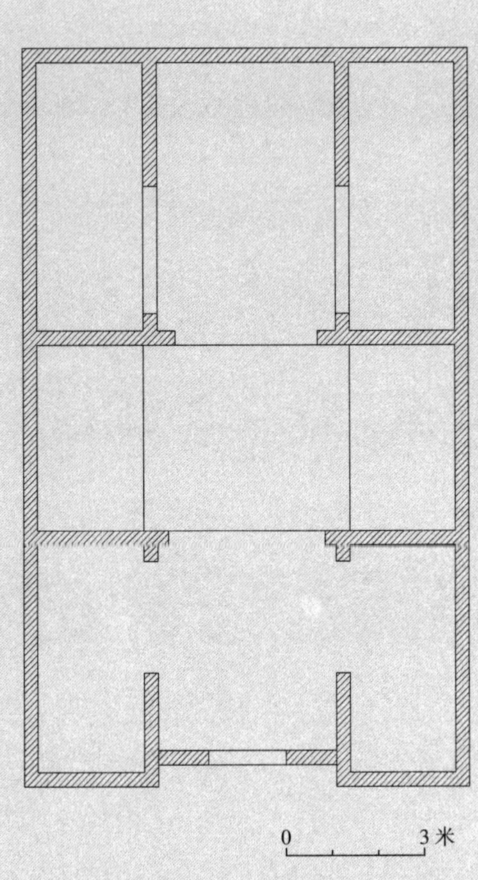

吉厦老围内——戴氏宗祠平面图

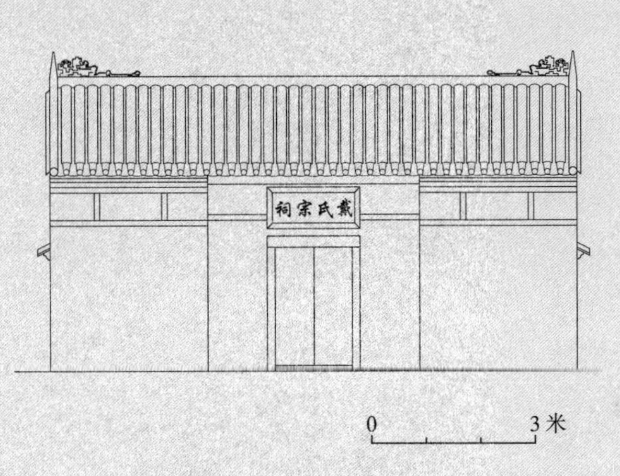

吉厦老围内——戴氏宗祠正立面图

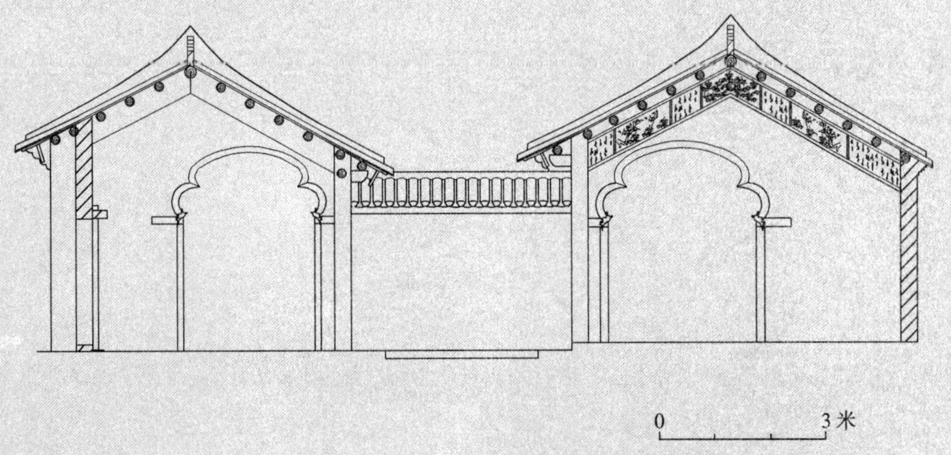

吉厦老围内——戴氏宗祠纵剖面图

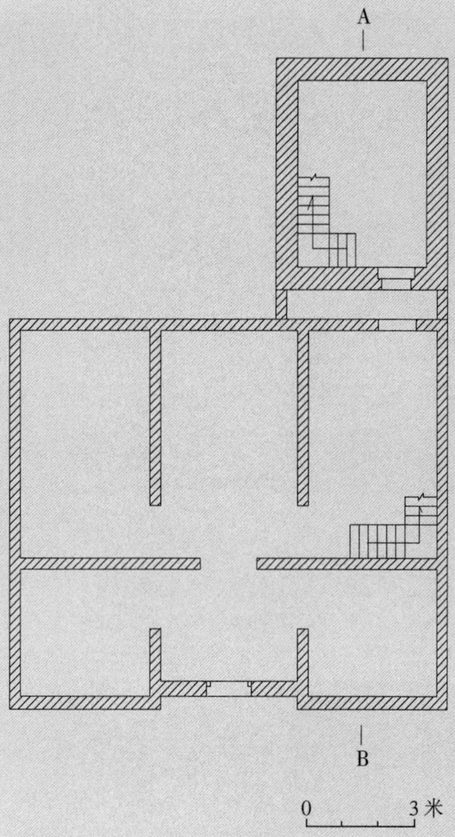

A

B

0 3米

吉厦老围内西北角炮楼院平面图

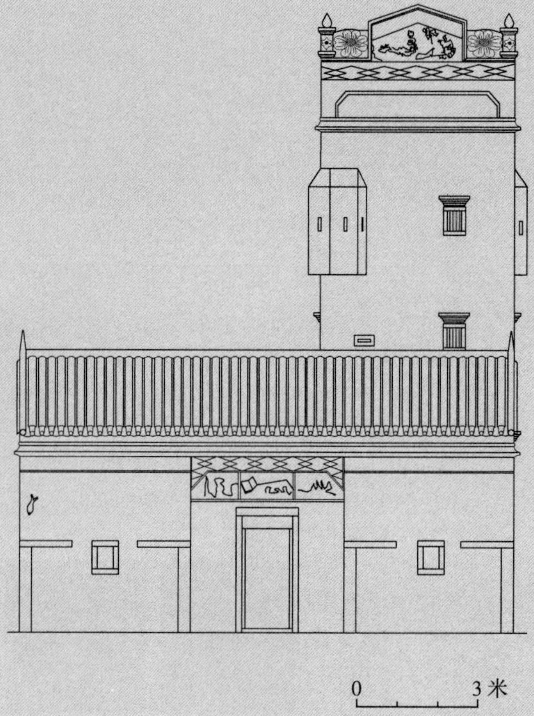

0 3米

吉厦老围内西北角炮楼院正立面图

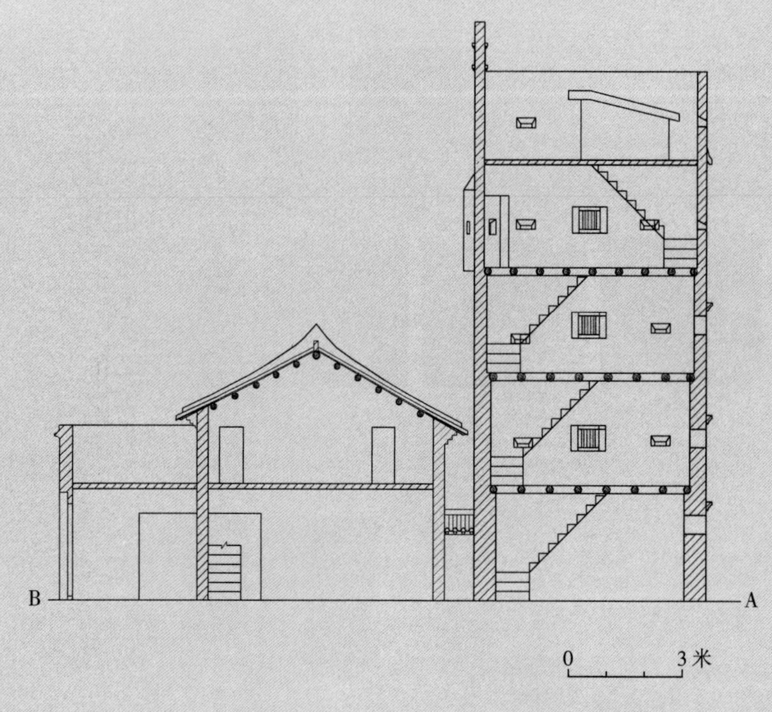

吉厦老围内西北角炮楼院剖面图

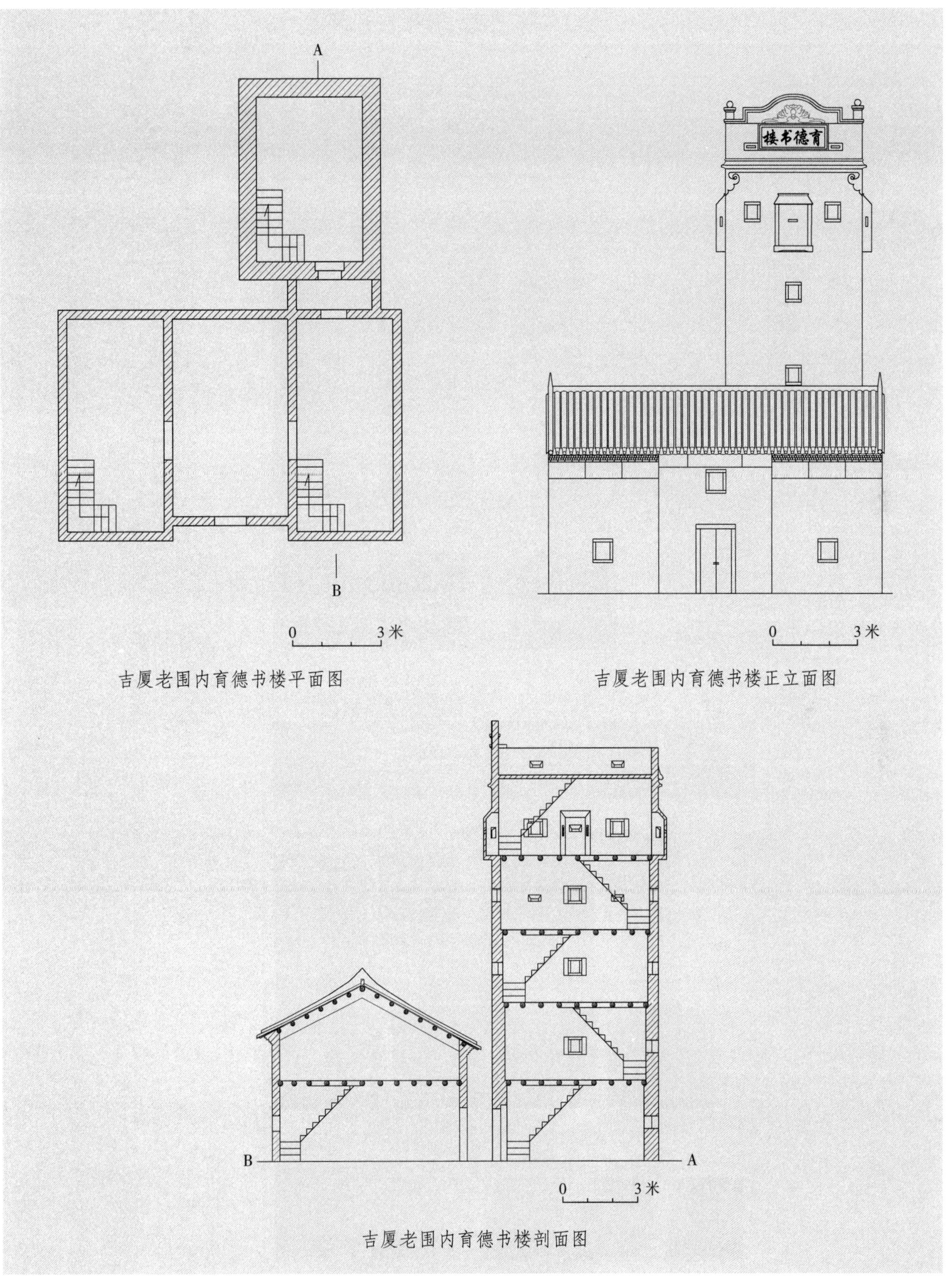

吉厦老围内育德书楼平面图

吉厦老围内育德书楼正立面图

吉厦老围内育德书楼剖面图

图 20　南湾街道吉厦老围

表 34 吉厦老围围屋形态特征分析表

层级	项目	特征
整体	平面形态	矩形
	体量	面宽 127.4 米，进深 66.1 米
	平面布局	中巷、排屋 5 排、祠堂 6 座、炮楼 2 座
	立面形态	通高约 16.8 米、正面 1 门、炮楼 2、双坡顶、平顶、矩窗
单元 1：周屋、排屋、散屋	体量	排屋面宽 18.4 米、进深 7.8 米、通高 5.8 米；散屋面宽 11.4 米、进深 9.9 米、通高 6.9 米
	平面布局	平排屋、斗廊排屋
	立面形态	硬山、门笠头、实榻门
单元 2：门楼、炮楼	平面形态	矩
	立面形态	硬山、匾额、趟栊门、实榻门、铳斗、双坡顶、平顶
单元 4：学校	平面形态	矩
	平面布局	三间
	立面形态	硬山、匾额、实榻门
	建筑性质	炮楼改学校
单元 5：祠堂一	平面形态	矩
	平面布局	三间、二进、二廊
	立面形态	硬山、匾额、内凹肚、实榻门
	建筑性质	原生祠
单元 6：祠堂二	平面形态	矩
	平面布局	三间、二廊
	立面形态	硬山、内凹肚、实榻门、斗廊院
	建筑性质	宅改祠
组件	正脊	清水、灰塑
	垂脊	飞带
	瓦面	猪咀筒、扇瓦头
	墙基	三合土
	墙身	三合土
	墙顶	鹰不落
	楼身	三合土
	房顶	双瓦坡
	梁架	穿柱
	天井	石、砖
	地坪	阶砖
	门	趟栊门、实榻门
	窗	矩
	脊头	博古、直筒
	瓦	青

续表 34

层级	项目	特征
组件	斗	矩
	梁	直圆梁、拱券
	檩	圆
	椽	板
	柱	石（麻石）、四方
	柱础	樍盆座础（麻石）
	射击孔	横条、竖条（麻石）
	驼墩	高浮雕、圆雕 矩、梯
	匾额	灰
装饰	壁画	花鸟、锦灰堆、诗词

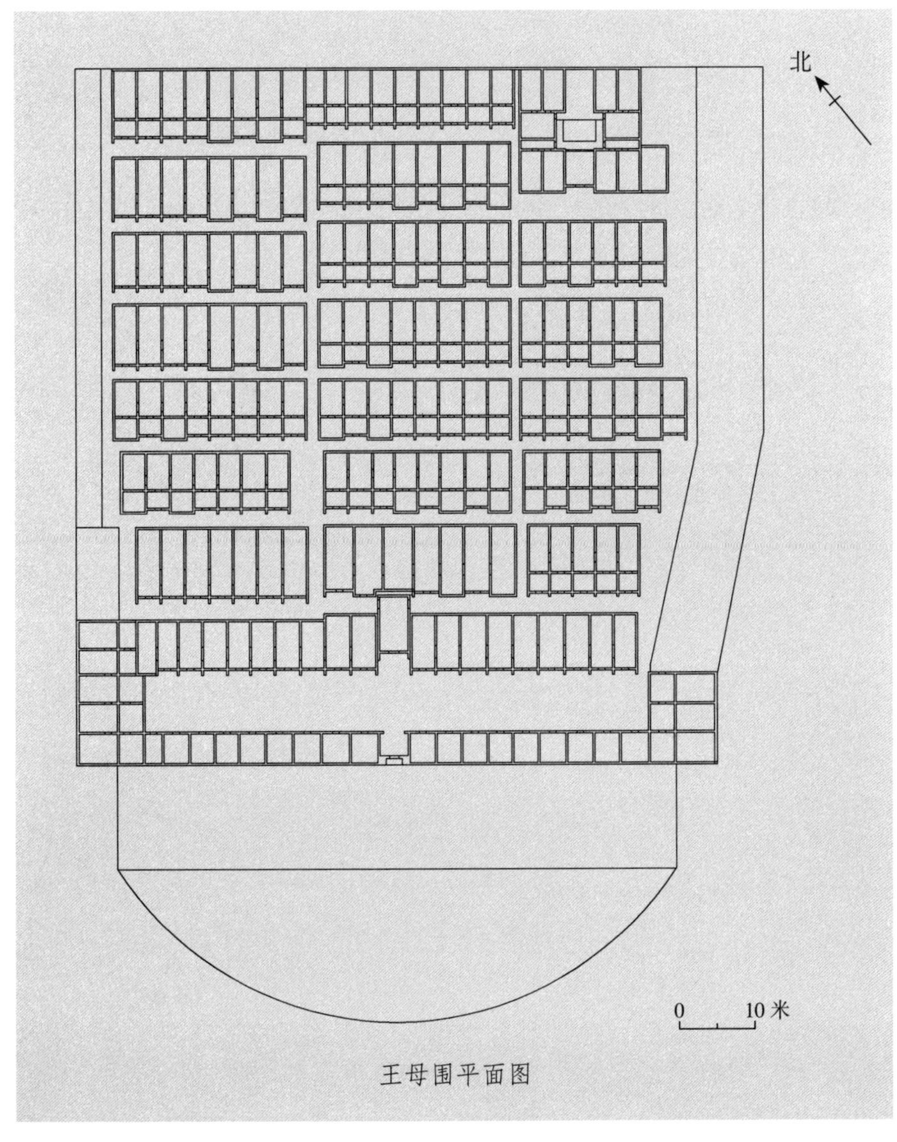

王母围平面图

4. 王母围

王母围位于深圳市大鹏新区大鹏街道王母社区，坐西北朝东南，王母村创建于明代，面宽 85 米，进深 90 米，外墙厚约 0.4 米、高约 7.5 米，占地面积约 7600 平方米。围前有禾坪，禾坪前有半月池，围正面仅开一门，围内排屋建筑整齐排列，布局为纵向三路，横向八排，前有倒座。主街石板路面。围内主要建筑有廖氏宗祠、郭氏宗祠等，均为三间两天井结构，砖木结构，条石基础，灰瓦顶，是一座广府系统排屋围。其名源于宋末帝南逃时其母杨太后在村前大石上梳妆而得名。王母围为明代大鹏所城设三屯之王母屯的产物。围内现存居民姓氏较为复杂，以郭姓，廖姓为主。该围于民国四年（1915 年）重修，1989 年重修池塘等公共部分，至今整体保存较好（图 21，表 35）。

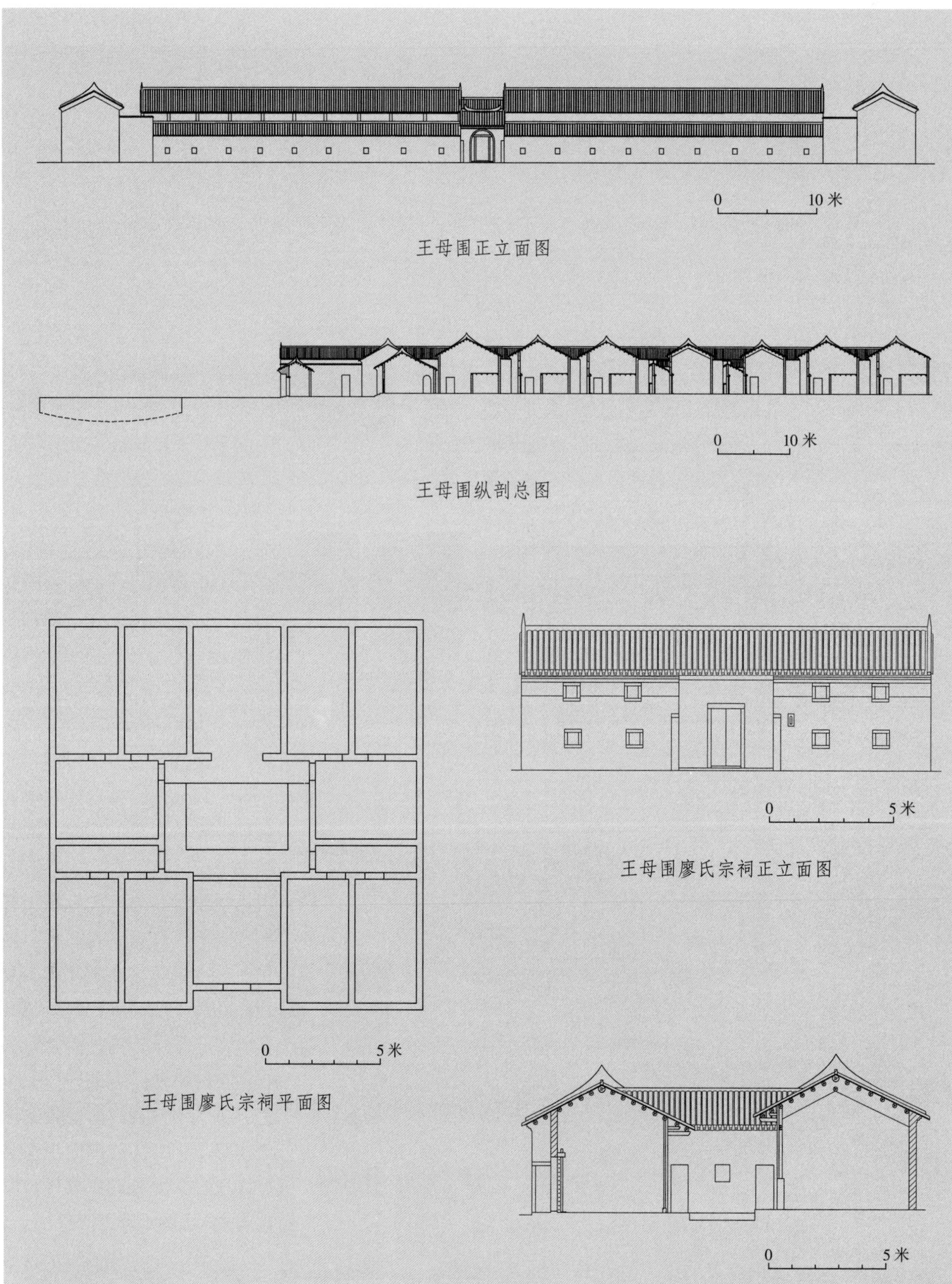

王母围正立面图

王母围纵剖总图

王母围廖氏宗祠平面图

王母围廖氏宗祠正立面图

王母围廖氏宗祠纵剖面图

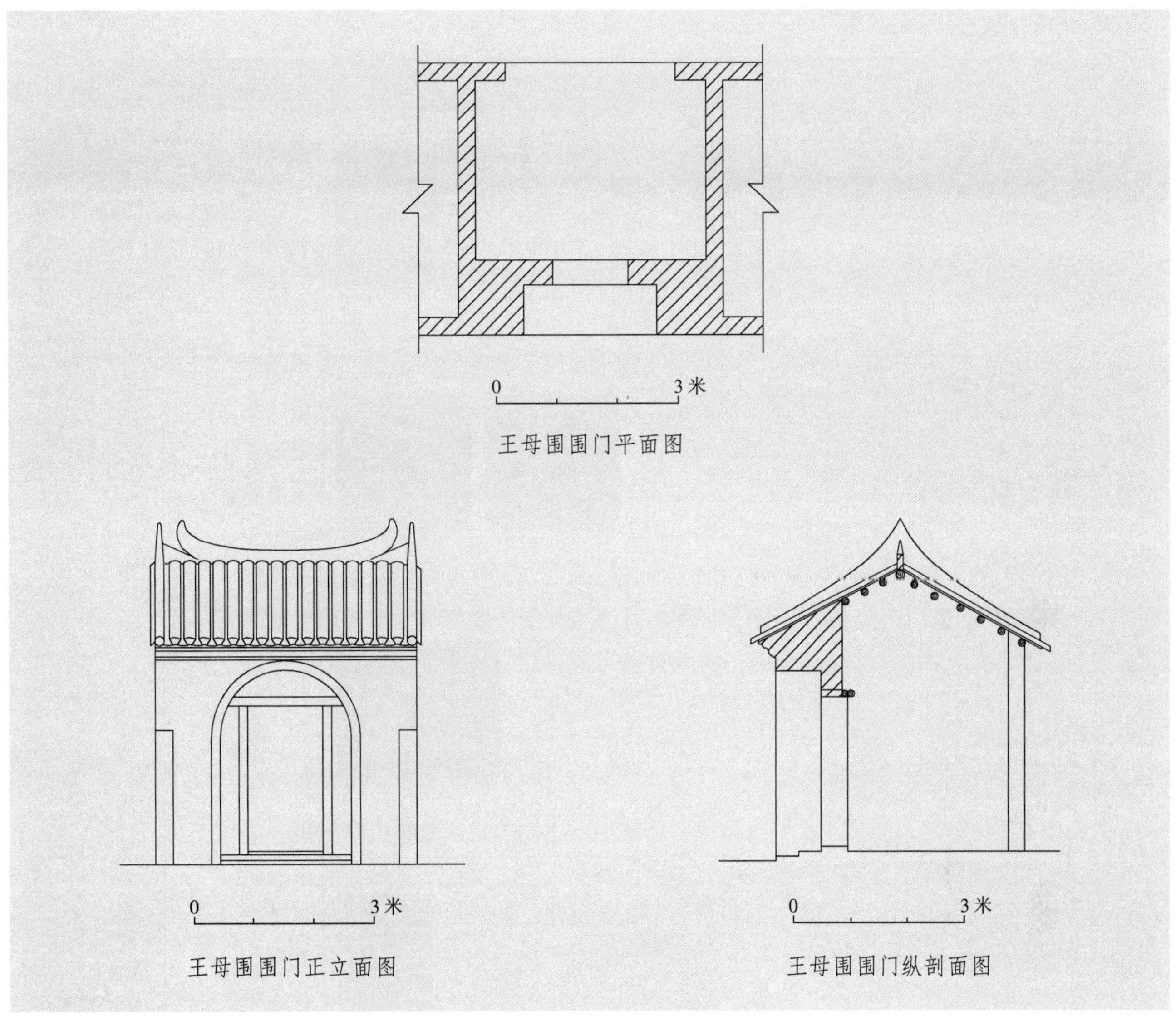

图 21　大鹏街道王母围

表 35　王母围形态特征分析表

层级	项目	特征
整体	平面形态	（近似）矩形
	体量	面宽 85 米、进深 90 米、外墙厚约 0.4 米、高约 7.5 米
	平面布局	周墙、周屋、排屋 21 排、中巷底神厅、祠堂 1 座、门楼 1 座、月池
	立面形态	通高约 7.5 米、正面 1 门、双坡顶、矩窗
单元 1：周屋、排屋	体量	排屋面宽 26 米、进深 9.4 米、通高 6.5 米
	平面布局	平排屋、斗廊排屋
	立面形态	硬山、门笠头、脚门、实榻门
单元 2：门楼、角楼	平面形态	矩
	体量	门楼面宽 4.36 米、进深 4.38 米、通高 5.2 米；连角楼
	立面形态	硬山、实榻门、脚门

续表 35

层级	项目	特征
单元 3：祠堂一	平面形态	矩
	体量	面宽 16.4 米、进深 16.4 米、通高 6 米
	平面布局	五间、二进
	立面形态	硬山、内凹肚、趟栊门、实榻门、隔扇门
	建筑性质	原生祠
组件	正脊	清水、龙舟、灰塑
	垂脊	清水、飞带
	瓦面	叠瓦、猪咀筒
	箭窗	石框、木直棂
	墙基	三合土
	墙身	三合土、砖、条石
	墙顶	鹰不落
	楼身	三合土
	房顶	双瓦坡
	天井	石、砖
	地坪	阶砖、三合土
	门	趟栊门、实榻门、隔扇门、脚门
	窗	矩、石框、木直棂
	脊头	直筒、猪咀筒
	脊身	砖、灰沙、灰塑
	砖	青、长 26.5 厘米、宽 11.5 米、厚 6.5 厘米
	瓦	青、长 20 厘米、宽 23 厘米、厚 0.8 厘米、弓高 2 厘米
	檩	圆
	椽	板
	射击孔	矩（花岗岩）
	气孔	方（花岗岩）
	封檐板	深浮雕、山水、花鸟、人物

5. 塘坑围屋

塘坑围屋位于深圳市龙岗区横岗街道六约社区塘坑村，清代建筑。正面朝西偏南 20 度，通面阔约 65 米，最大进深约 51 米，外墙厚 0.5 米、高 8 米，建筑占地面积 3320 平方米。围墙围、正面开三门，正门高起 0.5 米，脊饰博古。围屋内共由四排平排屋组成，正对正门有一条东西走向的主巷道分隔，左右各建四排平排屋，为硬山顶单间式，也有部分为硬山式单元房结构。祠堂位于南面第三排房屋内，单间，已无人使用。整体建筑为土木石结构，双坡瓦顶。门前原有月池，现已填平（图 22，表 36）。

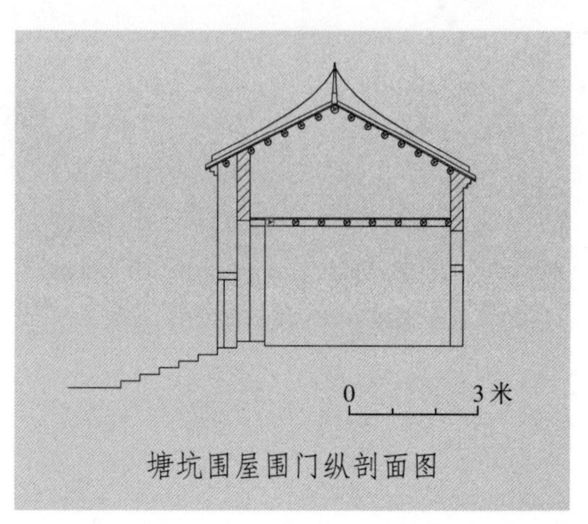

塘坑围屋围门纵剖面图

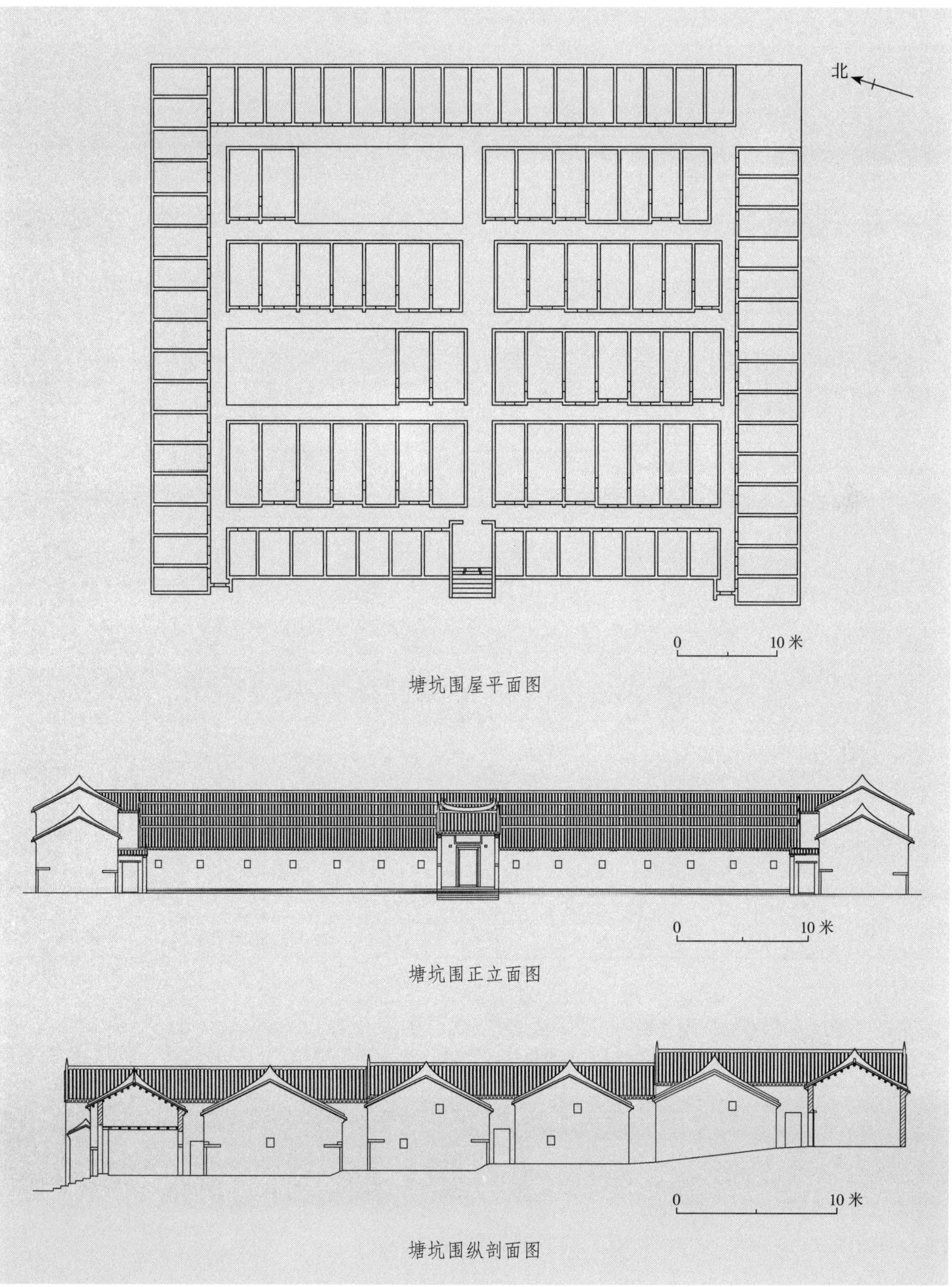

图 22　横岗街道塘坑围屋

表 36 塘坑围屋形态特征分析表

层级	项目	特征
整体	平面形态	（近似）方形
	体量	面宽 65.5 米，进深 51.5 米、外墙厚约 0.5 米、高约 8 米
	平面布局	周屋、门楼 3 座、中巷底神厅、排屋 8 座
	立面形态	通高约 8 米、正面 3 门、双坡顶、矩窗
单元 1：周屋、排屋	体量	排屋面宽 24 米、进深 8.5 米、通高 6.5 米
	平面布局	平排屋
	立面形态	硬山、门笠头、实榻门
单元 2：门楼	平面形态	矩
	体量	门楼面宽 5.7 米、进深 4.6 米、通高 6.4 米
	立面形态	硬山、双孔了望、实榻门
组件	正脊	清水、龙舟、灰塑
	垂脊	清水、飞带
	瓦面	叠瓦、猪咀筒
	气窗	矩、木窗板
	墙基	三合土
	墙身	三合土、砖、条石
	楼身	三合土
	房顶	双瓦坡
	地坪	三合土
	门	实榻门、脚门
	窗	矩、石框、木框、木直棂
	脊头	直筒
	脊身	砖、灰沙、灰塑
	砖	青、长 27 厘米、宽 12 厘米、厚 6.5 厘米
	瓦	青、长 20 厘米、宽 23 厘米、厚 0.8 厘米、弓高 2 厘米
	气孔	方（花岗岩）

四 客家人仿广府类型围屋（龙岗本地类型）

该类型围屋是较早阶段客家人仿照广府类型围屋而建的住屋，到了清代晚期到民国时期，随着客家人在本地区的发展，修筑高大的围堡式的围楼屋风潮式微，再加上东、西两边分别受到潮汕系统建筑文化和广府系统建筑文化影响，本地区出现了以飞带和抖廊排为特色的客家住屋形式，没有封闭的围墙或围屋，就是一排屋村。这种住屋形式主要分布在晚清民国时期的龙岗地区，应该代表了本地区这个阶段的建筑文化类型。因此，我们称之为客家系统的龙岗类型，是晚期阶段的本地类型。

1. 七星世居

七星世居位于深圳市龙岗区龙城街道五联社区竹头背村，坐西北朝东南，通面阔

119 米，进深 65.4 米，建筑占地面积约 7800 平方米。七星世居由巫立宙带领族人于清康熙五十六年（1717 年）兴建，约于乾隆四十七年（1782 年）建成。巫氏祖籍平阳郡，即为今山西省临汾县西南，后迁到福建，后辗转到广东兴宁，再后来迁至惠东梁化过界坪。围屋背靠七星岭，并以此命名“七星世居”。正面偏西开一门，额书“七星世居”。祠堂位于中心，单间三进。祠堂左右分别排列布置横向斗廊排，再左右为纵向斗廊排屋，相当于左右横屋。四角楼仅存三座，高三层，瓦坡腰檐式，四面开窗。望楼位于后围外九米处，占地面积 243 米，瓦坡腰檐式。禾坪西端有一旗杆石，月池尚存，整座建筑从前至后，步步高起，利于排水，也有步步高升吉祥之意。东面外围边另建几排屋，有一大门书“凉勋门”（图版 25，图 23，表 37）。

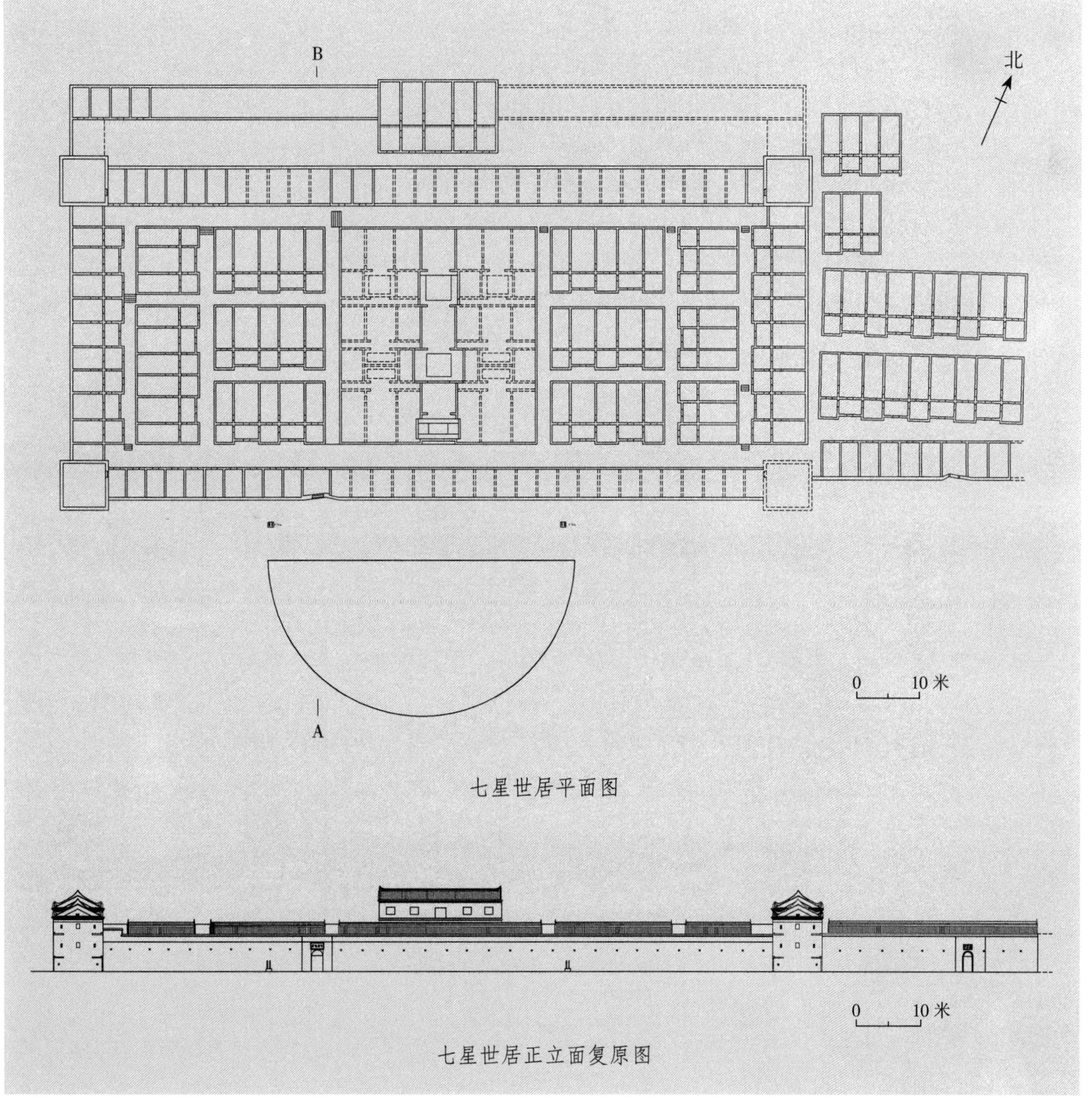

七星世居平面图

七星世居正立面复原图

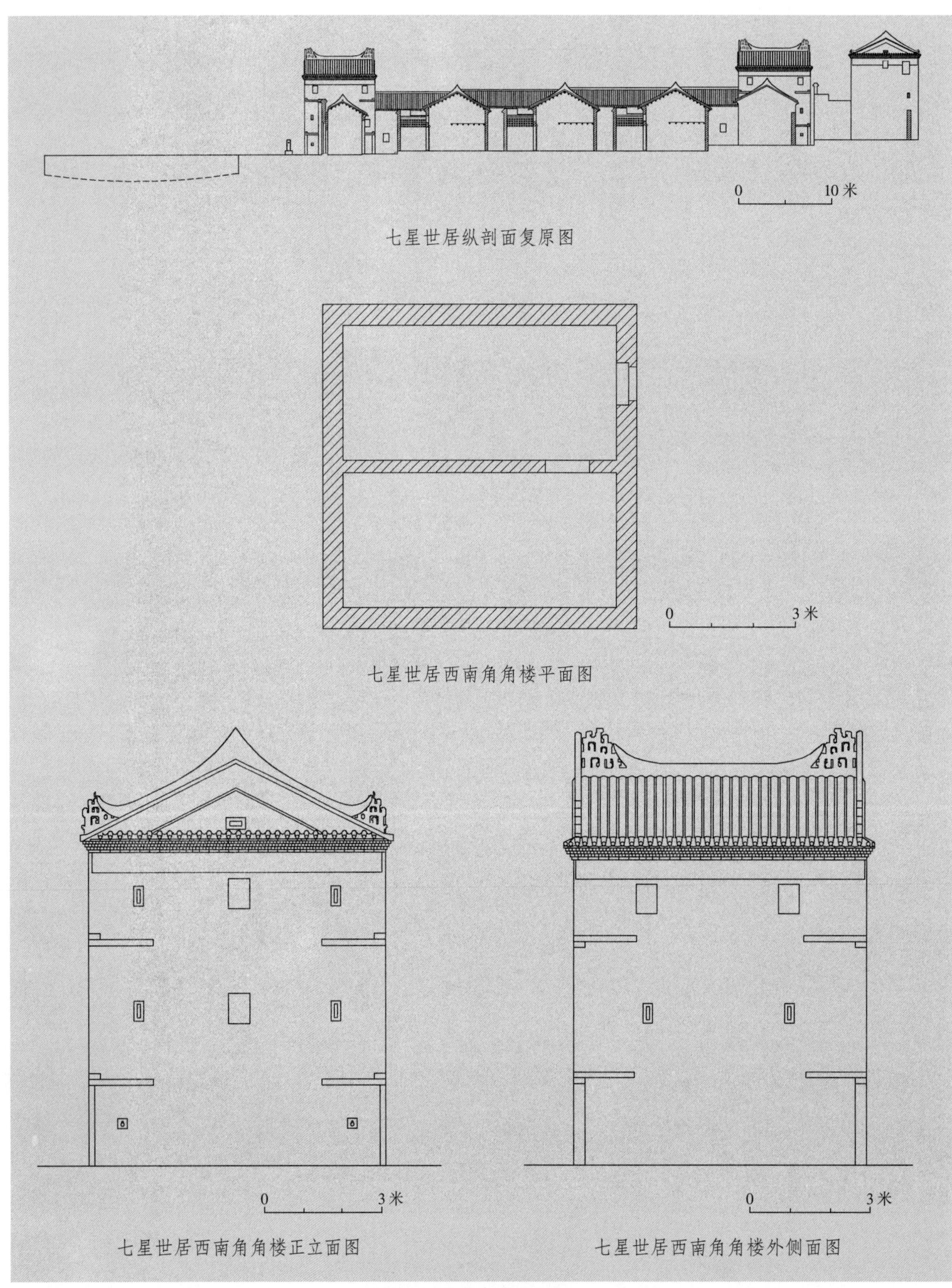

图 23 龙城街道七星世居

表 37　七星世居形态特征分析表

层级	项目	特征
整体	平面形态	（近似）矩形
	体量	面宽 119 米，进深 65.4 米、外墙厚约 0.4 米、高约 12.4 米
	平面布局	周墙、周屋、排屋 6 排、祠堂 1 座、门楼 1 座、角楼 3 座、望楼 1 座
	立面形态	通高约 12.4 米、正面 1 门、双坡顶、矩窗
单元 1：周屋、排屋	体量	斗廊排屋面宽 17.6 米、进深 10.2 米、通高 6.6 米
	平面布局	平排屋、斗廊排屋
	立面形态	硬山、门笠头、实榻门
单元 2：门楼、角楼	平面形态	矩
	体量	门楼面宽 4.7 米、进深 5 米、通高 6 米；角楼面宽 7.7 米、进深 7.7 米、高 11 米；连角楼
	立面形态	硬山、假歇山、匾额、实榻门
单元 3：望楼	平面形态	矩
	体量	面阔 19 米、进深 11.3 米、高 10.7 米
	平面布局	五间、二进
	立面形态	硬山、实榻门
单元 4：祠堂一	平面形态	矩
	体量	面宽 79 米、进深 33.4 米、通高 7.3 米
	平面布局	单间、三进
	立面形态	硬山、内凹肚、实榻门、隔扇门
	建筑性质	原生祠
组件	正脊	清水、龙舟、灰塑
	垂脊	清水、飞带
	瓦面	叠瓦、猪咀筒
	箭窗	石框、木直棂
	墙基	三合土
	墙身	三合土、砖、条石
	墙顶	鹰不落
	楼身	三合土
	房顶	双瓦坡
	天井	石、砖
	地坪	阶砖、三合土
	门	实榻门、隔扇门
	窗	矩、石框、木直棂
	脊头	直筒、猪咀筒
	脊身	砖、灰沙、灰塑
	砖	青、长 26.5 厘米、宽 11 米、厚 6 厘米
	瓦	青、长 20 厘米、宽 23 厘米、厚 0.8 厘米、弓高 2 厘米

续表 37

层级	项目	特征
组件	檩	圆
	椽	板
	气孔	方（花岗岩）

2. 简湖世居

简湖世居位于深圳市龙岗区龙岗街道南联社区简一村，正面朝南偏西 40 度，面阔约 125 米，进深约 56 米，建筑占地面积约 7000 平方米。由周氏家族始建于清嘉庆九年（1804 年），该建筑外门楼偏向朝南。中间由尖头斗廊院、齐头斗廊院、平排屋、内凹斗排屋和少量外凹斗排屋等组成，现存大多为硬山顶，有少量悬山顶，平脊、飞带，覆灰板瓦。现存主要是清末和民国两个时期的建筑，整体形制保存情况一般，外围墙已经遭到严重破坏。门楼匾额书“简湖世居”四字（图 24，表 38）。

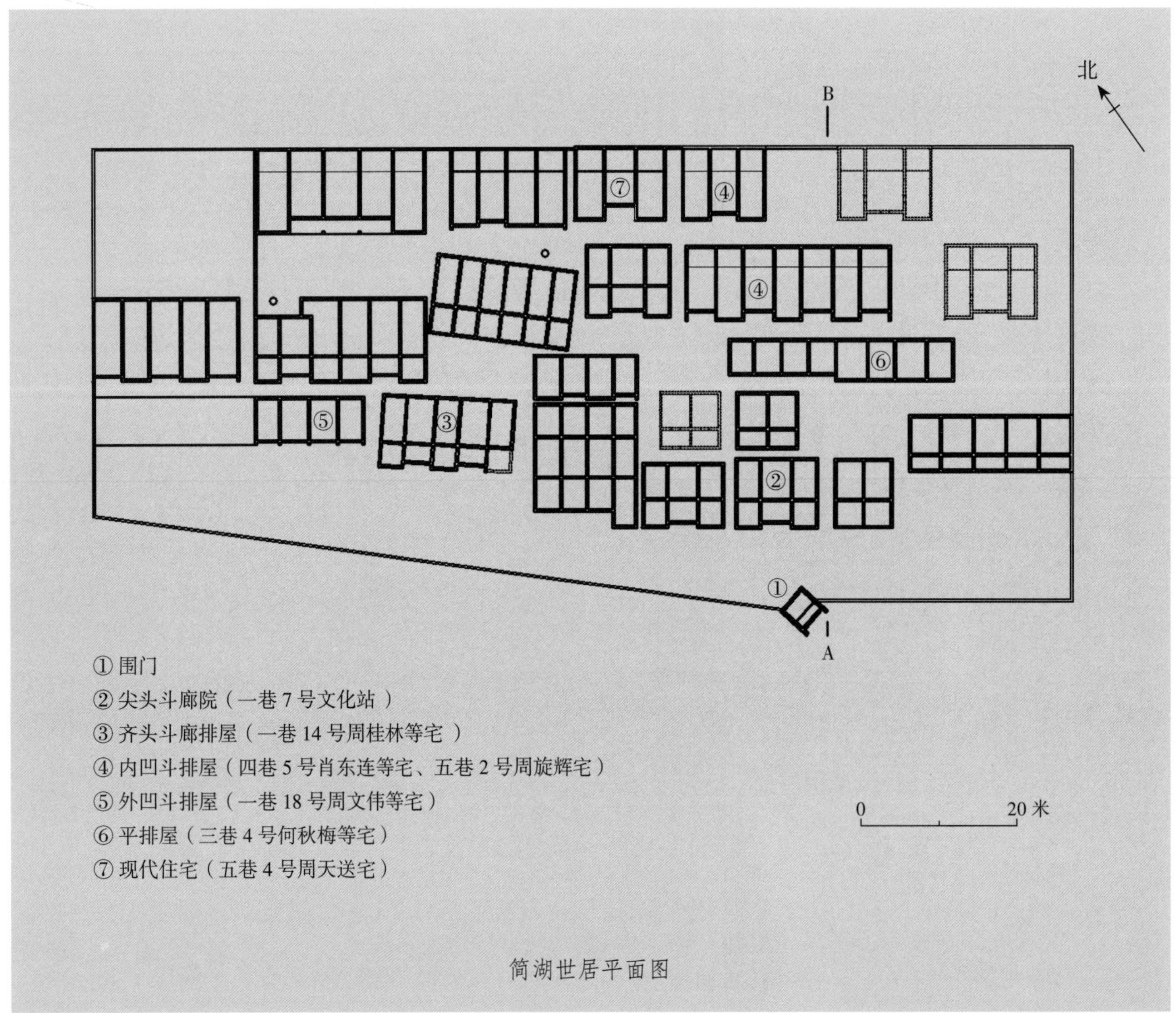

简湖世居平面图

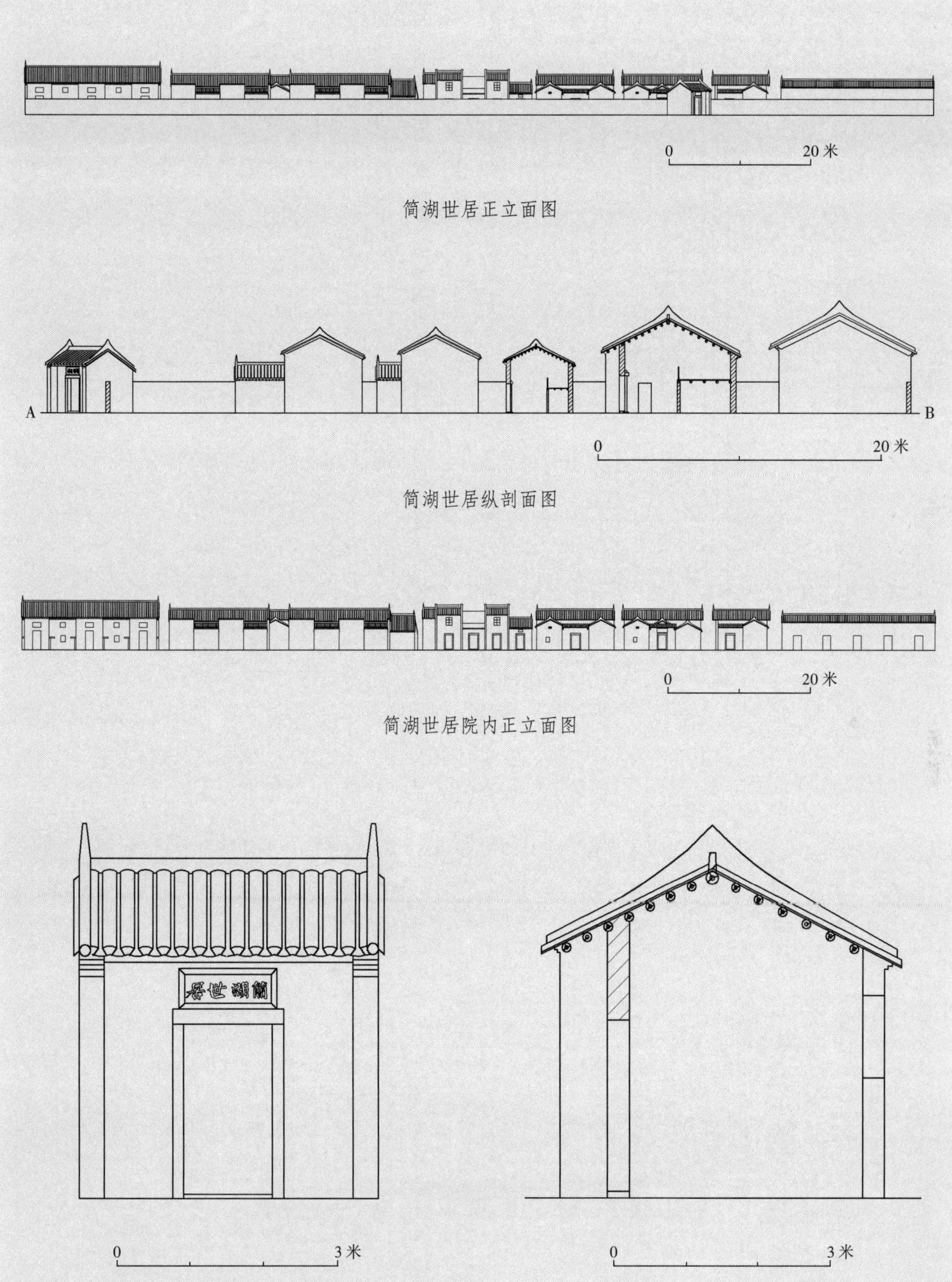

简湖世居正立面图

简湖世居纵剖面图

简湖世居院内正立面图

简湖世居大门正立面图

简湖世居大门纵剖面图

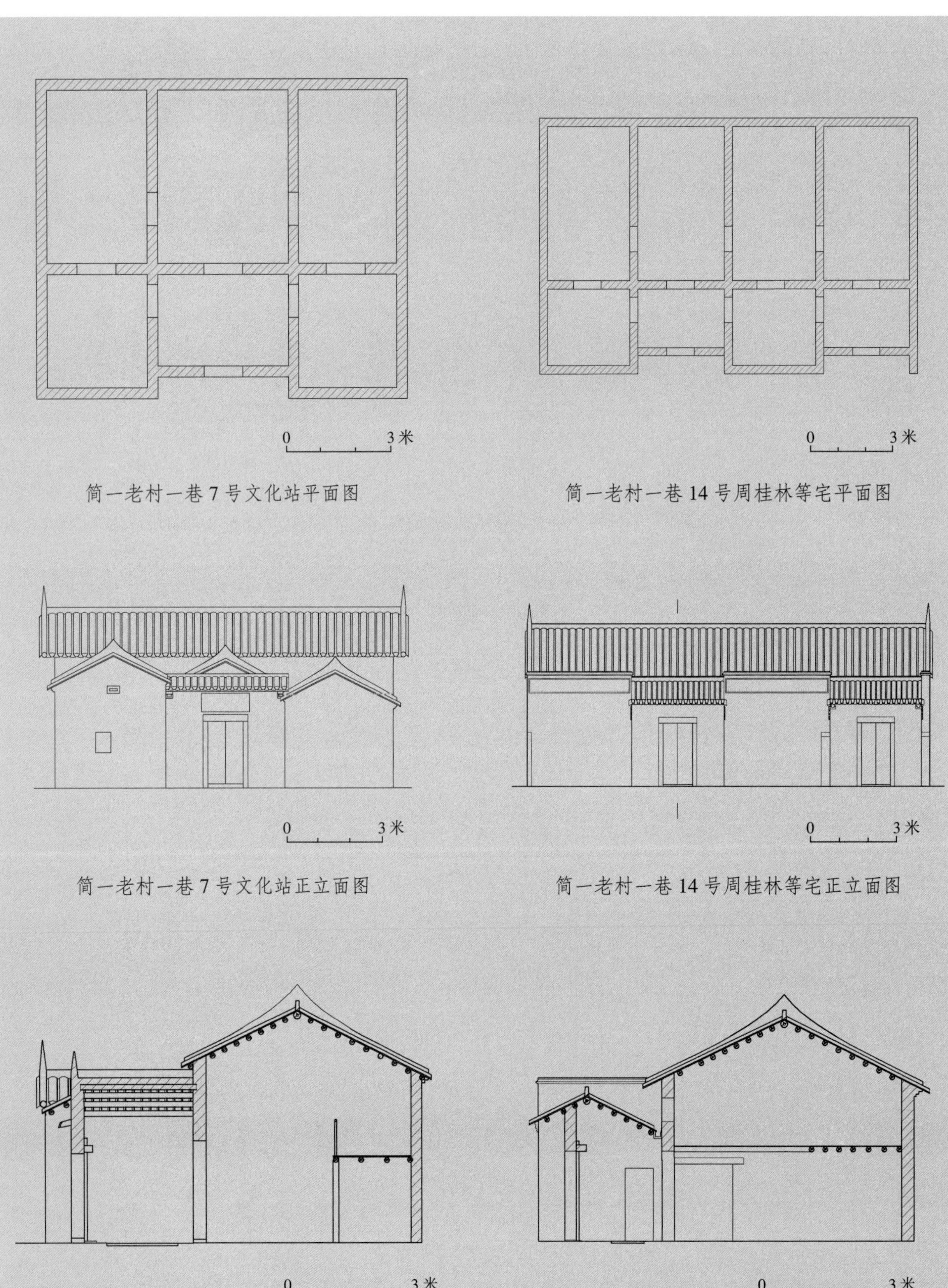

简一老村一巷7号文化站平面图

简一老村一巷14号周桂林等宅平面图

简一老村一巷7号文化站正立面图

简一老村一巷14号周桂林等宅正立面图

简一老村一巷7号文化站纵剖面图面图

简一老村一巷14号周桂林等宅纵剖面图

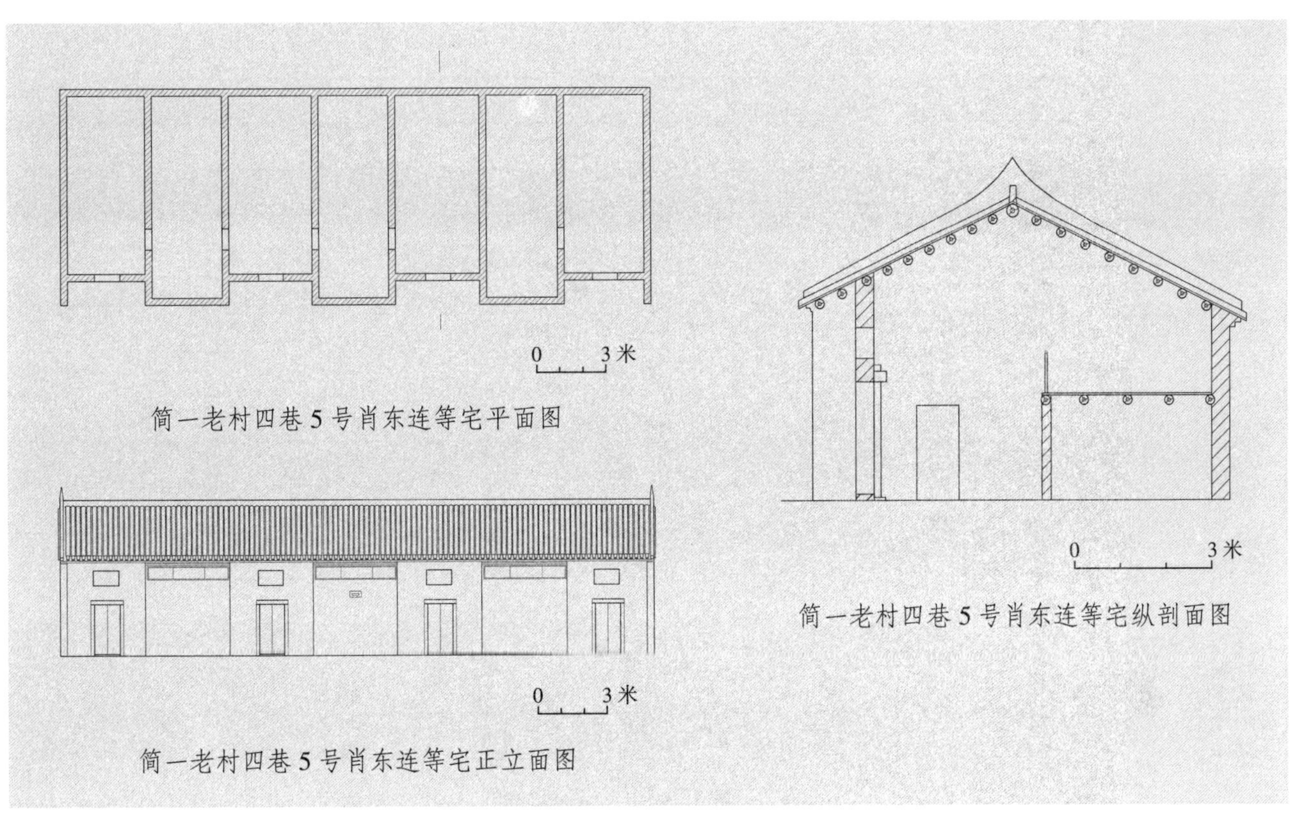

图 24　龙岗街道简湖世居

表 38　简湖世居形态特征分析表

层级	项目	特征
整体	平面形态	（近似）矩形
	体量	面宽 125 米，进深残 56 米、外墙厚约 0.4 米、高约 7.1 米
	平面布局	周墙、周屋、排屋 16 座、门楼 1 座、月池
	立面形态	通高约 7.1 米、正面 1 门、双坡顶、矩窗
单元 1：周屋、排屋	体量	斗廊排屋面宽 26 米、进深 9.3 米、通高 7.2 米
	平面布局	平排屋、斗廊排屋
	立面形态	硬山、悬山、实榻门
单元 2：门楼	平面形态	矩
	体量	门楼面宽 4 米、进深 4.4 米、通高 4.7 米
	立面形态	硬山、实榻门
组件	正脊	清水、龙舟、灰塑
	垂脊	清水、飞带
	瓦面	叠瓦、猪咀筒
	箭窗	石框、木直棂
	气窗	圆、矩、木直棂
	墙基	三合土
	墙身	三合土、砖、条石

续表 38

层级	项目	特征
组件	墙顶	鹰不落
	楼身	三合土
	房顶	双瓦坡
	天井	石、砖
	地坪	阶砖、三合土
	门	实榻门
	窗	矩、石框、木直棂
	脊头	直筒、猪咀筒
	脊身	砖、灰沙、灰塑
	砖	青、长 26 厘米、宽 11.5 米、厚 6.5 厘米
	瓦	青、长 21 厘米、宽 23 厘米、厚 0.8 厘米、弓高 2 厘米
	檩	圆
	椽	板
	射击孔	横条、竖条（花岗岩）
	气孔	方、圆（花岗岩 ）

3. 田心围屋

田心围屋位于深圳市龙岗区南湾街道上李朗社区，坐西北朝东南，通面阔 50 米，进深 44 米，占地面积约 2200 平方米，清末时期建筑。原为客家围屋，正面开三门，正门内凹 0.5 米，有中心巷道将围内排屋分为左右两路。正门的左右又各开一门，东门位于围的东南角，朝西南，门额书“长乐门”；西门正对围内中心巷，门向朝东南，前面原应有月池。围内现存共有两排房屋，都为硬山顶平排屋、斗廊排结构，高两层深两进。围内中心巷道中部有一炮楼，高两层，瓦坡顶四周加建女墙式。炮楼底部架空为巷道（图 25，表 39）。

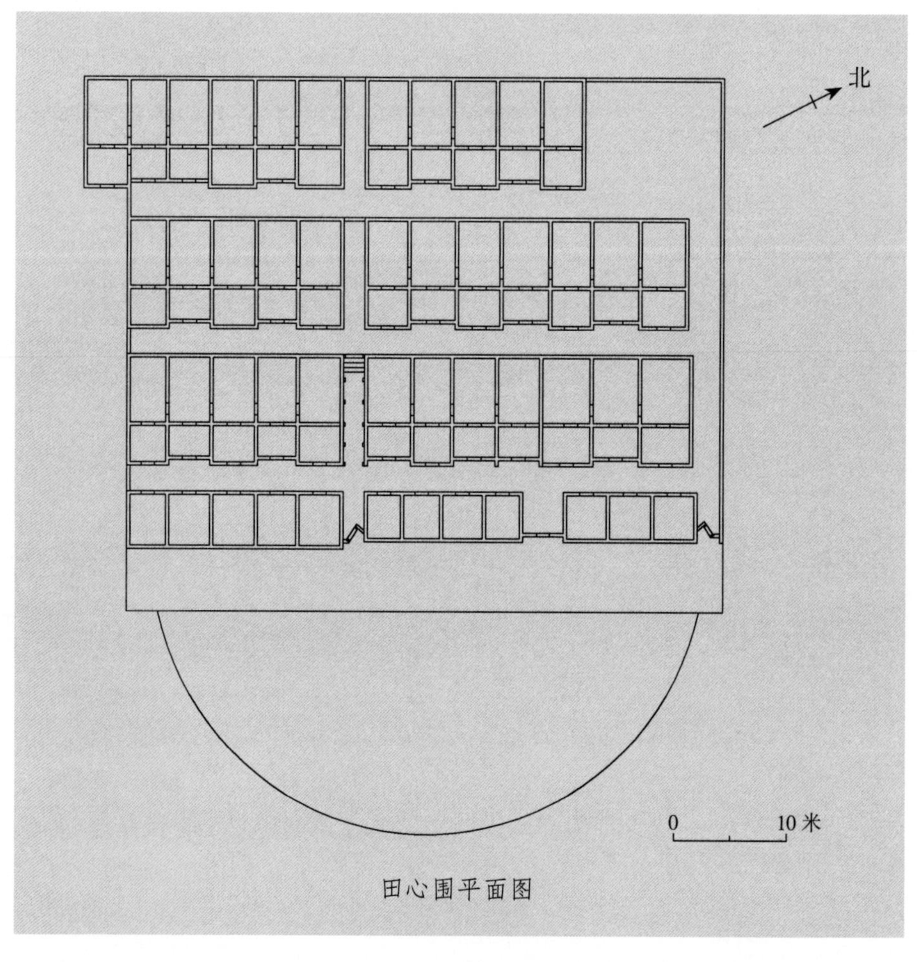

田心围平面图

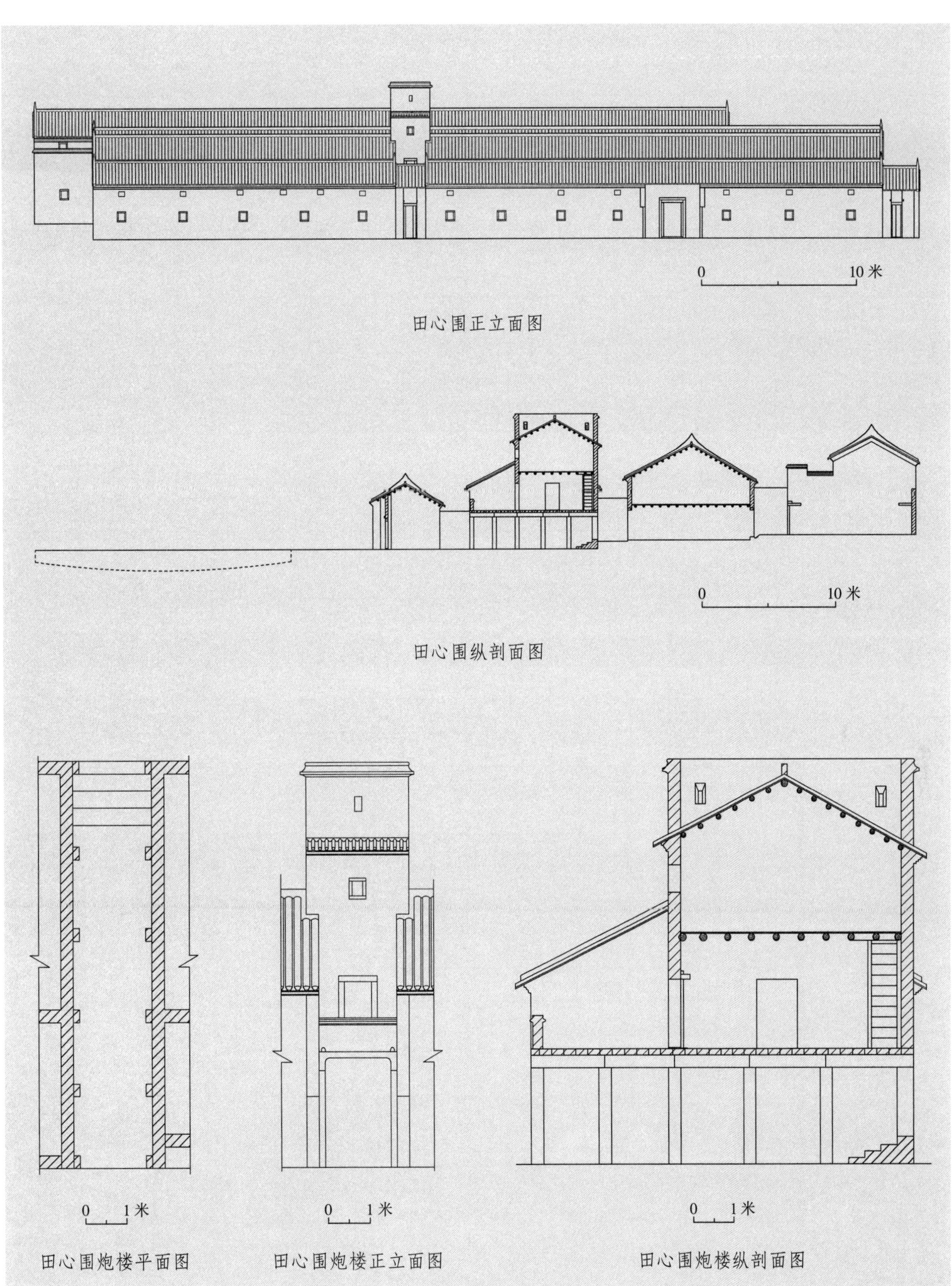

图 25　南湾街道田心围屋

表 39 田心围屋形态特征分析表

层级	项目	特征
整体	平面形态	（近似）矩形
	体量	面宽 50 米、进深 44 米
	平面布局	周墙、周屋两排；炮楼 1 座、排屋 2 排；禾坪、月池
	立面形态	通高约 9.8 米、正面 3 门、炮楼 1 座；双坡顶；现代矩窗
	平面布局	平排屋、斗廊排屋
	立面形态	硬山、实榻门
单元 1：门楼、炮楼	平面形态	矩
	体量	门楼、歪门；炮楼面宽 7.1 米、进深 9.4 米、通高 9.8 米
	立面形态	硬山、双孔了望、实榻门
组件	正脊	清水
	垂脊	清水、飞带
	瓦面	叠瓦
	箭窗	石框
	墙基	三合土、条石
	墙身	三合土、条石
	墙顶	鹰不落
	雉堞	三合土
	楼身	三合土
	楼顶	双瓦坡
	天井	石、砖
	地坪	阶砖
	门	实榻门
	窗	矩、石框
	脊头	猪咀筒、扇瓦头
	檩	圆
	椽	板
	射击孔	竖条（花岗岩）

五 客家系统河源类型（前角楼）

这一类型的主要特征是平面布局上有两个前角楼。代表性建筑有：

1. 王桐山钟氏围屋

王桐山钟氏围屋位于深圳市大鹏新区大鹏街道王母社区王桐山居民小组，朝向北偏西 40 度，始建于清乾隆年间，历代有重修。通面宽 20.6 米、进深 31.5 米，外墙厚约 0.4 米、最高约 7 米。平面布局为五间三进两天井结构，前庭左右两端有两座哨楼，围后侧有高四层的"天一涵虚"炮楼，本地区唯一的四阿式顶结构，外墙为夯土筑成并布满枪眼。清末民初，王桐山钟氏宅第进行大范围的装饰与修缮，大量的灰塑、壁画、木雕雕工精细，栩栩如生，至今保存完好。据了解，钟姓为祖上从福建迁至大鹏半岛的西涌开基，后再迁王桐山，再分至王母上圩门和鹏城松山等地。2001 年由龙岗区人民政府公布为区级文物保护单位（图版 26、27，图 26，表 40）。

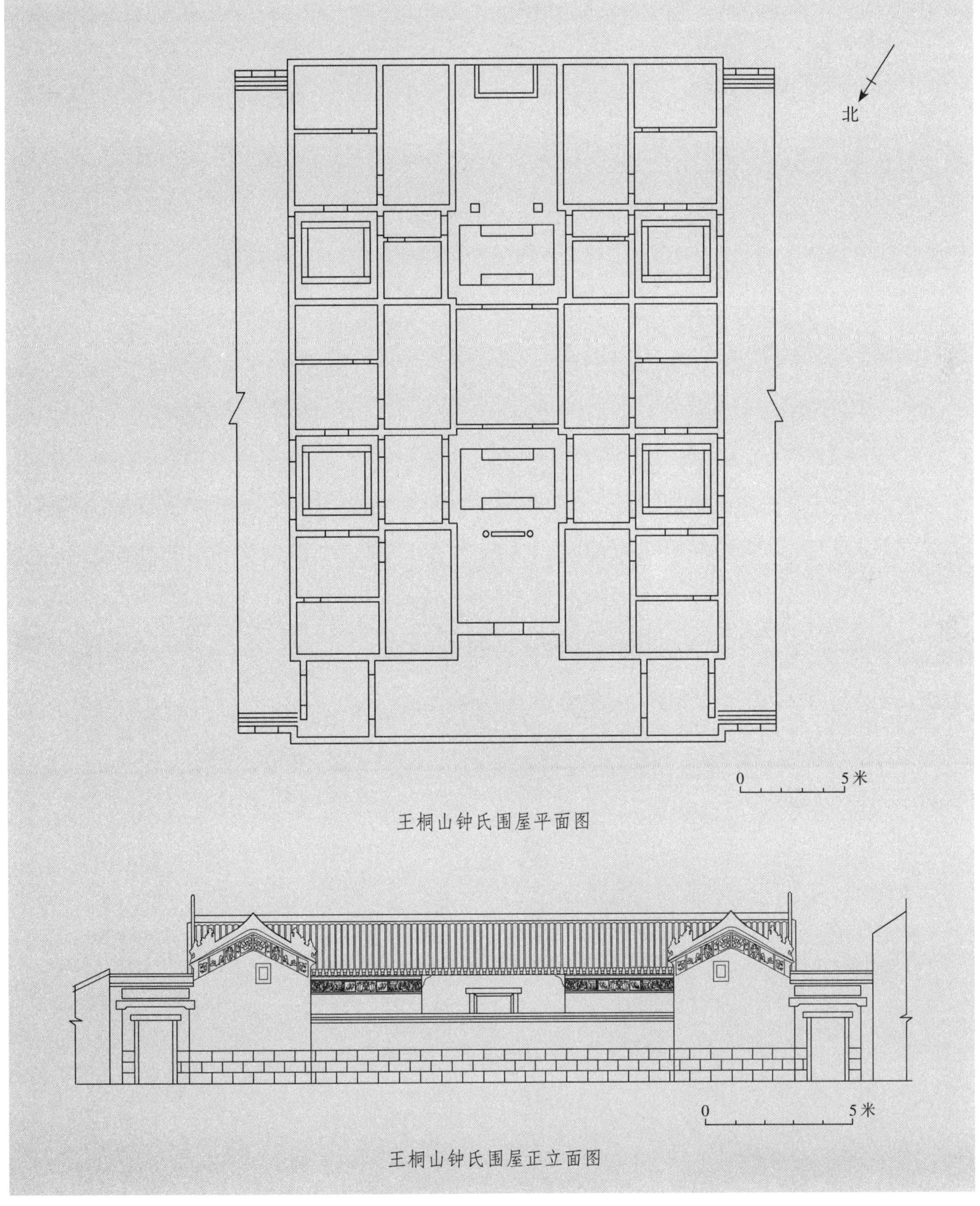

王桐山钟氏围屋平面图

王桐山钟氏围屋正立面图

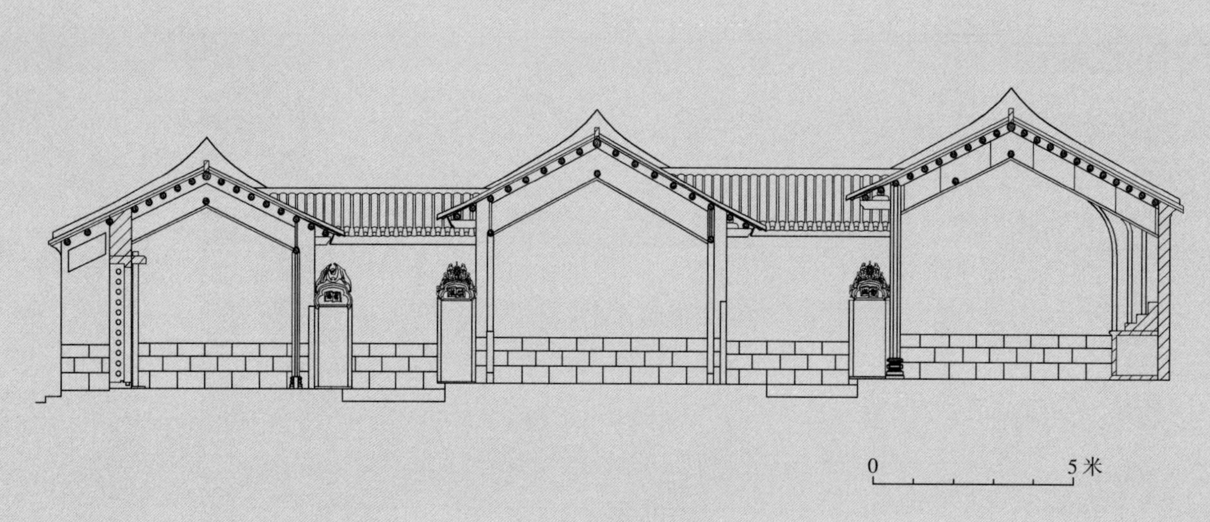

王桐山钟氏围屋纵剖面图

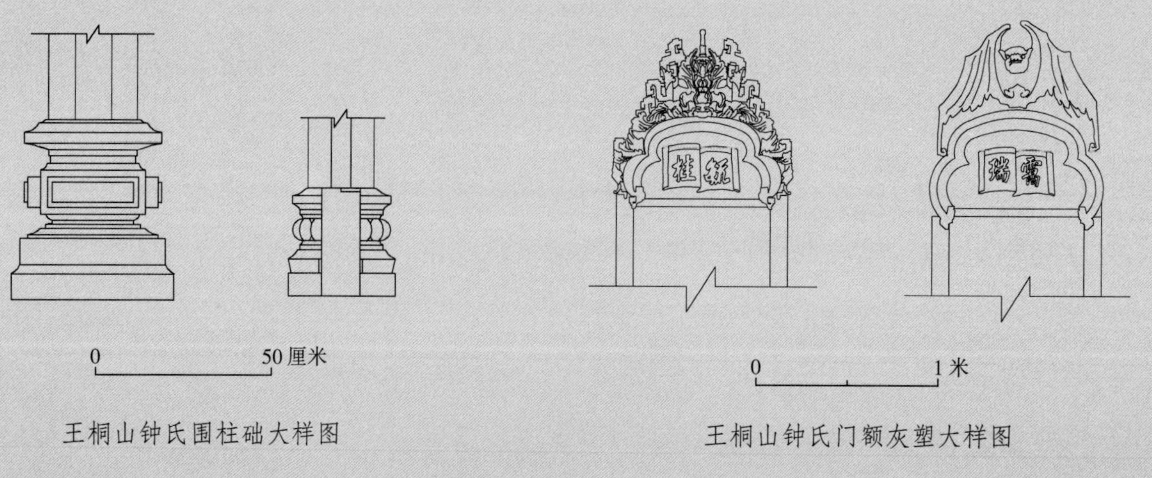

王桐山钟氏围柱础大样图　　王桐山钟氏门额灰塑大样图

王桐山钟氏围屋祠堂前檐灰塑大样图

图26　大鹏街道王桐山钟氏围屋

表 40　王桐山钟氏围屋围屋形态特征分析表

层级	项目	特征
整体	平面形态	（近似）矩形
	体量	面宽 20.6 米，进深 31.5 米、外墙厚约 0.4 米、高约 7 米
	平面布局	周墙、周屋、排屋、祠堂 1 座、门楼 2 座
	立面形态	通高约 7 米、侧面 2 门、双坡顶、矩窗
单元 1：周屋、排屋	体量	排屋面宽 20.6 米、进深 7.2 米、通高 7 米
	平面布局	平排屋、斗廊排屋
	立面形态	硬山、门笠头、实榻门、趟栊门
单元 2：门楼、角楼	平面形态	矩
	体量	门楼面宽 3.8 米、进深 4 米、通高 5 米；连角楼
	立面形态	硬山、匾额、实榻门、脚门
单元 3：祠堂	平面形态	矩
	体量	面宽 11.9 米、进深 27.6 米、通高 7 米
	平面布局	三间、三进
	立面形态	硬山、内凹肚、趟栊门、实榻门、隔扇门
	建筑性质	原生祠
组件	正脊	清水、龙舟、灰塑
	垂脊	清水、飞带
	瓦面	叠瓦、猪咀筒
	箭窗	石框、木直棂
	墙基	三合土
	墙身	三合土、砖、条石
	墙顶	鹰不落
	楼身	三合土
	房顶	双瓦坡
	天井	石、砖
	地坪	阶砖、三合土
	门	趟栊门、实榻门、隔扇门、脚门
	窗	矩、石框、木直棂
	脊头	直筒、猪咀筒
	脊身	砖、灰沙、灰塑
	砖	青、长 27 厘米、宽 12 米、厚 6.5 厘米
	瓦	青、长 20 厘米、宽 23 厘米、厚 0.8 厘米、弓高 2 厘米
	檩	圆
	椽	板
	柱	石（麻石）、木、圆、八方
	柱础	上盆下鼓（麻石）
	气孔	方（花岗岩）
	封檐板	深浮雕、高浮雕、山水、花鸟、人物、锦灰堆
装饰	壁画	山水、花鸟、人物、锦灰堆、年款

2. 马六东升围屋

马六东升围屋位于深圳市龙岗区横岗街道大康社区马六村，正面朝东偏南 40 度，建筑占地面积 3334 平方米，清末时期建筑。三堂两横带四角楼结构，通面阔 60 米，最大进深 55 米。祠堂位于中轴线上，正门书“永彩李公祠”，屋脊饰精美灰塑，单间三进，木梁架。中堂开圆形门。两座炮楼分别位于东南和东北角，高四层，平面呈长方形，天台女墙方桶式，四面开窗带弧形窗罩，顶层带两个鱼形排水口。外门楼和照墙将两炮楼连接在一起，外门楼为石拱券门，书“东升”二字。围内房屋为斗廊齐头三间两廊结构，檐枋饰人物、花鸟壁画，脊饰博古。北横屋中部不存或未被建起，整体结构布局尚存，保存尚可（图 27，表 41）。

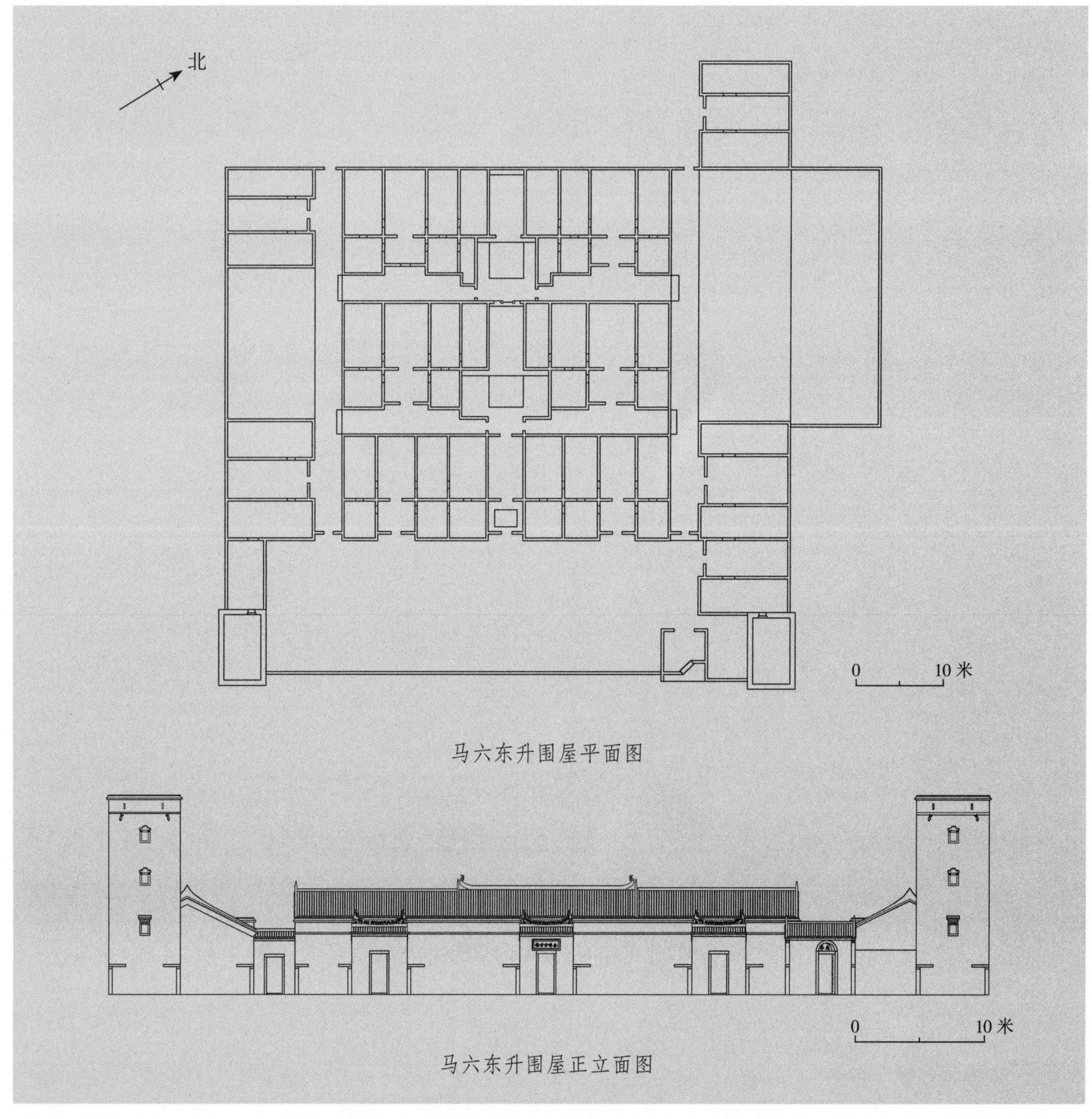

马六东升围屋平面图

马六东升围屋正立面图

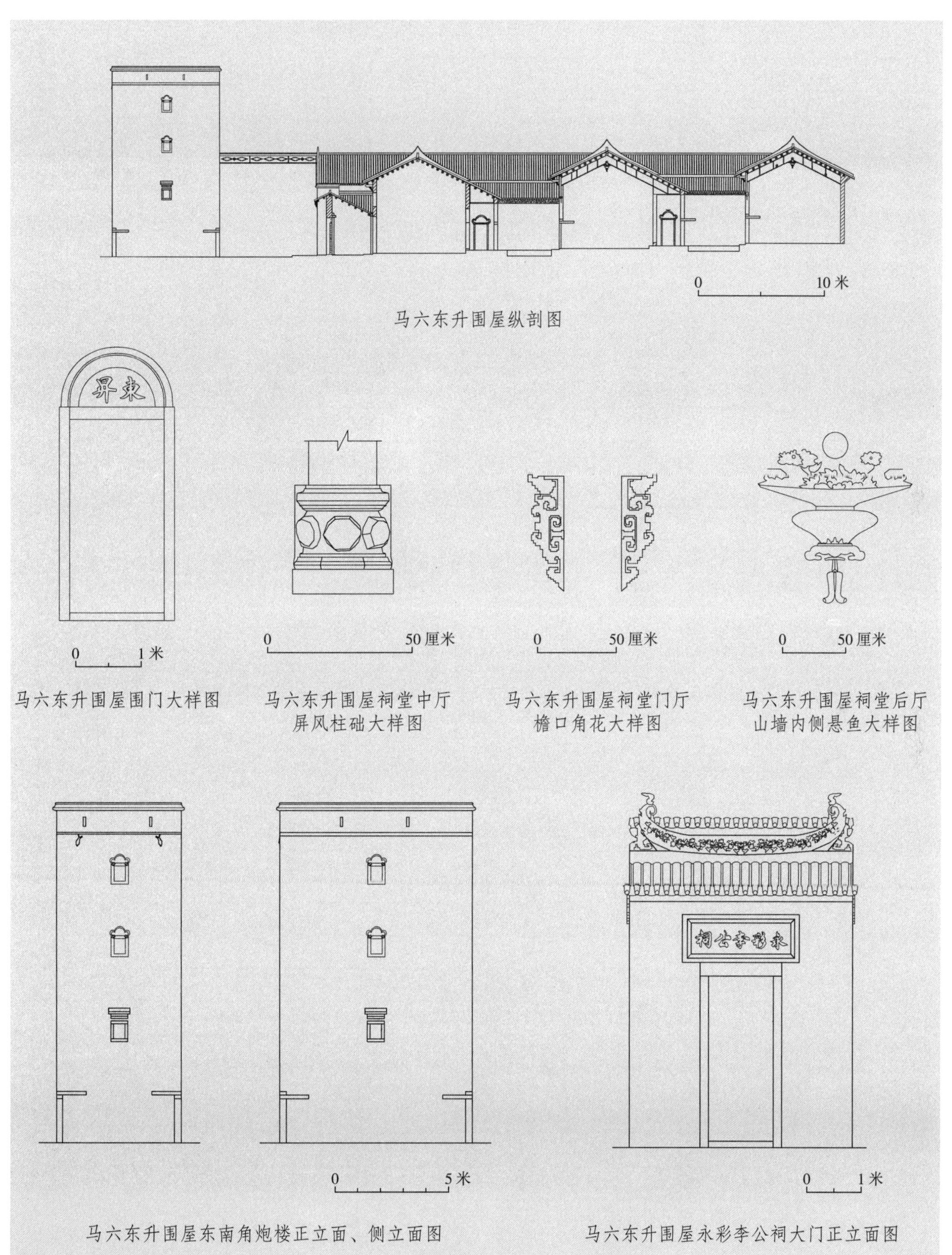

图27　横岗街道马六东升围屋

表 41 马六东升围屋形态特征分析表

层级	项目	特征
整体	平面形态	（近似）方形
	体量	面宽 67 米，进深 55 米、外墙厚约 0.4 米、高约 12 米
	平面布局	周墙、周屋、堂横屋、祠堂 1 座、门楼 1 座、角楼 2 座
	立面形态	通高约 12 米、正面 1 门、角楼 2 座、双坡顶、矩窗
单元 1：周屋	体量	排屋面宽 40 米、进深 10 米、通高 7.5 米
	平面布局	斗廊排屋、二进连廊排屋
	立面形态	硬山、悬山、门笠头、实榻门、趟栊门
单元 2：门楼、角楼	平面形态	方、矩
	体量	门楼面宽 5 米、进深 5.5 米、通高 5 米；角楼面宽 8.8 米、进深 5.5 米、高 12 米；连角楼
	立面形态	硬山、悬山、双孔了望、匾额、趟栊门、企栊门、实榻门
单元 3：祠堂一	平面形态	矩
	体量	面宽 13 米、进深 40 米、通高 8 米
	平面布局	三间、三进、四廊
	立面形态	硬山、悬山、内凹肚、趟栊门、企栊门、实榻门、隔扇门
	建筑性质	原生祠
组件	正脊	清水、龙、灰塑
	垂脊	清水、飞带、灰塑
	瓦面	叠瓦、猪咀筒、扇瓦头
	箭窗	石框、木直棂
	气窗	矩、石框、木直棂
	墙基	三合土、条石
	墙身	三合土、砖、条石
	墙顶	鹰不落
	楼身	三合土
	房顶	双瓦坡
	天井	石、砖
	地坪	阶砖、三合土
	门	趟栊门、企栊门、实榻门、隔扇门
	窗	矩、石框、木直棂
	脊头	博古、直筒
	脊身	砖、灰沙、灰塑
	砖	青、长 27 厘米、宽 11 厘米、厚 6.5 厘米
	瓦	青、长 20 厘米、宽 23 厘米、厚 0.8 厘米、弓高 2 厘米
	檩	圆
	椽	板
	飞椽	鸡胸

续表 41

层级	项目	特征
组件	枋	矩
	射击孔	矩、横条、竖条（加注材料：花岗岩）
	气孔	方（加注材料：花岗岩）
	雀替	透雕
	封檐板	深浮雕、山水、花鸟、人物
	匾额	灰
装饰	壁画	山水、花鸟、人物

第四节　广府、客家混合式民居建筑

所谓广府与客家混合式民居，有两种形式：

其一，是以广府式民居为主，吸收客家式民居的某些因素。如南山区西丽塘朗村老围，始建于明嘉靖年间，现为清代重建。其围墙内有六条横巷与进门楼后的纵巷交叉，多为一间一套或二间一套单元式民居，船形式屋脊，且郑氏宗祠在西北角，不在中轴线上，这是广府式民居的重要特征。但围前的禾坪和大月池，又是客家民居的配套设施。

其二，是以客家式的围楼或围屋为主，吸收了广府民居的某些因素。它主要表现为典型的客家围屋内，住房却由传统围龙屋的通廊式单间，变为广府式单元套房，即为一天井、两廊、一厅、两房的组合，增添了舒适性与私密性。深圳东北地区于乾嘉以后建筑的围楼，许多都属于这种情况。

田丰世居位于深圳市龙岗区龙岗街道新生社区田祖上老屋村，正面朝南偏东20度，建于清朝康熙壬寅年（1722年），由兴宁县迁居龙岗的刘姓客家人所创建。通面阔121米，进深84米，墙厚0.5米，建筑高18米，占地面积11000平方米。世居内建共有房间78间，皆为土木结构单元式排屋。围前有宽39.2米的月池和宽12.6米的禾坪。正门额上镌刻“田丰世居”。进入正门是宽6.9米的前天街，天街两端有券门通向围屋外。隔前天街与围屋正门相对是三开间三进二天井祠堂。三堂均面阔三间。东北角有一炮楼保存尚好。祠堂经多次重修，刘氏后人还延续着传统的祭祖风俗。

田丰刘氏一世祖刘昌文于康熙五十一年（1712年）从五华只身一人来到龙岗，先在坪地萧家教书，后到车村教书。昌文公先是在萧屋村落脚，经过一段时间了解，昌文公发现田祖上的一片土地风水极好，于是买下此地，在此建田丰世居，经过逐年扩建形成如今规模。民国时期，田丰刘氏家族与居于仙人岭的陈姓广府人常年不睦，时有纠纷，甚至械斗。田祖上土地少，田丰刘氏多是经营小本买卖谋生。早年，刘家人做鸡贩的比较多。他们在惠阳买鸡，挑担到龙岗、深圳、香港贩卖，收益还不错。1938年刘氏家族的刘东发明手动平压木刻版印刷机，并在龙岗老墟创办印刷厂——“宝文台”，承接印刷、雕刻等业务，在惠阳、东莞、宝安一带非常有名，这也是田丰刘氏家族有史以来生意规模最大的一个（图版28、29，图28，表42）。

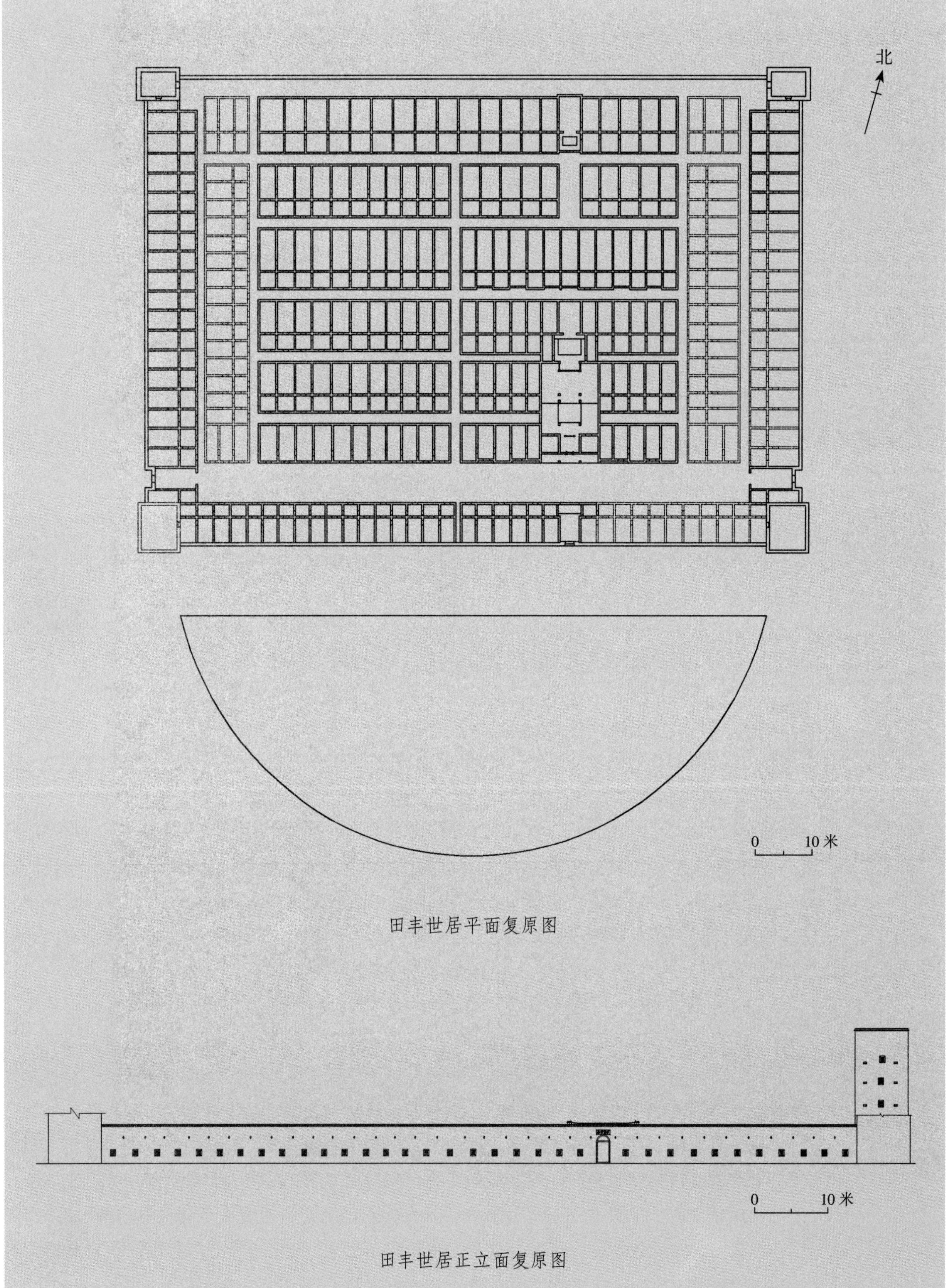

田丰世居平面复原图

田丰世居正立面复原图

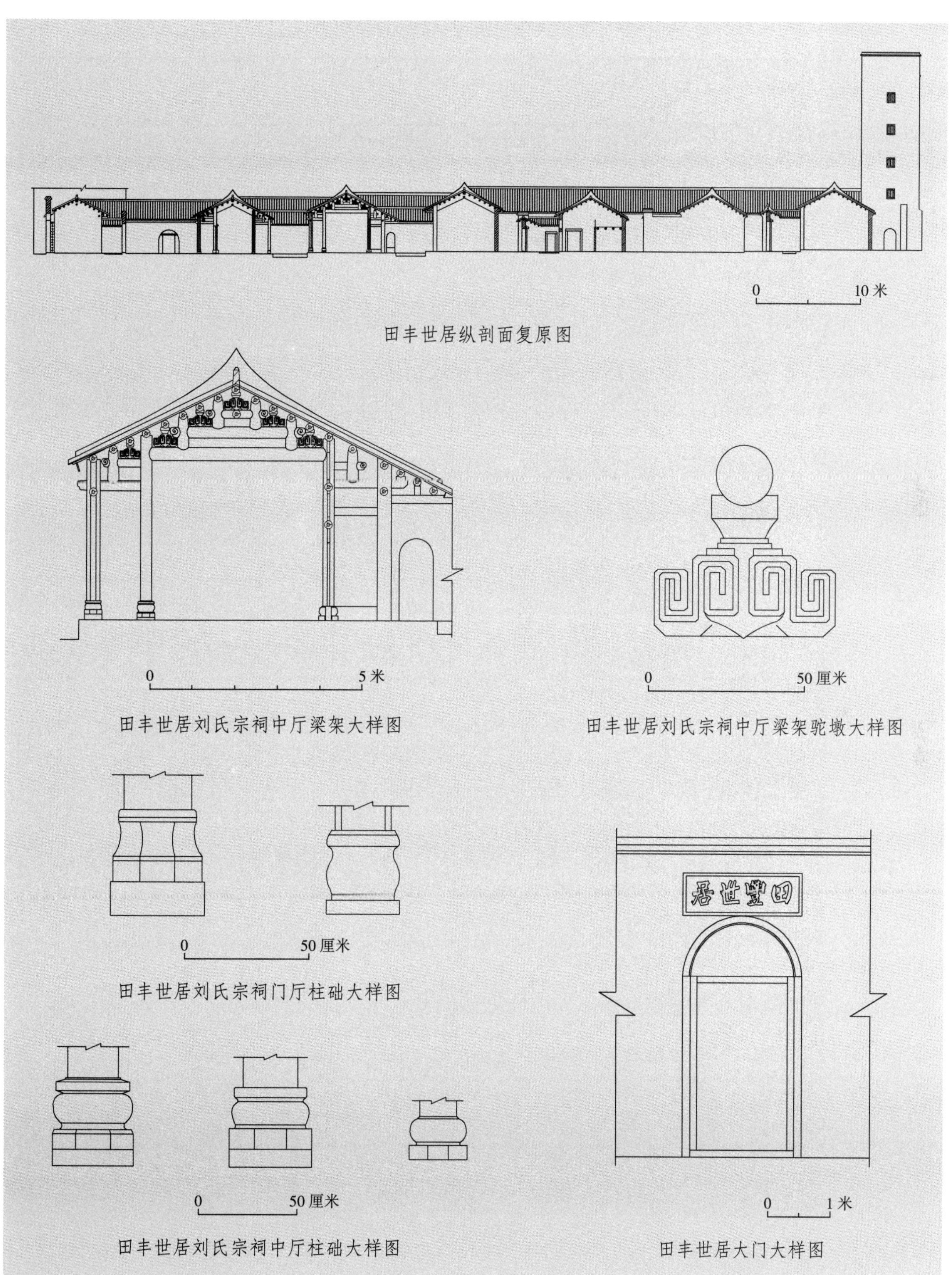

图28　龙岗街道田丰世居

表 42　田丰世居围屋形态特征分析表

层级	项目	特征
整体	平面形态	（近似）矩形
	体量	面宽 121 米，进深 84 米、外墙厚约 0.5 米、高约 18 米
	平面布局	周墙、周屋、祠堂 2 座、门楼 3 座、炮楼、排屋、月池
	立面形态	通高约 18 米、正面 1 门、侧面 2 门、炮楼、双坡顶、矩窗
单元 1：周屋、排屋	体量	排屋面宽 39.2 米、进深 10.8 米、通高 5.7 米
	平面布局	斗廊排屋
	立面形态	硬山、门笠头、贴灰门罩、实榻门、趟栊门
单元 2：门楼、角楼、炮楼	平面形态	矩、方
	体量	门楼面宽 4.1 米、进深 7.6 米、通高 5.3 米；连角楼；炮楼面宽 7.75 米、进深 5.8 米、通高 18 米
	立面形态	硬山、匾额、趟栊门、企栊门、实榻门
单元 3：祠堂	平面形态	矩
	体量	面宽 10.7 米、进深 28.5 米、通高 6.5 米
	平面布局	三间、三进、四廊
	立面形态	硬山、窄楣柱廊、实榻门、隔扇门
	建筑性质	原生祠
组件	正脊	清水、龙舟、灰塑
	垂脊	清水、飞带
	瓦面	叠瓦、猪咀筒
	箭窗	石框、木直棂
	气窗	圆
	墙基	三合土
	墙身	三合土、砖、条石
	墙顶	鹰不落
	楼身	三合土
	房顶	双瓦坡
	梁架	穿柱
	天井	石、砖
	地坪	阶砖
	门	趟栊门、实榻门、隔扇门
	窗	矩石框、木直棂
	脊头	直筒、猪咀筒
	脊身	砖、灰沙、灰塑
	砖	青、长 27.5 厘米、宽 11 厘米、厚 6.5 厘米
	瓦	青、长 20 厘米、宽 23 厘米、厚 0.8 厘米、弓高 2 厘米
	梁	直圆梁
	檩	圆

续表 42

层级	项目	特征
组件	椽	板
	飞椽	鸡胸
	枋	矩
	柱	石（麻石）、圆、八方
	柱础	素础、横盆础、上盆下鼓（麻石）
	射击孔	矩、葫芦、哑铃、横条、竖条（花岗岩）
	气孔	方（花岗岩）
	驼墩	微弧、圆雕
	封檐板	浅浮雕
	匾额	石

第四章　形制与年代关系

目前流行的上十种中国建筑史教材都有一个关于中国古代、近代建筑的编年史，也是一个编年的谱系，从五台山南禅寺到潮州开元寺、从北京故宫到厦门骑楼，似乎早已经有了一个完整的链条。但是我们在文物普查的实践中，却深深感到现有中国建筑史教材的编年谱系与现实中的建筑文化遗产实物往往有比较大的差距，对不上号。究其原因，大概有如下几个：

1. 现存的建筑文化遗产实物数量庞大，种类型式极其丰富，呈现出纷繁复杂的生态多样性。现有中国建筑史教材的内容多集中于北方官式建筑，而对于周围农村以及南方边远地区的古村落、古民居等乡土建筑涉及比较少；

2. 理论上一直有个误区，以为解决了官式建筑的问题，也就解决了其他各类建筑的问题，所以人们的兴趣大都集中在建立“上层建筑”的编年谱系等“高大全”的课题上，而对于“矮小专”的课题往往不屑一顾；

3. 近年中国建筑史专业的教师学者们大都忙于教学和事务所工作，还要忙于文物保护规划等工作，科研课题也大概不出此范围，学生的博士、硕士论文又大都未获公开发表出版；

4. 理论上基本未能脱离晚清时来华的日本建筑师伊东、关野等人“以文献证实物，举孤证说规律”，以孤证或者文献解决年代问题的老路，缺少足够数量的标准器和基本完整的证据链。

当然即使是今天，我们仍然缺少足够的资金和人力物力去做更加充分的调研，只能依据比前人积累更多一些的记录资料和长期的实践经验，运用比较现代化的工具、手段和方法，提出进一步的观点和看法。

第一节　围屋建筑平面与年代的关系

总体上看，围屋建筑平面来源于城堡的退化。城堡一般是官方建筑，由中央或地方政府组织施工，面积往往比较大，比如北京的皇城和外城。在民间有实力的家族也要仿造城堡，北方称为“大院”，南方称为“围屋”（或简称为“围”，还有“围村”、“围楼”、“围堡”、“厝”等）。也多有僭称“城”者，如山西阳城县清代陈廷敬的庄园就被其后人称为“皇（黄）城相府”；阳城县郭峪村中有“砥洎城”；深圳龙岗区坑梓街道的黄氏围肚围龙屋，又名为“城肚”。这些院、围、城的形制也都模仿官方的城堡，往往要设置高大的城门和角楼，有些还有望楼，如“皇（黄）城相府”，闽南的“五凤楼”，惠州的“围堡”。但是其规模一般要小于官方的城堡，比如说县城。广东、江西、福建的“围村”、“围屋”、“围堡”统称为“围”，其中很多建有四角楼。至少从龙山文化时代开始，到辛亥革命成功、清朝灭亡为止，官方建筑城堡的平面形制大体上延续了一个基本不变的传统格局，这是城堡这个建筑类型发展演变的一个途径。但是这个发展演变还有另外一个途径就是，从官方建筑的城堡，到民间建筑的“围”，总体上有一个由大到小的演变趋势。

由这种宏观的比较可以看出，官方所建的城堡和民间所建的围屋在本质上是相通的，防御是其核心，炫耀是其余味，区别仅仅在于规模的大小。甚至可以说：城堡就是官方的围屋，围屋就是民间的城堡。在形制上，城堡的周围都是城墙，围屋的周围就不一定是围墙，因为有一部分围屋建筑的外围是屋宇。对比深圳东北地区围屋的宏观形制，周围是围墙的比较少，周围是围屋的比较多，这里面有特殊的原因。

一　“围”与年代的关系

根据围屋的定义，围屋建筑必然有一个外围，有一个外周闭合的建筑包围体。在深圳东北地区，按照总体形制、体量和面积，围屋建筑的外围大概可以分为三型四式，一是周围以墙体包围，称为“周墙型”；根据围墙高矮厚薄的不同和门楼的形制不同，“周墙型”围屋建筑又可以分为二式：高墙城堡式和矮墙围院式。二是周围以屋宇包围，称为“周屋型”。“周屋型”只有一式：周屋式。三是屋连墙型，只有一式：排屋连墙式。

1.“周墙”Ⅰ式：高墙城堡式

考察深圳的围屋建筑，建造时间比较早些的大概共有坪地西湖塘老围、平湖大围、平湖白坭坑老围、龙岗街道圳埔世居等4座。其中最早的是平湖大围，《平湖刘氏族谱》载其始建于南宋；平湖大围东侧的伍屋围也大约于同期建造，只可惜现在围墙已经不存，剩下一座明代的祠堂，也于10年前拆旧建新了；白坭坑老围建造得也比较早，主人刘氏家族大约在明代中期就已经来到这里落脚；西湖塘老围大约始建于明嘉靖、万历之间，主人王氏家族在明代初年已经来到这里落脚；圳埔岭老围张氏，口碑传说是明代来到龙岗这里开基，但是现存围屋则建于清代初期，在这些早期围屋中，是比较晚建的（图版30～33）。

这些围屋有几个重要的共同点：

①主人都是讲广府方言系统围头话的广府人；

②围屋的周围都是围墙，即“周墙式”；

③都只在正面开一门；

④都有中巷，有的居中，有的稍偏；

⑤围内房屋都是与中巷垂直的排屋，都有贯通前后左右的纵巷和横巷；

⑥围内排屋原来都由单间二水归堂门斗院联排而成，后代大多改为平排或斗廊排，但往往还可见到二水归堂门斗院的遗迹；

⑦原来都有位于中巷底部的神厅，现在或存或废；

⑧原来高于围墙和屋宇的哨楼或角楼，现在或存或废。

看起来这4座围屋在深圳东北地区好像是少数，而在深圳的其他区本来却是一种传统的主流类型。已知这个主流类型的典型代表是罗湖区笋岗村,匾额自名“元勋旧址”,乡人又称为“笋岗老围”,是目前已知同类型中最早的一座(图版 34)。

元勋旧址除了具有上述①~⑥项的特点之外,平面上外面还有一周护濠,里面还有一座神厅和一口水井。与大门相对;水井位于大门内的左侧。在深圳现存完整的同类围屋还有宝安松岗文氏上山门老围、公明永干休光老围、罗湖湖贝老围等;1980 年以来被拆毁的有罗湖老围、罗湖南塘老围、罗湖曹屋围、罗湖蔡屋围、罗湖布心老围、罗湖鹤围、福田老围、福田石厦老围、福田沙咀老围、福田新洲老围、公明合水口老围(图 29)、宝安西乡福镇围、龙岗荷坳老围、黄阁坑老围、格坑老围、白灰围等等数十座。这个类型的围屋在深圳现存可能已经不足 10 座,相对完整的仅有 6 座(元勋旧址、上山门老围、平湖大围、白坭坑老围、西湖塘老围、永干休光老围)而已,其中大部分已经面临拆迁。但是根据我们在深圳各区进行的历史调查,1949 年以前同类的老围数量可达 500 座以上,几乎每一座 200 年以上的老村,都有至少一座这种类型的老围(图版 35)。

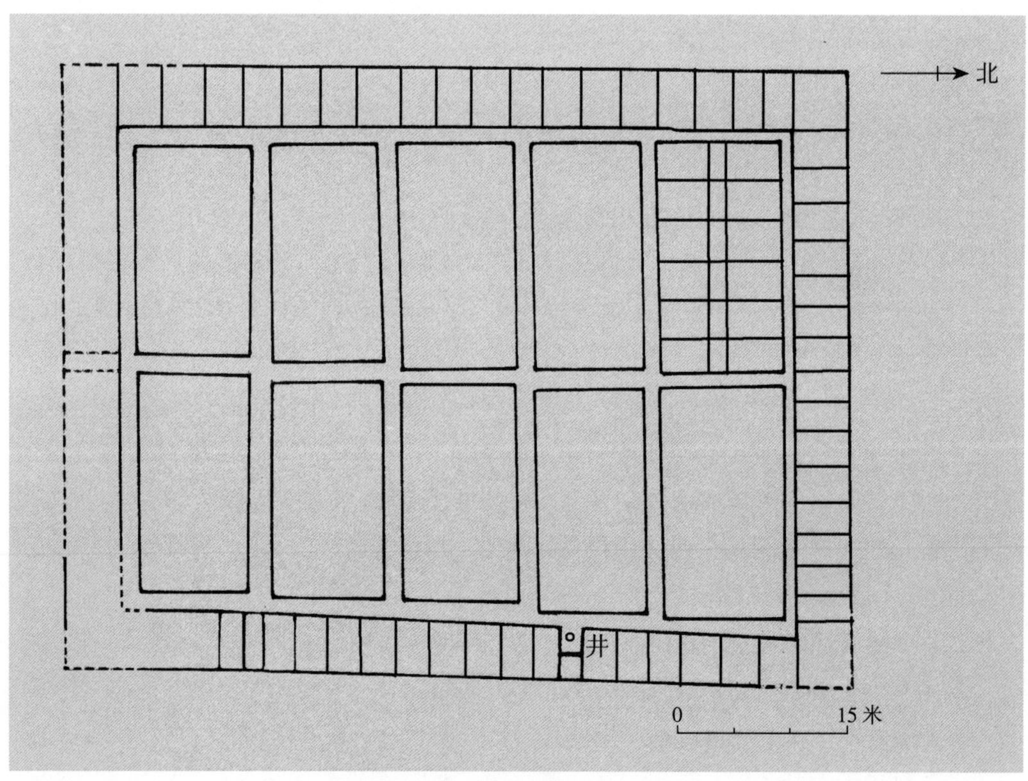

图 29 合水口老围平面示意图

同样类型的围屋不仅仅分布在现在的深圳市范围以内,也分布在以元勋旧址为中心的约 150 公里半径范围内,其中深圳境内的 98% 已经被彻底破坏,现在还能看出眉目并且能够做出平面复原图的已经不超过 10 座;而深圳北部的东莞和深圳南部的香港尚存不少,东莞尚存有约 30 座,香港尚存约 100 座;深圳东北部的惠州尚存多座,已知靠南边的一座是凤咀堡,在惠州惠阳永湖凤咀村(图 30)。此外还有墨园围、聚龙阁等。

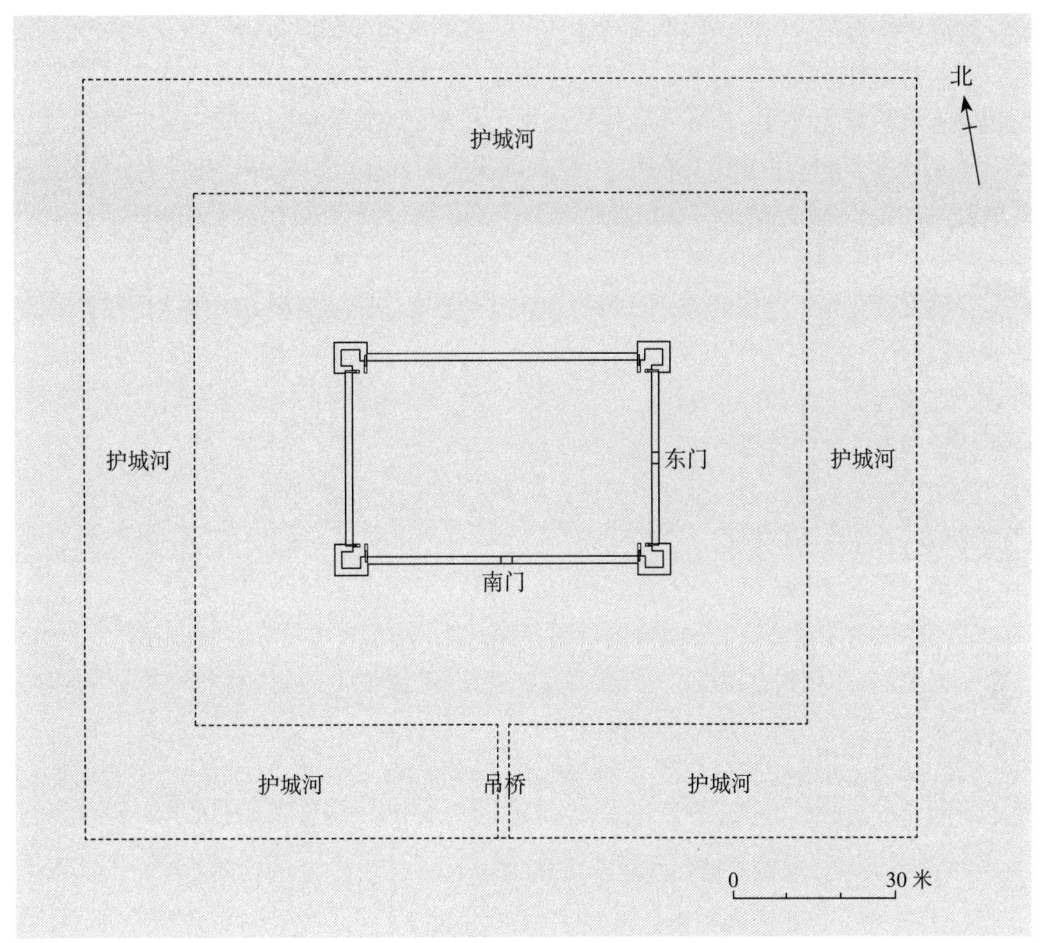

图 30　惠州市永湖镇凤咀村上排城堡平面示意图

以上列举的这些围屋全部集中在讲围头话的广府方言区内，这种类型的围屋也有一个专门的名词：“围头”。在古代深圳，住在“围头”里的人叫“围头仔”，“围头仔”说的方言叫“围头话”。曾经有语言学者研究过这种方言，由于研究地点设在深圳北邻的东莞，不知道这种方言分布的中心地在深圳南头，于是将这种方言命名为“东莞土白话”（《东莞方言说略》，广东人民出版社，1998 年）。实际上这种方言的分布地除了中心深圳南头外，还有周边的东莞和香港，也就是与古代的宝安县基本吻合，所以比较合适的命名也许叫“宝安土白话”更好。“周墙式”围屋往往具有突出的年代特征，普遍早于康熙迁海复界以后建造的客家人的围屋。

与客家来源地建筑截然不同的是，宝安广府人围屋内部的排屋大都是沿着中巷两侧对称布置的。同时这种平面布局具有极其强大的生命力，客家人继承下来之后还可以沿传十几代人数百年而不变。宝安广府人的围屋有上述多种特征，但是各种特征能够延续的寿命长短不一样，那些长寿的特征就成为我们今天辨识历史真相的钥匙。

康熙复界以后，大批客家人南下惠阳、新安，在今天深圳东北地区落脚，而这里的大部分土地都是迁海的重灾区。此前这里都是广府文化区，复界以后回来的广府人极少，却遗留有八年前广府人不忍抛弃的大量房屋，陈旧与残破避免不了，但是仍然有很高的利用价值。当时众多来自梅州、兴宁、河源的贫苦农民在很短时间内涌入此地，食宿问题多无着落，空旷残破的老房子无疑解决了他们的燃眉之急。遗弃了 8 年的房屋会是个什么样子？根据我们近年在广东调查古代建筑的经验，假设古代建筑豆腐渣工程的比例不高于今天，按照本地传统技术正常建造的住宅房，在无人居住使用同时完全不加修缮管理的情况下，闲置 10 年的倒塌率一般在 10%以下。改造与利用这些旧房屋，无疑比重新鸠工庀材盖新房要简单容易得多。他们住进遗弃了 8 年的旧房屋，实在是一个自然和必然的选择。

我们在原龙岗区范围调查记录到的客家人对原有广府类型高墙城堡式围屋修缮改造后加以利用的围屋有：西坑大围、塘坑老围、王母围、下李朗老围、南岭围、吉厦老围、丹竹头老围等（图版 36 ~ 39）。

这些老围的共同特征是：

①主人都是讲客家方言系统惠阳话的客家人；

②都有中巷，有的居中，有的稍偏；

③都只在正面开一门；

④围内的房屋都是与中巷垂直的排屋，都有贯通前后左右的纵巷和横巷；

⑤原来都有位于中巷底部的神厅，现在或存或废（如西坑大围中巷底部的神厅现存，曰“协天宫”，与元勋旧址同。其他已废）。

⑥在这些大部分边长只有 30 ~ 50 米的方形围屋内，设置了多座不同姓氏的祠堂。

这些方形围屋内多半都有 7、8 座不同姓氏的祠堂。说明这样的一座围屋居住了至少 7、8 个不同姓氏来源的核心家庭极其繁衍的后代，其中大型的围屋如西坑大围，居住了 16 个不同姓氏来源的家族，而王母围则居住了 13 个不同姓氏来源的家族（有门楼里面的石碑为证）。另外从立面形制上看，这些不同姓氏的祠堂都不是按照正规的客家或者广府祠堂的形制建造，而是利用了围屋里原有的住宅房，略加粉饰修缮后，写上“某氏宗祠”的匾额就可以使用的，绝大部分都是居于住宅排屋中间某段体量微小的“斗廊院”形式。我们称这种祠堂形制为“宅改祠”。

这里除第①项特征与广府类型高墙城堡式围屋不同，并且不是平面形制特征外，第②、③、④、⑤项特征都是广府类型高墙城堡式围屋所具有的平面形制特征，而与客家文化原生地的客家围屋所具有的平面形制特征完全不同，与客家文化流播地河源、惠州的客家围屋所具有的平面形制特征也完全不同；另一方面与广府文化原生地的广府围屋所具有的平面形制特征完全不同，与广府文化流播地深圳、东莞、香港的广府围屋所具有的平面形制特征也不完全相同。

2. “周墙” Ⅱ式：矮墙围院式

“周墙型”围屋的第二种名为“矮墙围院式”，现存数量不多，有简湖世居、永湖围、沙坣玉田世居、秀挹辰恒围屋等。这些围屋有几个重要的共同点：

①主人都是讲客家方言系统惠阳话的客家人；

②主人都是源自同一个核心家庭的直系血缘亲属，都是同一个姓氏；

③围屋的周围都是围墙，即“周墙式”，但是相对广府围头的围墙，则总体上要矮一些，一般高度都局限于 1.5 ~ 3 米；

④正面开门数量不定，一般为一至三门不等；

⑤围内都没有明确的中巷，但是有明确的排屋，前后贯通的纵巷不明显，而左右贯通的横巷则很明确；

⑥围内的房屋基本都是“斗廊排屋”的形式（图版 40）。

3. 周屋式

围屋的另外一种外周平面类型，周围是以屋宇包围的，称为“周屋式”。这种类型是本地区围屋建筑中数量最多的一种，大量分布在原龙岗区中心地带，三普登记了 100 多处，有鹤湖新居、茂盛世居、大万世居、龙田世居、新乔世居、洪围等（图版 41 ~ 51）。

这些围屋有几个重要的共同点：

①主人都是讲客家方言系统惠阳话的客家人；

②主人都是源自同一个核心家庭的直系血缘亲属，都是同一个姓氏；

③围屋的周围都是原生的房屋，即“周屋式”，一般高度都在 6 米以上；

④正面开门数量一般为三门；

⑤围内中心部位都是祠堂；

⑥围内的房屋基本都是“斗廊排屋”的形式。

建造时间最早的是洪围。

4. 排屋连墙式

属于屋连墙型，只有一式：排屋连墙式。其特征是动态的，村庄建立初期只有散屋与排屋；后来人口增加，经济实力增强，村庄发展扩张起来，安全需求也随之增强，村民协议在原来排屋之间筑起围墙，村庄形态就由散屋村与排屋村演变为围屋村。龙岗横岗马六东升围、坪山碧岭永盈世居、南湾街道上李朗社区田心老围和田心新围都是这个类型（图版 52、53）。

有以下共同点：

①主人都是讲客家方言系统惠阳话的客家人；

②主人都是源自同一个核心家庭的直系血缘亲属，都是同一个姓氏；

③围屋的周围都是在原来排屋之间筑起围墙，但是其围墙相对广府围头的围墙，则总体上要矮一些，一般高度都局限于 1.5 ~ 3 米；

④正面开门数量一般为一门；

⑤围内都没有明确的中巷，但是有明确的排屋，前后贯通的纵巷不明显，而左右贯通的横巷则很明确；

⑥围内的房屋基本都是“斗廊排屋”的形式。

二　围内房屋平面布局与年代的关系

围屋内部房屋平面布局：

1. 广府系统宝安类型的围内房屋平面布局

平面特征是：横分排，纵分列；一般由中巷将两侧排屋平均分开，中巷底部设一座神厅。

“元勋旧址”的现存排屋与周屋有先后关系，经过我们在 2007 年的考古发掘得知围内排屋建造时间要明显早于周屋，前者的基址大约建造于晚明，后者基址均为清中期以后。说明周屋的前身是倚庐，其升格为周屋要在清中期以后。周墙的基址分两层，下层属于明中期，上层属于明晚期，与排屋基址的年代特征吻合（图 31）。

望岗堡见于（嘉靖）《广东通志》，也建于明代中期或更早，形制上更为简单：通面宽 23.8 米，通进深 18.2 米 ，通高约 8 米 ，围墙墙体厚约 2.4 米，主体为三合土夯筑，外侧包砌青砖（现存青砖外皮为晚清所砌），顶部原为雉堞和走马廊，近代以来雉堞已经毁坏，于是在围墙顶部加建了一周简易的风雨棚，只有一座宽 1.3 米、高 2 米的小门可供出入，门向朝北，墙体内外、上下皆不开窗，好似一座密不透风的碉堡，本地老话又称之为“围堡”。由此我们也能看出，此式村围的名称由最初的“堡”，先演变为“围堡”，再演变为“围”这样一个过程。

围墙内部是一个 1.9 米 ×1.32 米的小院，有一组丁字形单层房屋，看其格局好似祠堂或者小庙，但是黎氏族人却告知：里面既无神仙也不供奉祖宗，而是躲避寇盗时所用的临时性住屋。此外，这组住屋的由于其平面形制上有一个中空的小院，所以主人们都认为它是一座“村围”。考察围内住屋与周墙的关系，得知住屋是一种临时性

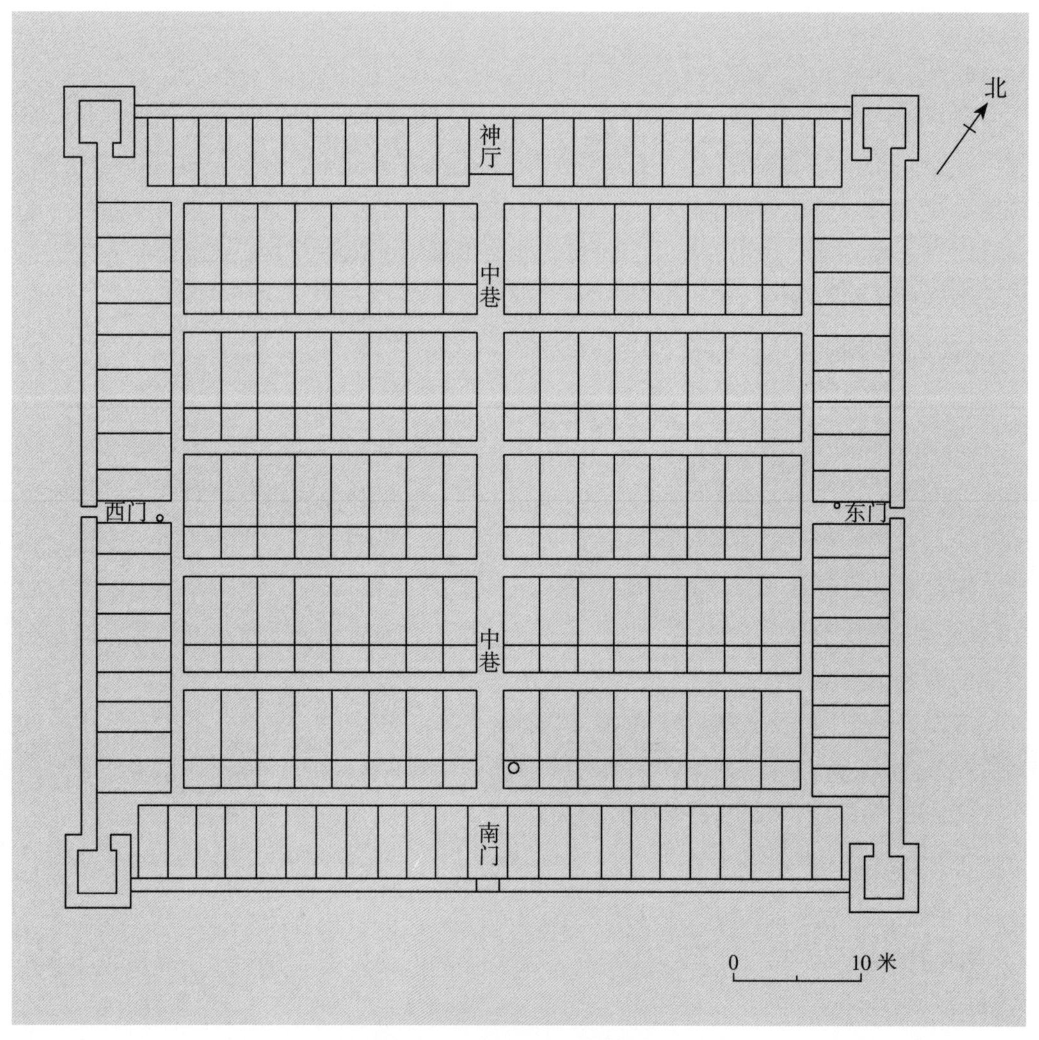

图 31　元勋旧址平面示意图

建筑，并非与外围周墙同时规划建造，因此其格局既不对称也不统一规范，显然是后期添加所建。因此可见这座“围堡”的最大特点有三：一是作为村围，它并不是用围墙将住屋和村民包围在里面加以保护，而是与一般的村围相反，它坐落于住屋和村民的中间，为大片单层住屋所包围，似乎受保护的不是住屋和村民，反倒是它自身。当然，这种形制一定有它的道理，很可能与当时的社会状况和军事技术、军事理论有关；二是靠着自身的高度成为“瞭望楼”，为村民提供盗匪寇乱信息；三是村民们接到警报后赖以藏身和御敌的堡垒，类似兴宁客家人的“躲世楼”，平时是无人居住的。

在这个意义上，“望岗堡”与“元勋旧址”有十分接近的相通之处。首先，据村民自述，“元勋旧址”在建设之初是用“田泥”填平了一大片斜坡地而形成的地基，里面最初只有少量临时性住房；到明后期曾经推倒围墙的上部和墙内少量的临时性住屋，规划并建造了新的墙体和带有小天井院的排屋。因此“元勋旧址”现有排屋基址也只是明末的规划，要大大晚于外围墙的始建时间。可见，“望岗堡”与“元勋旧址”这一类围村一般在最初建设时并不是作为日常居住生活空间而设计的，而是作为躲避战乱的防御性的临时居所，因此始建时只有围墙和水井，并非与围墙同期，以至于后来所建排屋与倚庐不得不要躲开原有水井的位置。其次，根据考古发掘材料，围内排屋皆为“二水归堂”天井院组成，而这种“二水归堂”排屋是“宝安类型”民居住宅中最主要的具有地方性特征的形制之一，只是尺度、规格要小于围外“排屋村”、“散屋村”中的同类住宅。

近代以来在广东，炮楼是一种极为普遍的建筑物，其普及程度可能远远超过村围。炮楼与村围最本质的区别就在于：一是炮楼没有中空的院落，而村围则有；二是炮楼立面上是细高的，而村围则是扁平的；三是炮楼体量狭小，而村围则体量硕大。这是一般情况。另一方面，无论是在深圳、东莞，还是在广州、开平，我们都见到过有那么一些体量硕大的炮楼，有的规格已达到甚至超过了望岗堡的规格，只不过里面没有做成中空的、没有一个小院或是天井罢了。开平的炮楼又称为“碉楼”，其中有一些规模巨大者，里面就是中空的、有一个小院或是天井。这样的建筑形制如果继续扩大，边长超过了当时屋顶建造技术的极限，就必然导致望岗堡式的村围的产生。沿着这条路径发展下去，最终就是典型的村围。当然，这条发展路径只是依据简单的平面几何图形所作出的单向的联想与推测。考虑到建筑历史中的事实和特定事物的发展规律，我们把思路反转过来，结论就必然是“村围——围堡——炮楼”。望岗堡的平面规格是边长20多米的矩形，典型村围中规格较小者常常只有30多米的边长，如深圳的仁居永泰围、香港的锦庆围等。另外在广州北部的始兴、翁源、梅县一带分布的客家围屋中，其小者边长也只有二三十米，附近的炮楼也有规格巨大者，都可以作为我们观察广府东南片村围营造中的平面布局问题的参照系。望岗堡既有村围的特征，又有炮楼的特征，完全可以看做是村围与炮楼二者之间的过渡形态，其建筑形制的名称亦应定为“围堡”。因此我们认为，村围与炮楼二者之间纯规格上的界线事实上是模糊的。

将倚庐改建为周屋的时间要更晚于围内排屋的建造时间，此类典型有龙岗坪地“西湖塘老围”与平湖“白坭坑老围”。这两座老围的周墙内部至今仍有或长或短的空置墙体，没有任何附着建筑物。此外，深圳“元勋旧址”的考古发掘材料显示，周墙内部所建周屋形制混乱，建造时间更是或早或晚参差不齐，说明本来也应该是由倚庐逐渐改建、演化过来，改建时间应该不会早于明朝末年。东莞厚街镇“赤岭大围”也是此类典型，我们称之为“土墙围”。在15年前我们调查时，“赤岭大围”周墙内部有一部分建有单面坡顶的倚庐，又称“偏厦”；还有一部分周墙内就是空置，也没有任何附着建筑物。

2. 客家类型的围内房屋平面布局

客家围屋平面布局是以排屋为核心元素，自称“堂横屋”结构。平面上横向的排屋称为“堂屋”，纵列向排屋称为“横屋”。围屋内中心部分由二堂或三堂形成一个纵列，一般作为祠堂使用，表面看祠堂似乎是一个纵列屋，但是从平面图或俯视图上看，这个纵列屋是更长的二排或三排屋串联而成。观察所有客家围屋中心的祠堂部分，莫不如此。也就是说，将横排屋的中间纵向打通，即形成祠堂空间。客家围排屋有不同的规格和组合样式，基本的是“平排屋”，由平面矩形的房屋横向连接而成。在客家文化中心地的梅州、兴宁地区，围龙屋凡最小型者，核心的堂屋部分一般皆为二堂，这二堂一定是由两座平排屋纵向串联而成，是围龙屋类型的原始样式，其建筑时间往往偏早。这种排屋的发展型为“斗廊排屋”，即三间平排屋前面左右各连接一座规格略小的厢房廊屋，连接的动词建筑术语曰“柦”，俗作“斗”。与北方厢房不同的是，这种“厢房”与主屋一定是连接在一起的，名曰“斗廊”；三间一组的“斗廊”横向连接叠加，形成长长的“排屋”，名曰“斗廊排屋”。在深圳东北地区即龙岗区内，凡是乾隆及以前建造的围屋，其组合单元一定是“平排屋”；凡是道光以后建造的围屋，其组合单元多半是“斗廊排屋”（图版54、55）。

第二节　围屋建筑立面与年代的关系

在深圳东北地区，已知可以肯定是明代始建的围屋建筑，大概共有坪地西湖塘老围、平湖大围、平湖白坭坑老围、龙城圳埔岭老围4座。西湖塘老围大约始建于嘉靖、万历之间，主人王氏家族在明代初年已经来到这里落脚。特征是只在正面开一门。

①围屋正面开一门普遍早于开三门，如坪地西湖塘老围、平湖白坭坑老围正面均开一门，平湖大围始建时只有一门，后此门荒废，又在东南、西南两角各开一门。

②建造年代较早的围屋围墙上只有墙帽顶而没有屋顶，较晚建造的围屋围墙上有越过围墙向围外排水的屋顶结构。

③周屋式围屋有门洞而无门楼，周墙式围屋有门楼，并有“矮阁楼”与“箭楼”两种式样。“矮阁楼”是指门上框至屋檐不足一人高，正面开有瞭望孔的阁楼；“箭楼”是指门上框至屋檐超过一人高，正面开有箭窗的阁楼。有“箭楼”式门楼的围屋普遍早于有“矮阁楼”门楼的围屋。

④在有木结构梁架的围屋中，柱子、梁架构件自身的长、宽比也与建筑年代关系比较密切，比较短粗肥胖的构件，相对年代较早；比较细长清瘦的构件，相对年代较晚。例如圆柱的直径与高度比等于或大于1:10时，年代大约等于或早于清代中期。

⑤围墙墙体夯土，高约5米左右，厚约0.4米左右。

第三节　围屋建筑细部结构与年代的关系

一　角楼与周墙的结构关系

其一，角楼的外墙与围屋的围墙连为一体，即没有独立的角楼，如果是夯土的，就是通过一次“舂泥”（舂泥：广州话，夯土围墙的施工过程称为“舂泥”）。夯为一体的，如果是砖砌的，就是一次错缝砌成，我们称之为凸角楼，建有凸角楼的围屋也可称为“凸角围”。

其二，每个角楼有各自独立的外墙，与围屋的外墙有一个对接关系，如果是夯土的，就不是通过一次“行墙”夯为一体（行墙：客家话，夯土围墙的施工过程称为“行墙”）。如果是砖砌的，就是两次各自独立砌成。换句话说，每座角楼都是各自独立，这种类型我们称之为嵌角楼，建有嵌角楼的围屋也可称为“嵌角围”。

其三，角楼外墙如果是夯土的，在转角连接点上，角楼墙夯一板，周墙再夯一板，交错上升，如人左右手指交错扣合，如果是砖砌的，先砌角楼，在与周墙连接的位置上留出砖茬，这种类型我们称之为连角楼，类似的建有连角楼的围屋也可称为“连角围”。

在上述三种角楼与围墙关系中，凸角楼的建造年代相对早于嵌角楼与连角楼，已知的凸角楼都建于明代以前，最晚者也不晚于清代初期，比较早的潮汕地区几座凸角围年代甚至可以前推到宋代。从三者所属文化分布情况来看，凸角围属于广府文化圈内的宝安次文化片，大的系统仍然属于广府文化，集中分布于深圳、香港、东莞，其中已知最古老的一座“元勋旧址”始建于明代初年，香港的吉庆围建于明代万历年间，东莞白沙水围建于明崇祯年间，深圳的沙咀老围建于清代康熙年间。“连角围”分布于惠州、惠阳、河源、龙川、连平、始兴、江西定南、安远、龙南、全南、信丰，这样东西宽150余公里，南北长近400公里的一个广大范围内。在这个范围里的“连角围”虽然细节上有很多变化，但“连角”的特征不变。嵌角围的分布比较集中，据现有资料，在广东省五华、丰顺、紫金、和平等闽粤赣三省交界地区，可以发现一些嵌角围。

目前已知深圳东北地区围屋的角楼与周墙的关系都是连角式，因此都属于连角围，其中广府围屋虽然目前也多半都用连角式，但都和比较早期的诸如深圳“元勋旧址”、惠州市永湖镇凤嘴堡、潮阳东里寨在平面上都有亲缘关系，参考其他资料，可以推知本地区早期广府围屋也应该有强烈的凸角围倾向。

而在这一地区的东部分布着大量惠州客家类型的“嵌角围”，深圳有300座左右，香港有1座，东莞有100座左右。仅从广州东南部这一局部地区看，“凸角围”主要分布于粤方言区东莞次方言区内。而“东莞次方言”使用的地区与古代宝安县的范围完全重合，本地人称之为“围头话”，其实应该称为“宝安次方言”，是粤方言（广州话或白话）的一个重要分支。所以我们认为“凸角围”属于广府文化圈内的宝安次文化片，大的系统仍然属于广府文化；而“连角围”分布于惠州、惠阳、河源、龙川、连平、始兴、江西定南、安远、龙南、全南、信丰，这样东西宽150余公里，南北长近400公里的一个广大范围内。在这个范围里的“连角围”虽然细节上有很多变化，但“连角”的特征不变。

虽然“凸角围”和“嵌角围”有各自不同的次文化背景，但它们对于炮楼上四角铳斗的形成都产生了重要的影响。首先看“凸角围”，其中比较大的如香港元朗吉庆围，边长近百米；但是小的边长只有二三十米，如深圳的沙咀老围，边长仅有 31 米。其实这种“凸角围”还有更小的例子：开平赤坎镇三门里迎龙楼，建于明代嘉靖年间，略晚于元勋旧址，长边 15 米，短边 9 米，高 11.5 米，由于中间没有天井，似乎已经不应该称为“凸角围”，而应该称为“凸角楼”了。但是我们一般定义炮楼和围屋的区别，总会要求平面的长边尺寸要少于立面的高度尺寸，而迎龙楼还达不到这个标准，说它是炮楼多少有些勉强。另外还有一个因素，就是如果按一般标准，称一个建筑物为“围屋”或简称为“围”，总会要求在一周围合的屋子中间有一个天井，而迎龙楼的三开间中，已经完全没有了标准的天井，而只有一个“暗天井”退化而成的楼面栅栏窗。所以我们虽然把迎龙楼归入本土炮楼的大类中，但其实还应该知道，它多少带有“凸角围”围屋与“凸角楼”炮楼中间的过渡形态特征。我们曾经在广州的北侧和南侧近五百公里的狭长地带内找到 10 余座真正的“凸角式炮楼”，“凸角楼”。

二　柱与梁的结构关系

中国古建筑木结构中最主要的结构关系是柱与梁的关系。按照柱与梁的结构方式来看，所有的柱梁关系可以划分为两类，分别是叠压关系与穿插关系。叠压关系是指构件之间以上下叠压方式结构为一体，来传递和承担荷载。穿插关系是指构件之间以榫卯方式结构为一体，来传递和承担荷载。如图 32 所示：

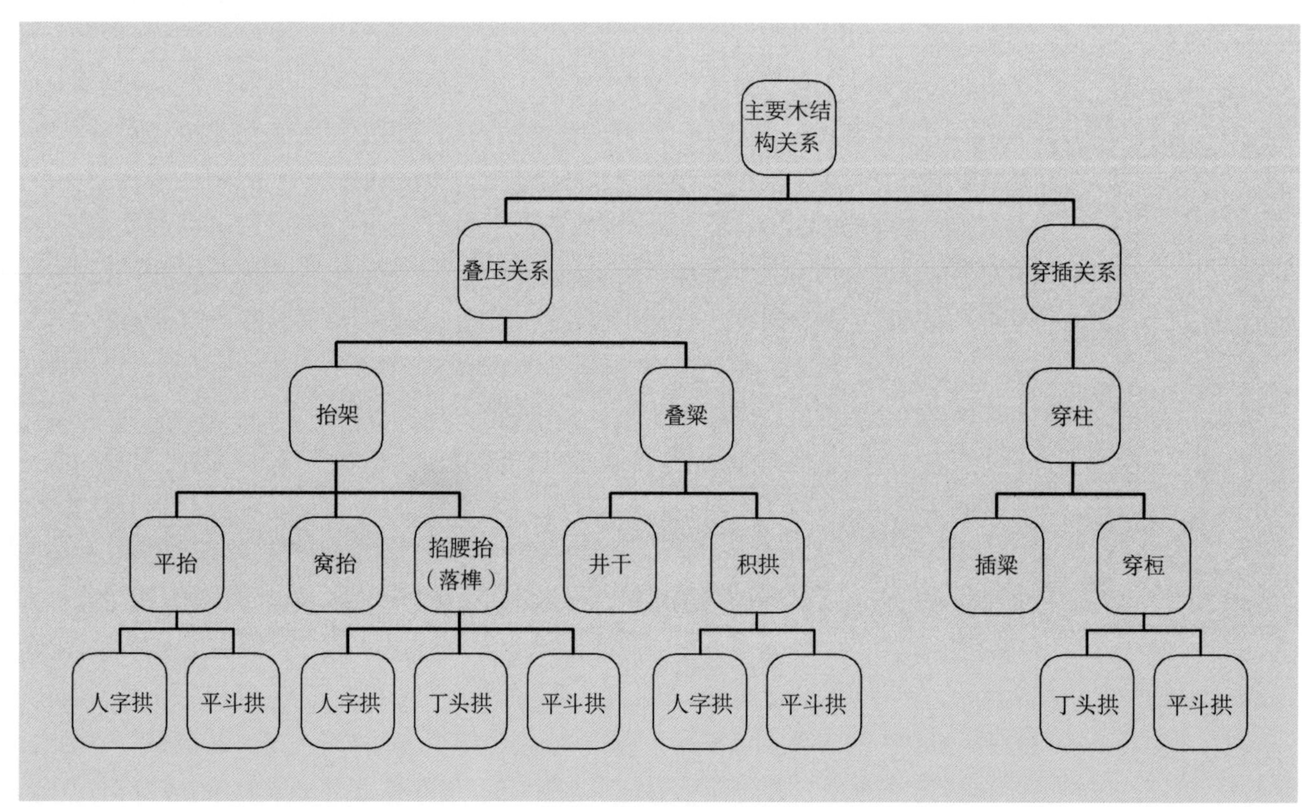

图 32　柱与梁的结构关系图

在叠压关系这一类下，柱与梁通过叠压形成结构关系，即梁叠压在柱上，我们称之为抬梁结构，抬梁结构的具体做法有“平抬”、“窝抬”和“掐腰抬”（箍头落榫）。

“平抬”是指柱头锯成平面，中间留短凸榫，梁头底部打平并凿出一方形半卯以承短凸榫，即以平接方式形成抬梁结构，为北方大部分地区所使用。

“窝抬”是指柱头用锯旋出半圆形梁窝，与梁头底部吻合，柱头中亦有小凸榫以固定梁头，防止扭动和移位，流行于闽南潮汕地区。

“掐腰抬”又称“箍头落榫造”，柱头中间向下锯出矩形榫位，梁头退入 30 厘米左右锯出掐腰榫，自上而下落入柱头矩形榫位，梁头形成“箍头”，柱头形成“掐腰”，为湘南、粤北及粤中地区所使用，其中粤中地区大量使用这一做法，湘南和粤北地区则仅有少量使用。

掐腰抬中，偶有用方木块将柱子杈口上方填实的做法，形成“假插梁作”。

梁与梁通过叠压形成结构关系，我们称之为叠梁结构。由水平的“拟梁构件”上下叠压形成墙体，拟梁构件之间用合掌扣相互连接，形成三面以上围合的墙体，成为同时具有承重和墙壁功能的房屋主体结构，称之为井干。

“积拱”是指小型的拟梁构件通过上下叠压形成结构关系，这种结构关系并非主要承重结构，只能成为梁、柱等主要承重结构的过渡组件，诸如“斗”、“拱”等均属此类。因此，从本质上讲，斗拱就是叠梁的一种衍生形式。斗拱和井干的产生年代都比较早，但是由于木材资源的逐渐枯竭，井干式结构的繁荣和发展受到极大的限制，近代以来基本上濒临灭亡；而与此同时，斗拱凭借可以俭省用材的优势，数千年来一直在缓慢发展，沿用至今仍普遍使用。

本地区围屋中广府祠堂的梁架结构以“掐腰抬”为主，客家祠堂的梁架结构以“插梁”为主。

第四节　围屋建筑文献与年代的关系

围屋建筑主要构件就是主要的承重构件，是整体结构的核心，其中最重要的非梁架构件莫属。梁架是构件的组合，在结构层级上是组件，由若干个构件组成。本地围屋的梁架组件一般由三个主要构件组成：梁、柱和柱础。

一　有文献记载年代的本地围屋（表 43 ~ 45）

表 43　按照文献记载围屋已知年代序列表

年号	围名	民系	始建和大修年代	文献出处
崇祯				
顺治				
康熙	洪围	客家系兴梅式	康熙三十年（1691 年）始建道光十年(1830 年）重修	龙岗客家民俗博物馆展板
	田丰世居	广府与客家人共用的围屋	康熙末	龙岗客家民俗博物馆采访

续表 43

年号	围名	民系	始建和大修年代	文献出处
	七星世居	客家系本地类型	康熙五十六年（1717 年）始建，乾隆四十七年（1782 年）建成	《七星世居折射岁月变迁》，载于《深圳侨报》2012 年 4 月 11 日
乾隆	王桐山钟氏围屋	客家系河源式	清乾隆年间	三普摄像试点简介
	大万世居	客家系惠州式	乾隆二十六年（1761 年）始建，乾隆五十六年（1791 年）建成	匾额、《大万世居保护规划》
	新乔世居	客家系惠州式后加兴梅式	乾隆十八年（1753 年）	匾额、《深圳客家研究》第 100 页
	城肚内围（秀山世居）	客家系兴梅式	乾隆末年	《深圳客家研究》第 100 页
嘉庆	鹤湖新居	客家系惠州分支	乾隆四十七年（1782 年）始建，内围于嘉庆二十二年（1817 年）建成，外围于道光年间建成	匾额、龙岗客家民俗博物馆展板
	青排世居	客家系惠州式	嘉庆、道光年间	《深圳客家研究》第 91 ～ 92 页
	简湖世居	客家系本地类型	嘉庆九年（1804 年）	三普资料
道光	茂盛世居	客家系惠州式	道光十八年（1838 年）	龙岗客家民俗博物馆展板
	大田世居	客家系兴梅式	道光五年（1825 年）	碑记、龙岗客家民俗博物馆展板
	泮浪世居	客家系惠州式	道光年间	《深圳文物志》第 145 页
	葵涌福田世居	客家系惠州式	道光二十九年（1849 年）	《深圳客家研究》第 131 页
	坪西吉坑世居	客家系惠州式	道光四年（1824 年）	龙岗客家民俗博物馆展板
	龙田世居	客家系惠州式	道光十七年（1837 年）、十四年（1834 年）	匾额、《深圳客家研究》第 100 页
光绪	龙和世居	客家系惠州式	光绪七年（1881 年）建成	龙岗客家民俗博物馆采访
宣统				
民国	璇庆新居	客家系惠州分支	民国三十七年（1948 年）	三普摄像试点简介
	八群堂	客家系惠州式炮楼院	民国二十一年（1933 年）	三普资料
	葵涌上禾塘老围	客家系惠州式	民国年间	三普资料

表 44　本地围屋梁架文献年代表

文献年代	围名	民系
康熙三十年（1691 年）始建，道光十年（1830 年）重修	洪围	客家系兴梅式
康熙末	田丰世居	广府与客家人共用的围屋
康熙五十六年（1717 年）始建，乾隆四十七年（1782 年）建成	七星世居	客家系本地类型
清乾隆年间	王桐山钟氏围屋	客家系河源式
乾隆二十六年（1761 年）始建，乾隆五十六年（1791 年）建成	大万世居	客家系惠州式
乾隆十八年（1753 年）	新乔世居	客家系惠州式后加兴梅式
乾隆末年	城肚内围（秀山世居）	客家系兴梅式
乾隆四十七年（1782 年）始建，内围于嘉庆二十二年（1817 年）建成，外围于道光年间建成	鹤湖新居	客家系惠州分支

续表 44

文献年代	围名	民系
嘉庆、道光年间	青排世居	客家系惠州式
嘉庆九年（1804 年）	简湖世居	客家系本地类型
道光十八年（1838 年）	茂盛世居	客家系惠州式
道光五年（1825 年）	大田世居	客家系兴梅式
道光年间	泮浪世居	客家系惠州式
道光二十九年（1849 年）	葵涌福田世居	客家系惠州式
道光四年（1824 年）	坪西吉坑世居	客家系惠州式
道光十七年（1837 年）、十四年（1834 年）	龙田世居	客家系惠州式
光绪七年（1881 年）建成	龙和世居	客家系惠州式
民国三十七年（1948 年）	璇庆新居	客家系惠州分支
民国二十一年（1933 年）	八群堂	客家系惠州式炮楼院
民国年间	葵涌上禾塘老围	客家系惠州式

表 45　本地区围屋柱础文献年代表

文献年代	围名	民系
康熙三十年（1691 年）始建，道光十年（1830 年）重修	洪围	客家系兴梅式
康熙末	田丰世居	广府与客家人共用的围屋
康熙五十六年（1717 年）始建，乾隆四十七年（1782 年）建成	七星世居	客家系本地类型
清乾隆年间	王桐山钟氏围屋	客家系河源式
乾隆二十六年（1761 年）始建，乾隆五十六年（1791 年）建成	大万世居	客家系惠州式
乾隆十八年（1753 年）	新乔世居	客家系惠州式后加兴梅式
乾隆末年	城肚内围（秀山世居）	客家系兴梅式
乾隆四十七年（1782 年）始建，内围于嘉庆二十二年（1817 年）建成，外围于道光年间建成	鹤湖新居	客家系惠州分支
嘉庆、道光年间	青排世居	客家系惠州式
嘉庆九年（1804 年）	简湖世居	客家系本地类型
道光十八年（1838 年）	茂盛世居	客家系惠州式
道光五年（1825 年）	大田世居	客家系兴梅式
道光年间	泮浪世居	客家系惠州式
道光二十九年（1849 年）	葵涌福田世居	客家系惠州式
道光四年（1824 年）	坪西吉坑世居	客家系惠州式
道光十七年（1837 年）、十四年（1834 年）	龙田世居	客家系惠州式
光绪七年（1881 年）建成	龙和世居	客家系惠州式
民国三十七年（1948 年）	璇庆新居	客家系惠州分支
民国二十一年（1933 年）	八群堂	客家系惠州式炮楼院
民国年间	葵涌上禾塘老围	客家系惠州式

上述围屋由于有文献记载的年代，看起来似乎没有年代问题。可是当我们把这些有文献记载年代的围屋的实物图片排列在一起观察时，问题就来了。最主要的问题如下：

其一是同一个年号的梁架柱础在形制上异常多样，大的年号所拥有的多种形制几乎可以覆盖本地区围屋所有年号的所有形制；其二可能由于形制上的异常多样导致了混乱，使人看不到任何规律性的东西，看不到形制甲与形制乙之间空间上的形态关联，看不到形制甲与形制乙之间时间上的传承演化关系；其三是所有各种不同形制都可能出现在任何不同的年代，形制与年代似乎没有关系。

观察上面根据文献排列出来的梁架和柱础的年代序列，在形制上是相当混乱的，我们看不到任何规律性的东西。这说明在研究实物时，文献不能作为主要证据元素，而只能是辅助性元素。

在漫长的岁月中，古代建筑不可能整体都保持在同一时期的状态下，而是随时随地受到自然和人为的干扰，或局部或整体地被改变。整体改变就造成古代建筑本体实质性的毁灭消失，而局部改变会使之一步一步地丧失原有本质，从具有文物性质的饱含历史文化价值的古物一步一步地蜕变为仅仅具有当下物质生活使用价值的新构。古代建筑在蜕变过程中，一般情况下外表的组件和构件毁灭消失得比较快，如瓦件、外墙总是处于不断更新中；而其内部的组件和构件毁灭消失得比较慢，如梁架和柱础则往往可以保存比较长的时间。

二　关于年号和断代

我们在断代中使用的年号，当精确到“年”时，就是指的那一年，例如说某器物是光绪七年的，就是指 1881 年；当使用的仅仅是年号时，是一个中间值，代表的是某一种形制存在与延续的可能的时间段，一般是某年号加或者减一个年号，或者是某年号加或减 30 年左右，也就是说我们认为，1949 年以前，某一种形制存在与延续的可能的时间段，一般是 50 年左右。例如说某器物是光绪年间的，就是指这种形制存在与延续的可能的时间段，一般不会早于同治年间、不会晚于宣统年间。各个年号长短不同，所以为古代建筑断代时，年号只是一个工具，一个大概的中间点；我们绝不是就认为某建筑或者构件一定建造于这个年号之内，而是认为某建筑或者构件应该建造于这个年号上一个或者下一个年号范围之内。如果遇到有些年号延续时间很长，如康熙、乾隆之类，则应该使用以绝对年代为中心加或减 30 年左右的办法。

我们认为要为古代建筑断代，必须具备以下几个条件：

（1）有大量田野调查的准确科学详细的第一手资料；这个量要多大？比如在一个地级市范围内，或者至少在 2000 平方公里范围内，要做一个彻底的调查，全面准确科学详细记录的古代建筑单体数量在 5000 座以上。没有这样的第一手资料，想找到任何规律都是不可能的。

（2）有正确的方法，必须引入考古学的“扰动”和“层位”的概念，识别原生态和衍生态，去伪存真，分析不同的文化层，辨明叠压关系。

（3）找到古代建筑年代的标准器序列，即找到一批未经过“扰动”和“层位”明确的标准器，能够形成至少三个支撑点以上的年代序列。

（4）每一个案的断代，在形制上必须有前后两个相邻形制的标准器卡住，即要找到这个案形制上的来龙和去脉。

第五节　梁架与年代的关系

我们都有这样的经验，生活器具使用的材料中，木材的寿命是比较短的，至少在与石材的对比中是如此。眼下我们的调查中观察到的结果更加证实了这个现象。历史建筑中的木材相对于其他材料，能够存续的时间比较短些，南方比北方的情况还更严重，由于这边的白蚁和细菌都远比北方强大，一副木构梁架很少有能用到150年以上的。

这次我们在龙岗记录了约40副木构梁架，其中未经扰动的原生梁架占比不少，原因是它们大部分都是同治以后的，保存状况较好。

在对历史建筑历时性的研究中，人们习惯于“目光向上”，偏重于关注“上层建筑”，因此对梁架的研究水平似乎比其他构造更高一些。但仔细推敲起来，结果却不完全如此。现在很多所谓的“唐宋遗构”，其主要木构件已经焕然一新，如广州光孝寺、肇庆梅庵、福州华林寺等；还有一些是过去就更换过主要构件，现代学者却以为是“原构”，如某寺梁架上有很多个晚清、民国风格的构件，还有各自不同的八个柱础，却被用整本书的篇幅硬说成五代时期的“原物”，还申报成为国保。从这个案例可以看出，至少在“文物”层面上，历史建筑的“原真性”是何等的重要。本文引用作断代用的材料，除非作特别说明者，皆为未经后代扰动的构件，详见表46、47。

现代混凝土仿制品其本质也是彻底的扰动品，虽然大都试图模仿还原该建筑的原始面貌，但由于设计、施工方对于历史和艺术理解较浅、认识较差，做出的梁架结构往往仅存不伦不类的框架，毫无民系特征、审美追求和历史感，所以不在表格中列出。

几个重要术语的说明：

穿柱、掐腰落榫见前文第三节“柱与梁的结构关系”。

梭子梁：梁的直径大小由中部向两端逐渐递减，横径差一般由大约1/3 ~ 2/5，收分明显，梁的中部往往形成较宽较厚的“大肚”部分。因其总体形制与织布用的梭子相似，考虑到形制演变的序列特征及命名，我们称之为“梭子梁”。这种做法集中在兴梅地区，时间跨度自明代至清代中期，是客家系梁架中各承重梁的基本形制。晚清以后，“梭子梁”向“微梭梁”变化，直至梭形消失，演变为直筒形的“筒子梁”。

微梭梁：梁的直径大小由中部向两端逐渐递减，略有收分，横径差大约在1/5以下，是“梭子梁”向“筒子梁”演变的中间形态。

筒子梁：整根梁的直径大小没有变化，截面形状接近正圆，仅底面打平一窄条用于雕刻图案或文字。因其总体形制与常见的直筒形物一致，我们称之为“筒子梁”。这种做法集中在广府核心地区，时间跨度自明代至清代中期，是广府系梁架中各承重梁的基本形制。

需要说明的是，广府系承重梁的截面形状由早期至晚期存在变化，随着时间的推移，截面纵横比逐渐加大，依次为近正圆形、椭圆形、鼓形、矩形，直至最后形成板式梁架。

榫头造：穿柱结构的做法之一。梁头削斫为榫，穿柱而出，多在露出的榫头上雕刻图案造型，或加以油漆彩绘，个别也有用素面榫头者。深圳客家梁架榫头早期多用“岔口”造型，晚期则倾向于模仿广府“兰花卷”造型。

帮榫造：穿柱结构的做法之一。在榫头造的基础上，于梁头穿柱而出的榫头两侧帮贴两块木料，使梁头的横截面看起来与梁身一致。

表 46 深圳东北地区围屋梁架类型样式表：客家系

型与式	文献年代	地点	图示	备注
龙岗型Ⅰ式（穿柱梭子梁帮榫造）	乾隆四十六年（1781 年），（刘丽川《深圳客家研究》，南方出版社，2002 年，以下简称《研究》）	龙湾世居		
	乾隆十八年（1753 年，匾额）	新乔世居	 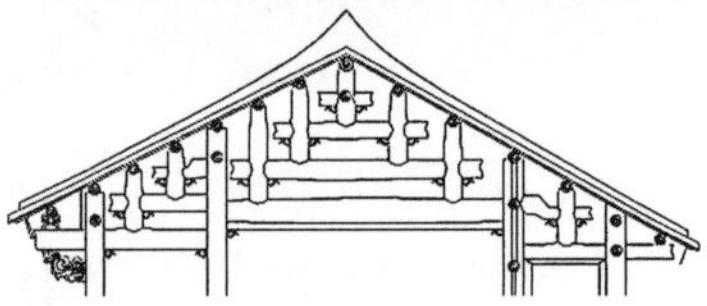	
	乾隆五十九年（1794 年，《研究》）	老坑黄氏围屋中厅		
	道光四年（1824 年，《研究》）	吉坑世居萧氏宗祠中厅梁架	 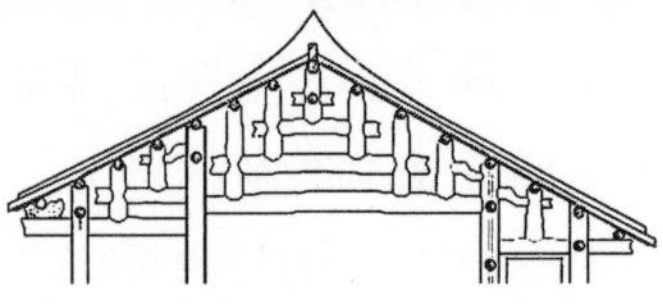	

续表 46

型与式	文献年代	地点	图示	备注
龙岗型Ⅰ式（穿柱梭子梁帮榫造）	嘉庆四年（1799年，匾额）	坪山六联——丰田世居		
	道光年间（族谱）	泮浪世居萧氏宗祠	 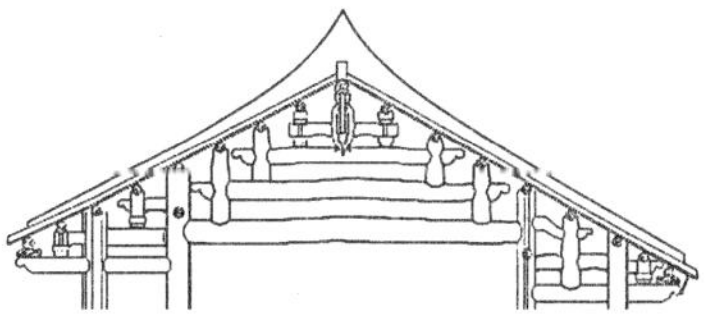	
	道光五年（1824年，匾额，《研究》）	大田世居	 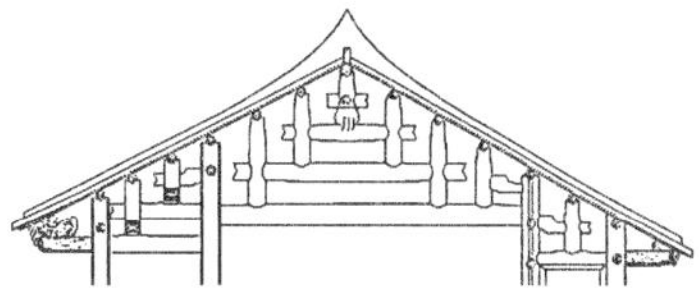	
	道光十四年（1834年，匾额）、嘉庆二十二年（1817年，族谱）	鹤湖新居	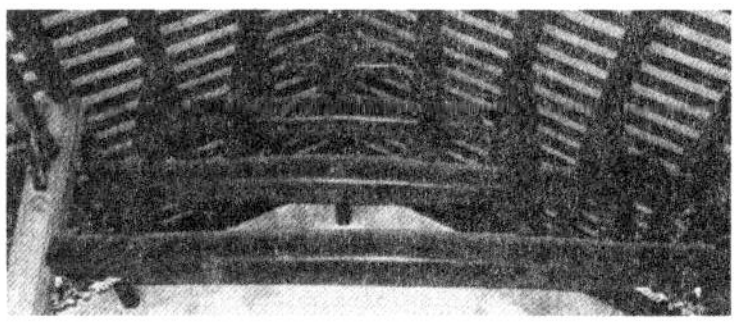 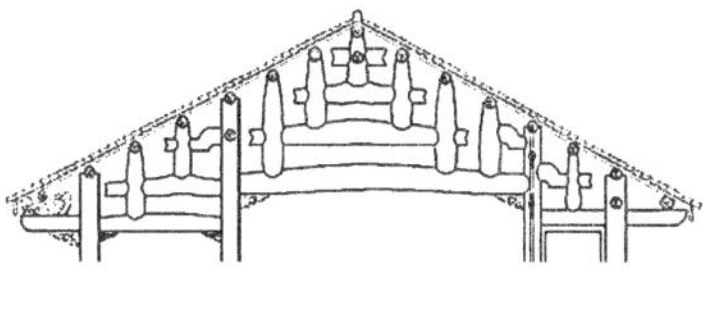	
	？	麟阁世居中厅木梁架		

续表 46

型与式	文献年代	地点	图示	备注
龙岗型Ⅰ式（穿柱梭子梁帮桁造）	明末（族谱）	坪地山塘尾——萧氏宗祠		
	咸丰（《研究》）	龙敦世居		
龙岗型Ⅱ式（穿柱微梭梁帮桁造）	？	三溪黄氏围屋		
	嘉庆十三年（1808年，三普）	阳和世居	 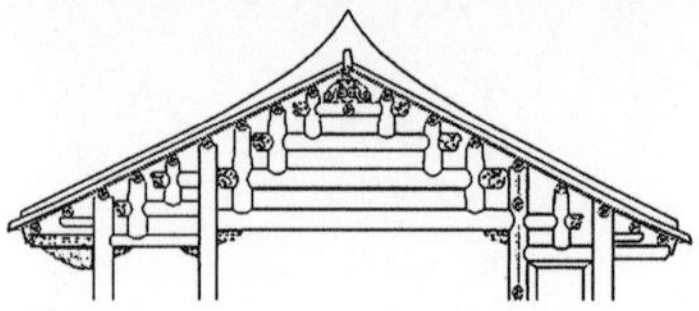	
	光绪七年（1881年，匾额）	龙和世居		

续表 46

型与式	文献年代	地点	图示	备注
龙岗型Ⅱ式（穿柱微梭梁帮榫造）	乾隆（族谱）	正埔岭	 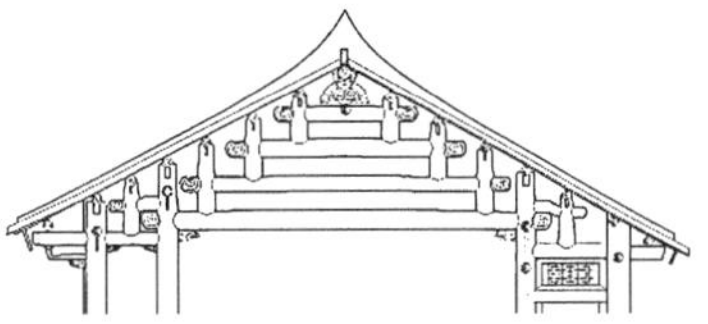	
	?	中心余氏围屋		
	?	碧岭社区沙绩——嘉绩世居		
龙岗型Ⅲ式（穿柱微梭梁榫头造）	?	炳坑世居		
	?	中心林氏宗祠（七美堂）		
	清末（三普）	棠梓新居		

续表 46

型与式	文献年代	地点	图示	备注
龙岗型Ⅲ式（穿柱微梭梁桁头造）	民国十七年（1928年，三普）	爱联社区——西埔新居		
	乾隆四十三年（1778年）、清末（三普）	梅岗世居		
	道光十七年（1837年，三普）	龙田黄氏宗祠中厅右木梁架		
	乾隆五十九年（1794年，《研究》）	长隆世居		
	?	金沙卢氏宗祠中厅木梁架		
宝安型Ⅰ式（“穿柱筒子梁”帮桁造）	?	新大坑于斯第		

续表 46

型与式	文献年代	地点	图示	备注
宝安型Ⅰ式（“穿柱筒子梁”帮榫造）	康熙末（《研究》）	田丰世居刘氏宗祠	 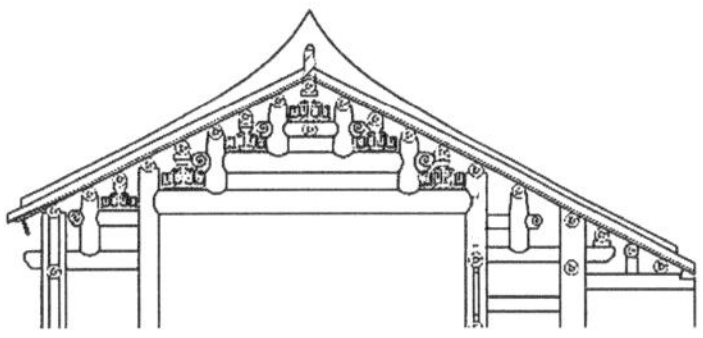	
	清同治七年（1868年，三普）、光绪七年（1881年，匾额）	龙和世居罗氏宗祠	 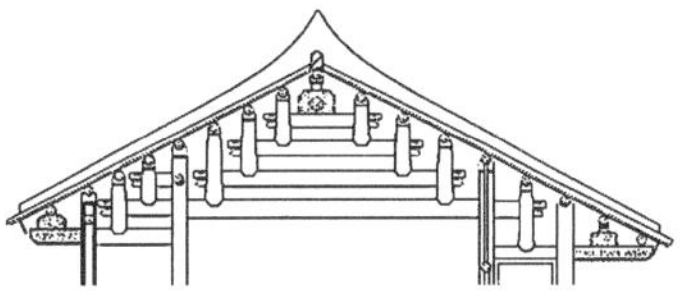	
宝安型Ⅱ式（“穿柱筒子梁”榫头造）	乾隆五十六年（1791年）建成（匾额）	大万世居端义公祠	 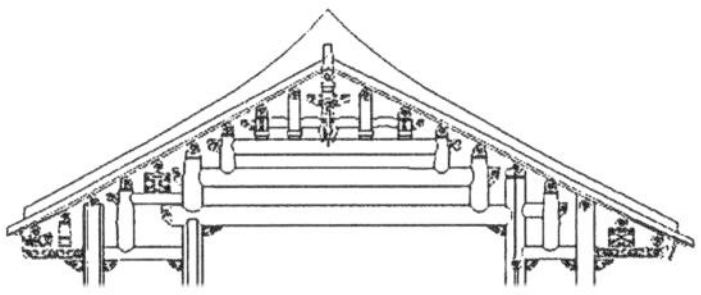	
		龙西老围老屋村		
		福田世居		

续表 46

型与式	文献年代	地点	图示	备注
宝安型Ⅱ式（“穿柱筒子梁”榫头造）	清嘉庆三年（1798年，三普）	龙村世居		
	光绪？	大福老屋村陈氏宗祠		
	光绪？	低山村刘氏宗祠		
	光绪十四年（1888年，匾额，《研究》）	坑梓街道金沙社区荣田村——荣田世居		
	郑氏十七世祖秀贤公从福建迁来，约在同治	吉厦老围秀贤郑公祠	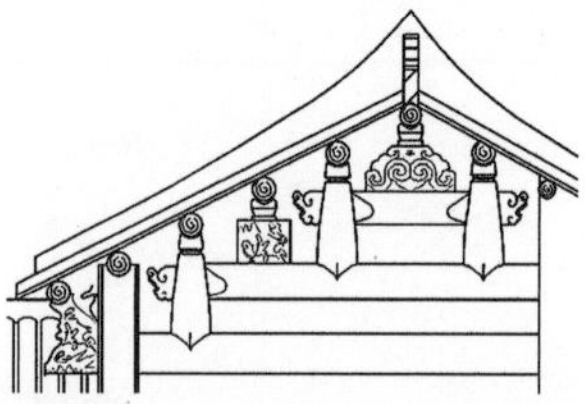	
	？	高围新居	 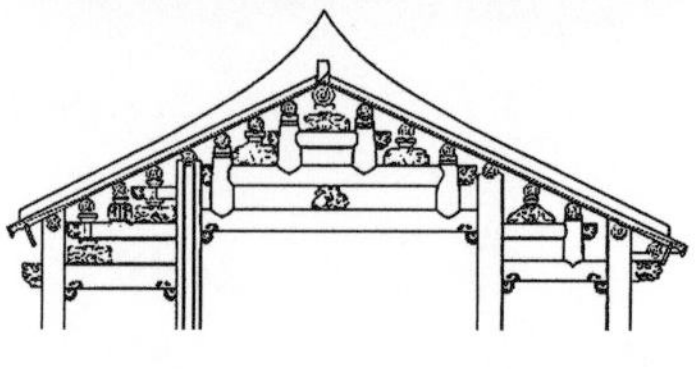	

续表 46

型与式	文献年代	地点	图示	备注
潮客混合式（“瓜墩油佬梁”）	?	四方埔萧氏围屋（露瀼堂）		
中西合璧式	道光十八年（1838 年，族谱）	茂盛世居	 	
西洋拱券式	民国（三普）	南岭围绍玉张公祠后厅		

表 47　深圳东北地区围屋梁架类型样式表：广府系

型与式	文献年代	地点	图示	说明
广州Ⅰ型“柁斗架”式			略	清初以后，仅用于檐步架
			略	
			略	
广州Ⅱ型“掐腰落榫梁”式	明末（族谱）	白坭坑老围	 	清末以后为宝安型所替代

续表 47

型与式	文献年代	地点	图示	说明
	明末（族谱）	坪地西湖塘老围王氏宗祠		清末以后为宝安型所替代
	明末（族谱）	仙人岭老屋村书房		
宝安型“穿柱筒子梁”式	?	西湖塘新围书房		现有清末以后的梁架基本为此式
	道光?	香氏宗祠		
	元（族谱）	黄阁老围南岳公祠中厅		现有清末以后的梁架基本为此式
	南宋（族谱）	平湖大围刘氏宗祠		

由上表可见，客家系梁架中，凡梭梁，年代大都明显早于筒梁，二者之间有比较清楚的传承关系，其过渡形态——微梭梁——在本地区的数量亦属不少；梁身的横截面在各个历史时期中也有些微小变化；凡帮榫造，年代皆明显早于榫头造，二者之间也有比较清楚的传承关系。

此外，上两表所列大都为金柱梁架，至于檐廊步架，由于其大都用柁斗式，与金步梁架相比，对整座建筑的代表性较弱，加之篇幅所限，所以暂不列为研究对象，容后另为专文探讨。

广府系梁架的演变有几条路线，如“掐腰落榫”式的序列、“柁斗架”式的序列、“穿柱筒子梁”式的序列。由于在深圳东北地区围屋梁架中，广府系梁架的数量比较少，我们采集到的样本仅有上述二型三式七例，还远远不足以看出规律。不过据我们所知，“掐腰落榫”式梁架的年代普遍早于“穿柱筒子梁”式的梁架。广府系梁架的梁身横截面，在各个历史时期中变化比较明显，清代中期以后大致的变化情况如图 33 所示：

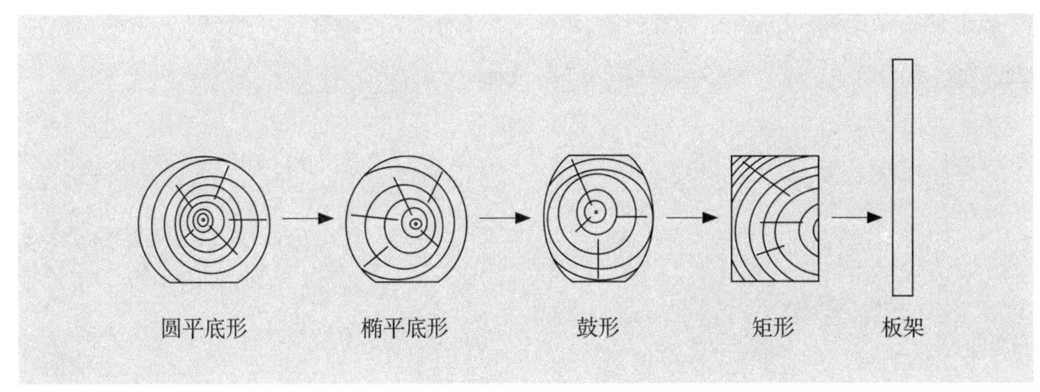

图 33　广府系梁架梁身横截面演变序列图

在我们采集到的样本中，梁身横截面基本都是圆平底形，又全部都是宝安型“穿柱筒子梁”式，实物年代集中在清代中晚期以及民国时期，与文献记载的宋、元、明各代相去较远。

第六节　柱础与围屋年代的关系

我们今天看到的中国古建筑都有一个共同特征，就是时间超过 100 年的建筑物往往都是多次修缮更新的结果，其中的构件往往包含了自始建年代起，多个时期或时代的特征。其中木构件能够保存的时间相对较短，砖、瓦构件保存的时间稍微长一些，石构件保存的时间最长，往往数倍于木构件。因此我们在研究建筑物的年代和寻找建筑构件的年代序列问题时，首先就应当对建筑物中的石构件进行分析研究。在石构件中，柱础在保存时间、数量及完整性方面都是最好的构件之一，而且其变化的敏感度比较高，所受扰动又往往最少，因此成为我们对建筑物年代进行研究时的首选构件对象。换句话说，古建筑中包含时代信息最多的往往是其中的石构件，而柱础能够给我们提供的共时性类型信息和历时性演化信息，相对来说是最靠谱的。在广东、深圳东北地区，由于石构柱础的遗存比较丰富，可能最终成为解决本地区古建筑编年问题的真正有效的突破口。

本地区的柱础虽然几乎可以完全纳入客家和广府两个文化系统中，但是当把它们分析到元素这一层面时，我们发现其基本的组成要素数量并不太多。其早期形态更是只有两个要素，分别是“盆”与“础”；其中期形态则为五个要素，分别是“櫍”、“盆”、“鼓”、“座”、“础”；其晚期形态则是由原有的“櫍”、“盆”、“座”产生的直接演化结果和间接的衍生元素组成。以中期形态为例：客家文化系统中客家人使用的柱础遗存最多的常规形态是“盆→鼓→座→础”系列；广府文化系统中广府人使用的柱础遗存最多的常规形态是“櫍→盆→座→础”系列。

在“盆→鼓→座→础”系列中，所谓“盆”，是最上的一层盘状结构，现在能看到的早期形态为覆盆状，后期形态为饼状；“鼓”，是第二层结构，早期为扁平半鼓状，中期演化为扁鼓，晚期又演化为高鼓或鼓架子以及莲瓣、瓜瓣、方矩、花瓶等常规样式；“座”，是第三层结构，本身就是第二层结构的衍生物，早期形态为壸门状以及几座等等，中晚期则演化为多层几座或者八方饼状等等；“础”，是第四层结构，常规形态是扁四方形（图 34）。

在“櫍→盆→座→础”系列中，所谓“櫍”，是最上的一层盘状结构，现在能看到的早期形态为仰盆状，后期形态为盘状；“盆”，是第二层结构，早期为覆莲状，中期演化为覆盆，晚期又演化为覆莲或鼓座以及瓜瓣、圆鼓、方矩、花瓶等常规样式；“座”，是第三层结构，本身就是第二层结构的衍生物，常规形态是八方饼状；“础”，是第四层结构，常规形态是扁四方形（图 35）。

保留至今的本地区围屋中能够证明其相对早期年代的构件也只有柱础，柱础的形制千变万化，但总是与其所属的文化系统有直接的关系。历来人们总说龙岗地区是客家地区，但是经过调查，我们发现深圳东北地区大约有 95% 的人口讲客家话，而还是有大约 5% 的人口讲“本地话”。所谓“本地话”，从方言学的角度看，是广州话（粤语，即广东人自称的“白话”）的东部边缘分支，又称为“围头话”，与粤语关系紧密，

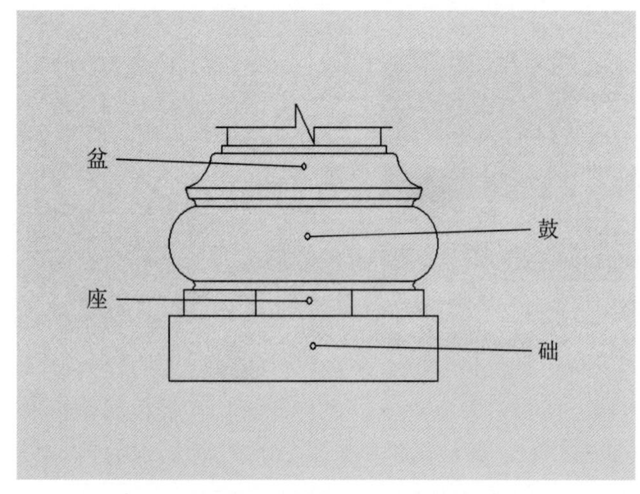

图 34 本地区柱础基本形态示意图 1：“盆→鼓→座→础”的基型

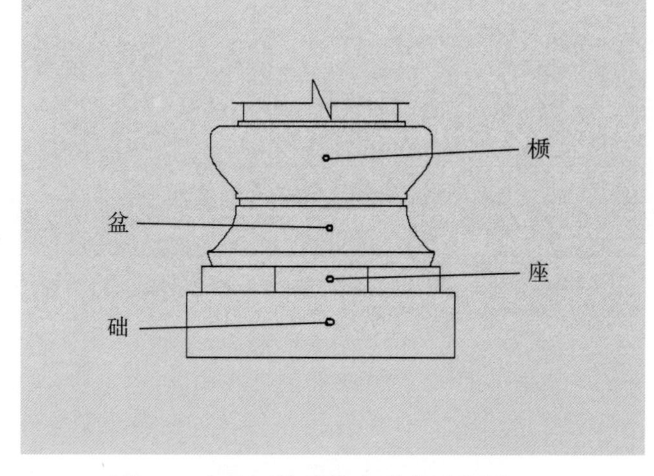

图 35 本地区柱础基本形态示意图 2：“櫍→盆→座→础”的基型

而与客家话、潮州话基本没有关系。而且从考古学的角度看本地区的文化面貌，清代早期以前所有的文化遗存物都显示出强烈的广府——本地文化的特征，而很少甚至没有客家文化的因素。这说明本地文化在清初以前是以广府——本地文化为主流特征的，客家文化是清初以后陆续传入的一种新来的移民文化。这个事实恰恰与文献中大量记载的清初“迁海复界”活动相吻合。也就是说，在清初以前，本地区地面上的文化面貌基本上是“广府——本地”的，人们所讲的方言也基本上是“本地话”或“围头话”。这种早期的主流文化面貌的发展进程被清初“迁海复界”所打断，此后客家人大量涌入本地，讲“围头话”的广府人迁出后返回的数量极少，迄今为止只剩下了屈指可数的几个群落。它们是坪地街道西湖塘老围王氏、老香村香氏、横岗街道荷坳陈氏、平湖街道平湖大围刘氏和白坭坑老围刘氏、龙城街道圳埔岭张氏，这六个姓氏在龙岗形成六个广府“围头话”方言岛。清初以来，他们在越来越多的客家人进入龙岗的同时，顽强地保持着自己的方言和文化习俗，极其吃力艰难地抵抗着客家文化的“侵蚀”和冲击，经营着自己日益缩小的广府文化地盘。其中，圳埔岭张氏已经失去了自己的祠堂，而自己的老围村也已退化成了敞开的排屋村；老香村香氏早就失去了自己的围墙和围屋，残存的祠堂虽然大的格局还保持着广府祠堂的整体特征，但许多重要构件已经客家化；荷坳陈氏则是先在近 10 年来农村城市化的过程中，拆光了荷坳老围及外面的祠堂，又在城市更新的过程中先后拆光了黄阁老围、白灰围、麻地头、阁坑围、蒲芦围等。因此剩下的广府人建造的公共建筑寥寥无几。

广府系指讲广州话（白话）的人所创造的文化系统，客家系指讲客家话的人所创造的文化系统。本地区的广府人虽然在数量上算是少数，但是他们保存下来的为数不多的几处公共建筑，却是本地区早期物质文化遗存的代表。所以占 95% 的客家建筑早已成为本地区传统建筑文化的主流，但是也不能忽视只占 5% 的本地广府传统建筑文化。据此，我们把深圳东北地区传统建筑的核心构件——柱础——分为二大类，一类是广府围头人所使用的柱础，另一类是客家人使用的柱础，每一类又根据柱础的形制特征和演变序列分成几型及其支型，每一支型下又主要根据产生时间先后分为若干式，每式下采用若干样本（图 36）。

按照柱础的形制特征来划分，可以明显看出在广府系统（简称“广府系”）的内部还有五大类型，分别是：茂湛型（西南沿海型）、高肇型（西江型）、广州型、英韶型（北江型）、惠河型（东江型）。深圳东北地区现有的柱础中，只有广府系统中的惠河型和广州型。惠河型中有 5 个支型：惠河Ⅰ型，主要特征为櫍盆座础；惠河Ⅱ型，主要特征为櫍鼓座础；惠河Ⅲ型，主要特征为櫍方座础；惠河Ⅳ型，主要特征为櫍瓶座础；惠河Ⅴ型，主要特征为櫍莲座础。惠河Ⅰ型与广州型相近的地方是，櫍、盆、座、础四元素齐全，且每一元素与相邻元素可以明显区分开来。惠河型与广州型不同的是，第一，惠河型在明中到晚明时期，花岗岩石材使用的比例较高；第二，现在可见广州型中无櫍、无座的例证基本上集中在明代早、中期，数量较少；而惠河型无櫍、无座的例证一方面具有相当数量，另一方面大都集中出现在清初；第三，惠河型的座大都为切角八方座，而广州型的座皆为退台八方座。在本地区的广府系中，需要特别注意区分的是广州型与惠河型（东江型）。此外，与广东全省的柱础类型相比，深圳东北

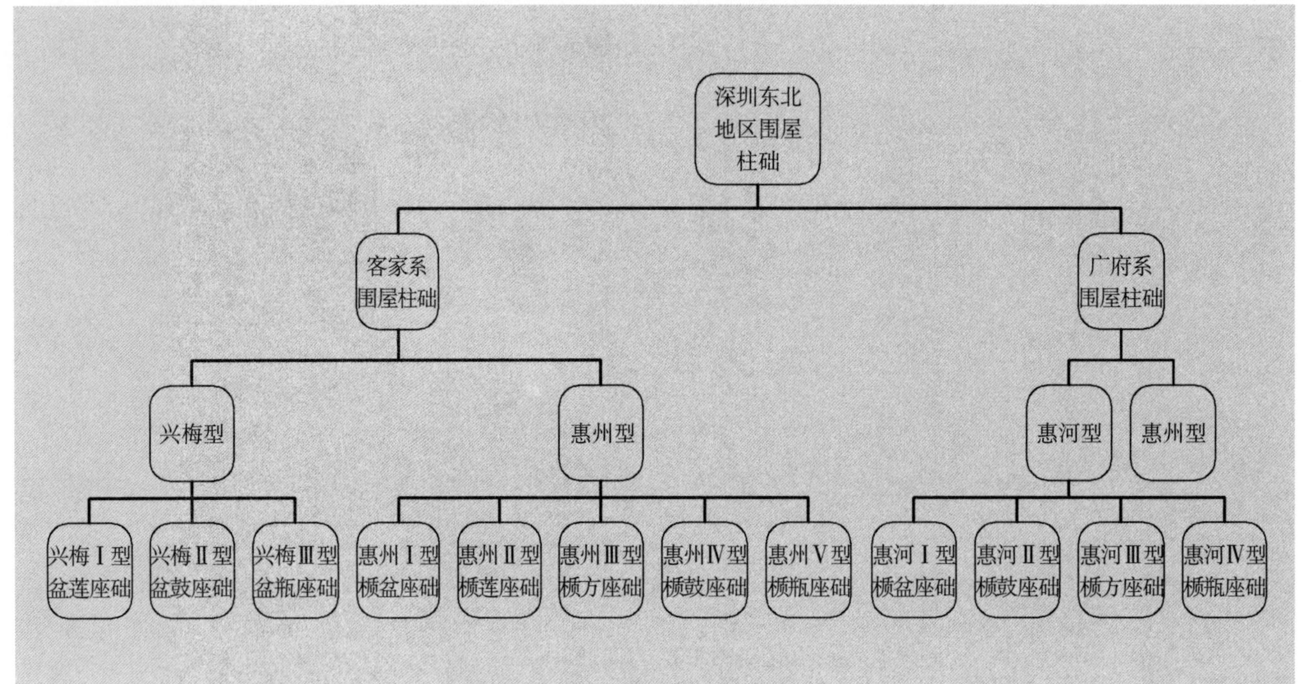

图 36 深圳东北地区围屋柱础分类图

地区的惠河型缺少“槓莲座础”这一支型的样本。

同时还可以明显看出在客家系统（简称“客家系”）的内部也有三大类型，分别是：兴梅型、惠州型、潮梅型。兴梅型有 3 个支型：兴梅Ⅰ型，主要特征为盆莲座础；兴梅Ⅱ型，主要特征为盆鼓座础；兴梅Ⅲ型，主要特征为盆瓶座础。惠州型也可分为 5 个支型：惠州Ⅰ型，主要特征为槓盆座础；惠州Ⅱ型，主要特征为槓莲座础；惠州 3 型，主要特征为槓方座础；惠州Ⅳ型，主要特征为槓鼓座础；惠州Ⅴ型，主要特征为槓瓶座础。

下面我们用“型”来表示平面空间上的文化类型，用“式”表示在时间轴上的演变关系，据此制表 48 ~ 59 列于本章后。

第七节 深圳东北地区柱础源流

本节依然想借用图示形式，力图展示深圳东北地区历史建筑的柱础演变线路，详见图 37 ~ 40。有关说明如下：

一 释义

1. 图中直线箭头为直接的承袭关系，横线箭头为强烈的影响关系。

2. 深圳东北地区柱础材质历代有所变化。早期为粗砂岩（如“猪肝石”、“角砾石”），使用时间约在明代初期至清代初期；中期为红砂岩（“红粉石”），使用时间约在明代中期至民国；后期为花岗岩（“麻石”），使用时间约在明代晚期至民国。本源流图受篇幅所限，暂不包括各时代柱础材质变化序列。

二　释名

1. “础”者，柱础最下一层矩形之基础，产生于上古，是柱础最早的人工造型，所有櫍、碛、盆、鼓、盘之类的柱础元素皆由矩形之“础”上渐次生出。

2. “锧”、“碛”、“櫍”者，凡柱与础之间，垫金作“锧”，铺石成“碛”，横木为“櫍”。碛与础连为一体，则依形定名：盆形碛则曰“盆”，鼓形碛则曰“鼓”，盘形碛则曰“盘”。

3. “盆”者，础上分段造型的主要元素之一，形似今人之脸盆，如脸盆倒扣者谓之“覆盆”。

4. “台”者，础上分段造型的主要元素之一，早期的櫍演化为与础一体的石垫，故谓之“台”。

5. “莲”者，础上分段造型的主要元素之一，其形源自佛教文化中之“莲花座”，是其后柱础造型演变中的主角之一，有“仰莲”、“覆莲”、“仰覆莲”诸称，“覆莲”最为常见。

6. “鼓”者，础上分段造型的主要元素之一，主要来自于一些早期段落元素如盆、台、莲等的退化演变，而其自身又逐渐退化为盘，因其形似常见乐器之鼓，故名。

7. “瓜”者，础上分段造型的主要元素之一，主要来自于莲花瓣造型的退化，花瓣逐渐消失，退化为球形，俗称为“瓜瓣”，简称为“瓜”。

8. “盘”者，础上分段造型的主要元素之一，在诸元素中年代最晚，由早期的盆、台、莲、鼓各段落元素逐渐变薄而形成，形状接近日用之盘，故名。

9. “瓶”者，础上分段造型的主要元素之一，由盘、鼓、瓜等段落元素增高、伸长演变而来，皆产生于清末以后，民国大盛，因其形似花瓶，故名。

10. “座”者，础上分段造型的主要元素之一，由础与上一段元素之间的分隔线等辅助元素发展演变而来，本地最常见者为“八方座”。

三　“？”的含义

无论对深圳东北地区还是广州，甚至扩大到全国范围，柱础的演变序列是我们目前尚未完整认识的部分，故疑处用“？”。

由于深圳东北地区柱础样本总量不大，所以标形器的年代序列极其不完整，缺环断节比较多，同时本地区的样本之间又无力互证，为此，我们又去广东省的历史建筑资料库中寻找标形器样本。然后将本地样本与全省标形器样本并列编排，参照对比，剔除少数形制上差距较大者。最后可以看出，在同一时间段里的样本，其中大部分的形制具有强烈的趋同性，由此可以认定该时间段里的基本形制特征。将各时间段标形器沿时间轴排列，则可以清楚地看出其各个段落元素的演变渐进序列，如础上生櫍，櫍化为台，台化为莲，莲化为鼓，鼓化为盘，盘化为瓶等等。据此，我们就可以考察判断三普中和今后新发现的某些建筑构件（如柱础）的年代，进而判断其文化价值，为下一步的文物保护工作提供科学的理论支撑。

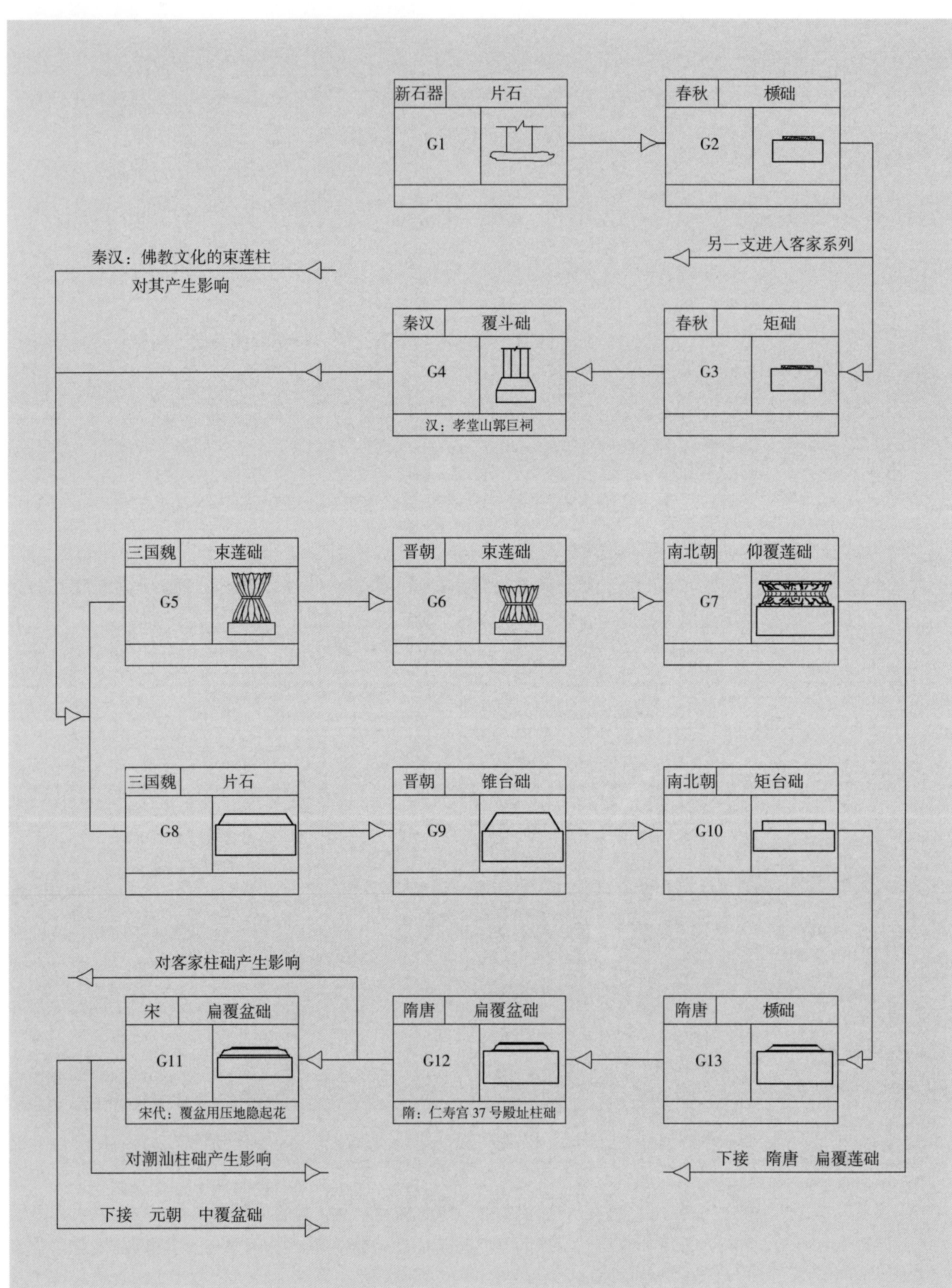

图 37　深圳东北地区广府系柱础源流图 1

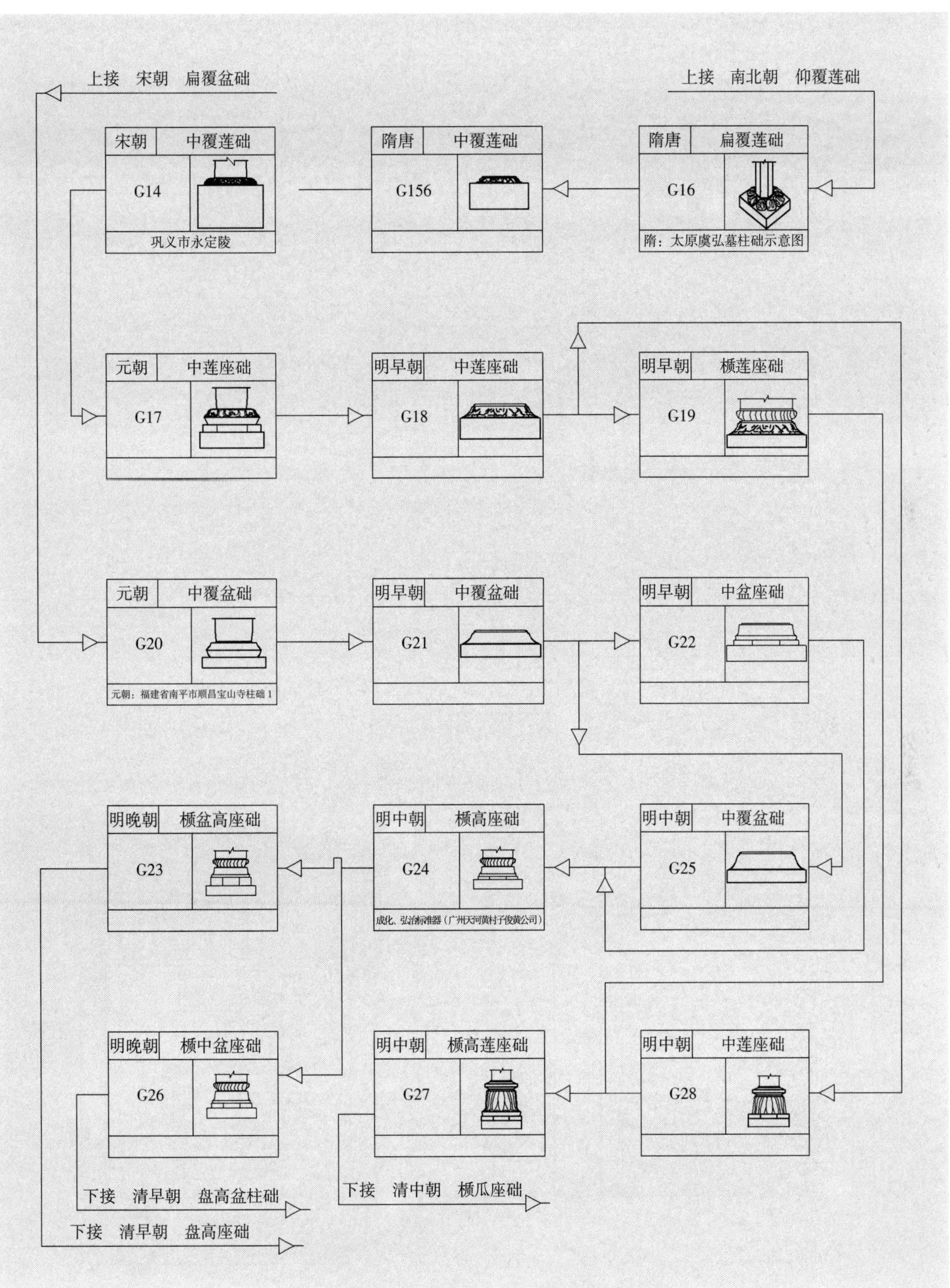

图 38　深圳东北地区广府系柱础源流图 2

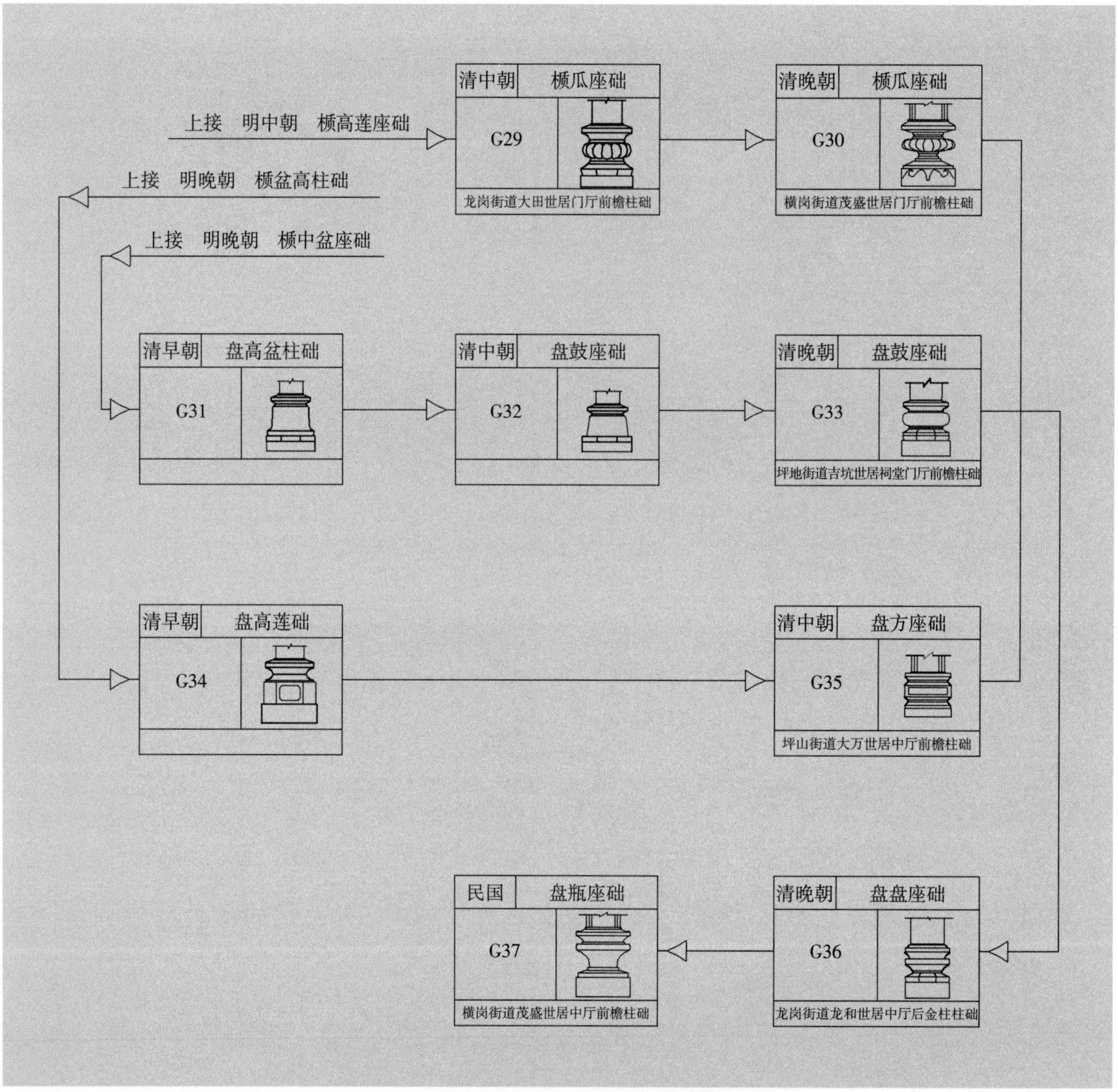

图39　深圳东北地区广府系柱础源流图3

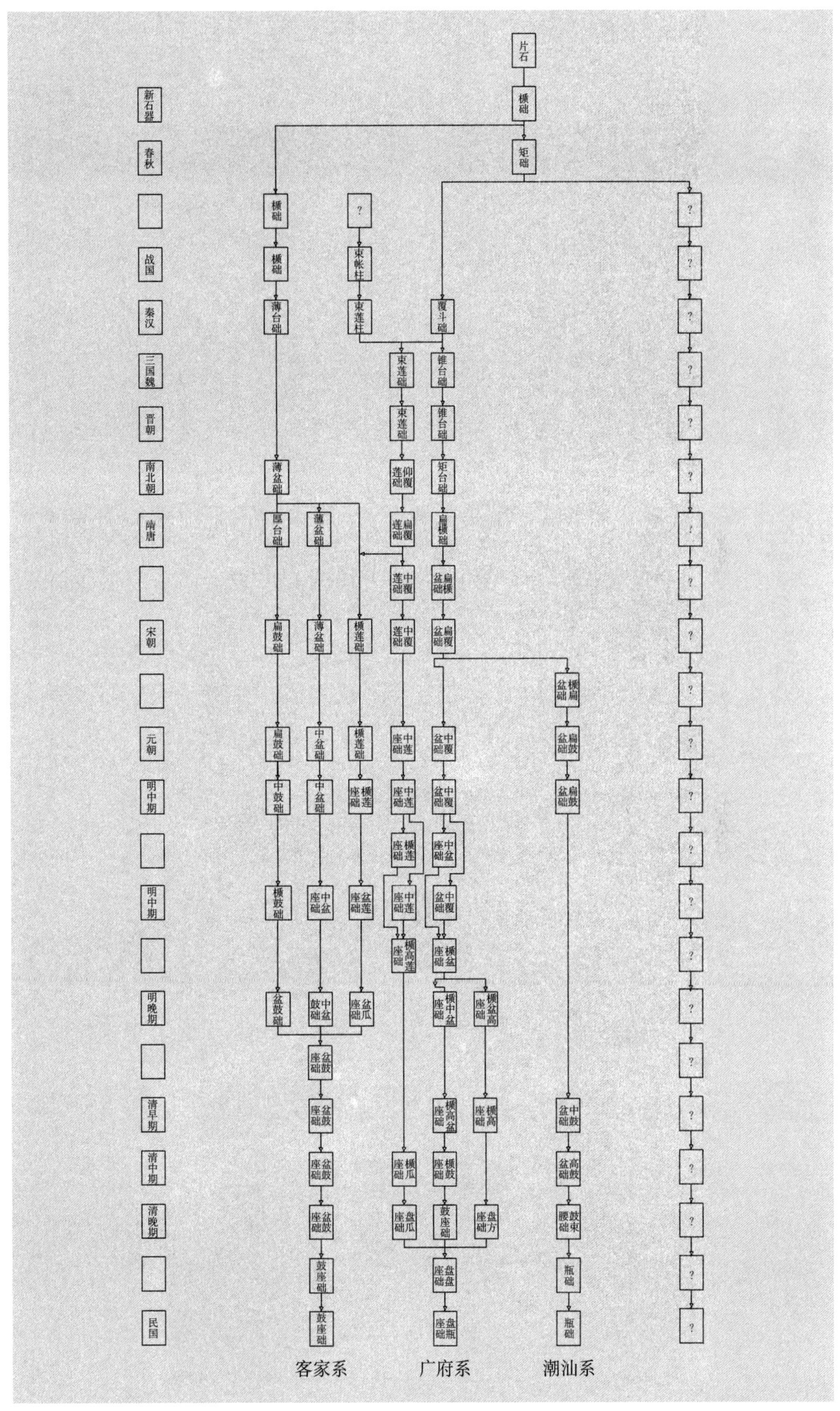

图 40　深圳东北地区柱础源流图

表 48　深圳东北地区客家系柱础分型分式表

型	1 式	2 式	3 式
惠州Ⅰ型（槚盆座础）	 康熙，坪山朝瓒公祠，盆座础，无槚	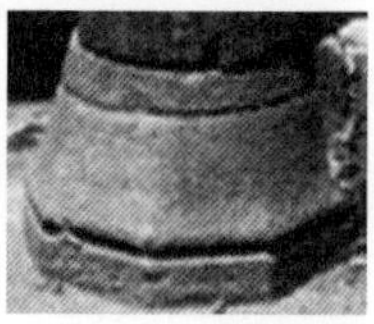 雍正，坪地山塘尾萧氏宗祠	 乾隆，莘田围屋
惠州Ⅱ型（槚莲座础）	 乾隆辛丑年（1781 年），龙湾世居	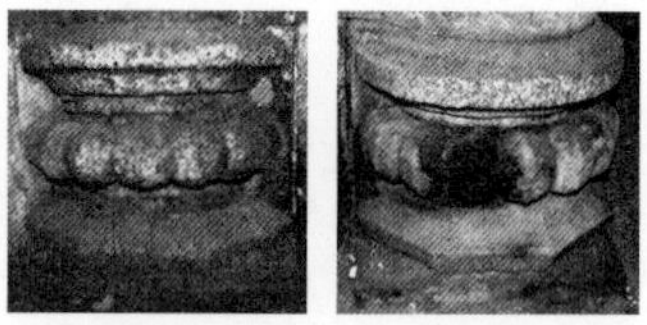 道光二十八年（1848 年），廻龙世居	 咸丰，福田世居
惠州Ⅲ型（槚方座础）	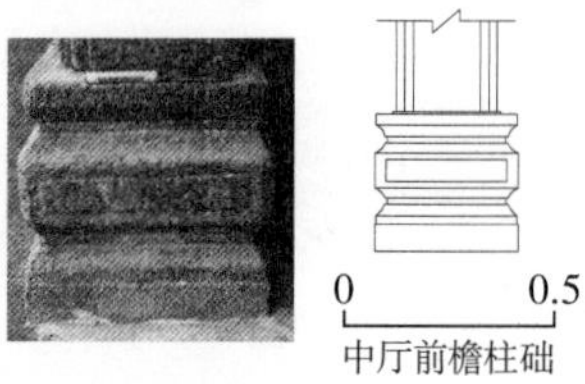 0 0.5 米 中厅前檐柱础 咸丰，大万世居	 光绪，龙田黄氏宗祠	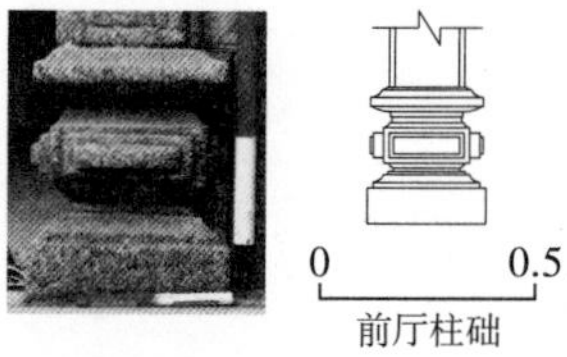 0 0.5 米 前厅柱础 光绪，龙田世居
惠州Ⅳ型（槚鼓座础）	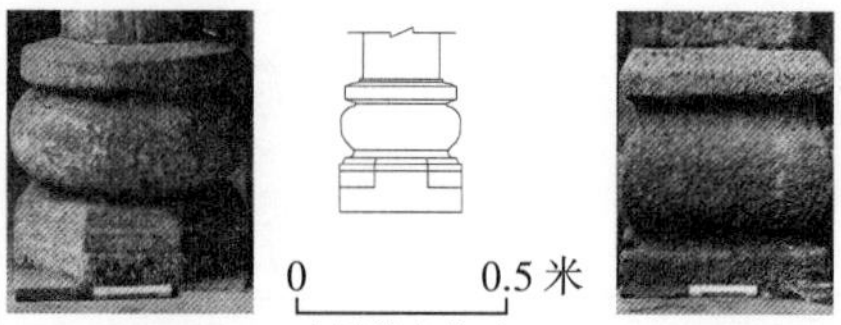 0 0.5 米 中厅前金柱础 同治，田丰世居	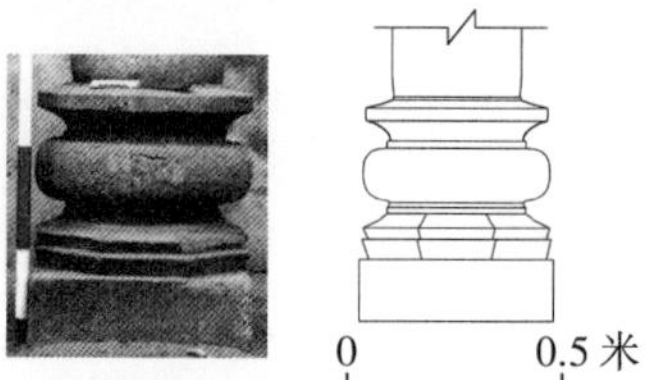 0 0.5 米 门厅前檐柱础 同治，吉坑世居	 同治，虎地排钟氏围屋
惠州Ⅴ型（槚瓶座础）	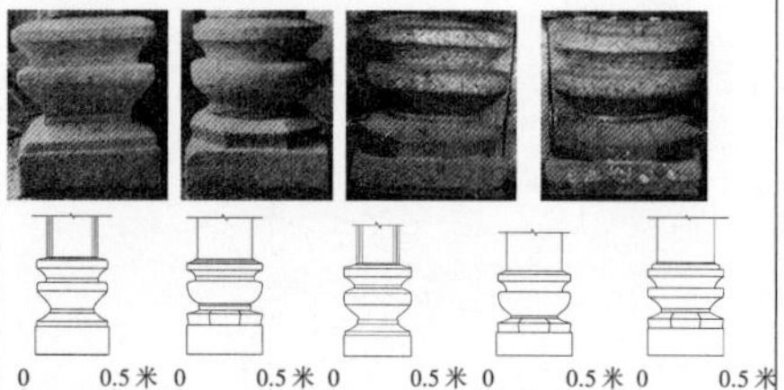 0 0.5 米 0 0.5 米 0 0.5 米 0 0.5 米 0 0.5 米 中厅前檐柱础 门厅前金柱础 廊房柱础 中厅前金柱础 中厅后金柱础 光绪七年（1881 年），龙和世居	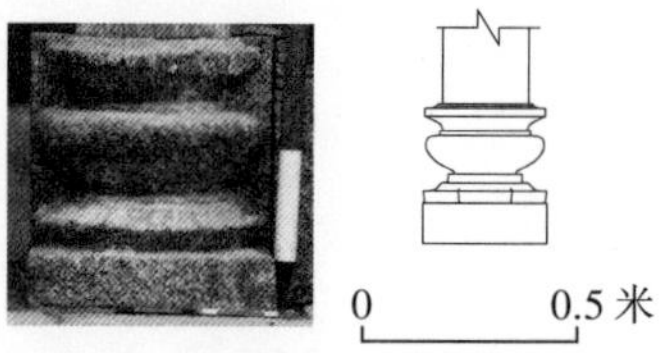 0 0.5 米 中厅柱础 光绪，龙田世居	 宣统，梅岗世居
兴梅Ⅰ型（盆莲座础）	 嘉庆、道光年间，坑梓青排世居	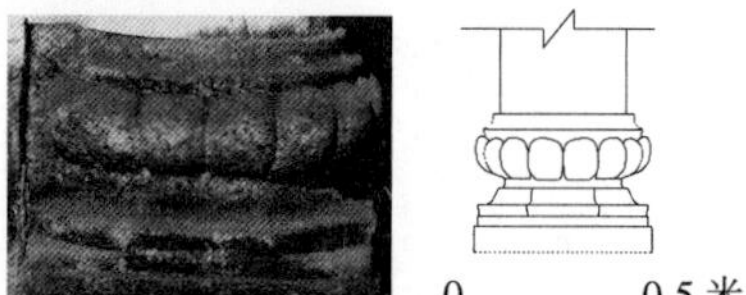 0 0.5 米 道光四年（1824 年），吉坑世居	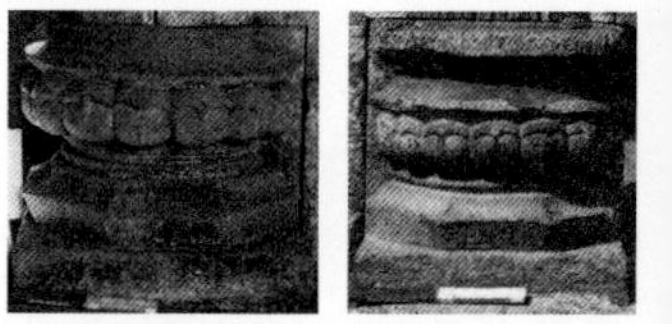 道光五年（1825 年），大田世

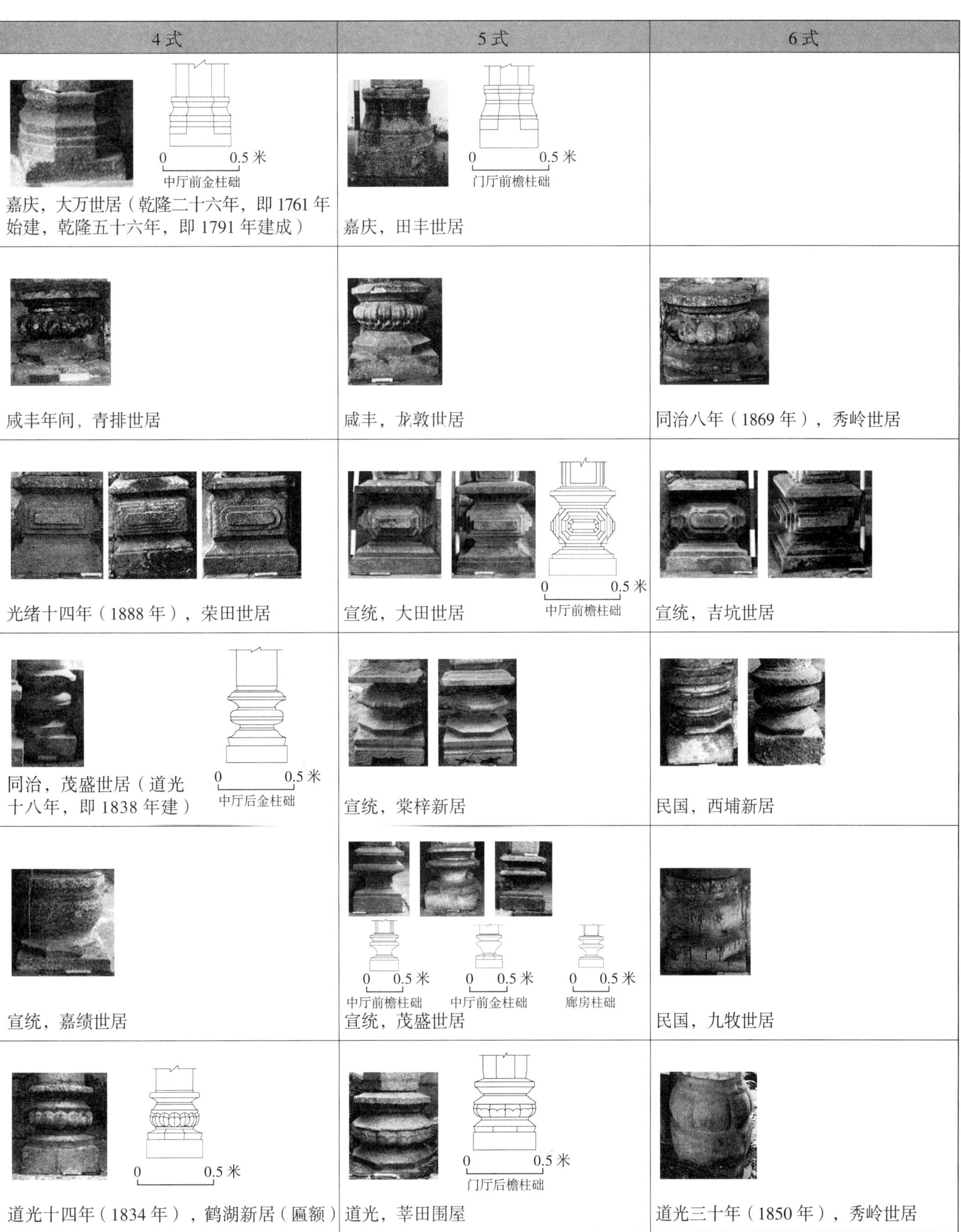

4式	5式	6式
0 0.5米 中厅前金柱础 嘉庆，大万世居（乾隆二十六年，即 1761 年始建，乾隆五十六年，即 1791 年建成）	0 0.5米 门厅前檐柱础 嘉庆，田丰世居	
咸丰年间，青排世居	咸丰，龙敦世居	同治八年（1869 年），秀岭世居
光绪十四年（1888 年），荣田世居	0 0.5米 中厅前檐柱础 宣统，大田世居	宣统，吉坑世居
同治，茂盛世居（道光十八年，即 1838 年建） 0 0.5米 中厅后金柱础	宣统，棠梓新居	民国，西埔新居
宣统，嘉绩世居	0 0.5米 中厅前檐柱础　0 0.5米 中厅前金柱础　0 0.5米 廊房柱础 宣统，茂盛世居	民国，九牧世居
0 0.5米 道光十四年（1834 年），鹤湖新居（匾额）	0 0.5米 门厅后檐柱础 道光，莘田围屋	道光三十年（1850 年），秀岭世居

续表 48

型	7式	8式	9式
惠州Ⅰ型（榎盆座础）			
惠州Ⅱ型（榎莲座础）	 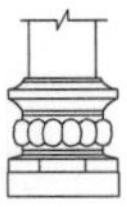 0 0.5米 门厅柱础 同治，洪围	 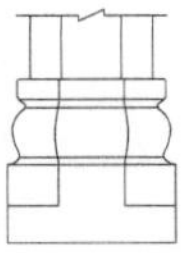 0 0.5米 中厅前檐柱础 同治，田丰世居	 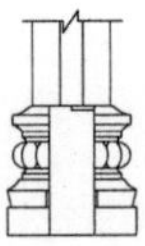 0 0.5 门厅屏风柱础 同治，王桐山钟氏围屋
惠州Ⅲ型（榎方座础）	 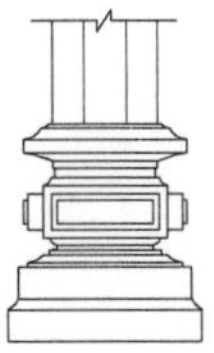 0 0.5米 中厅前檐柱础 宣统，王桐山钟氏围屋	 宣统，嘉绩世居	  宣统，鹤湖新居
惠州Ⅳ型（榎鼓座础）	  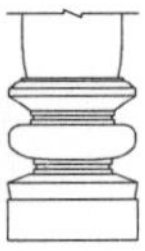 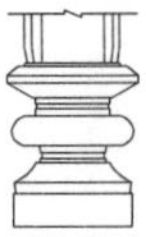 0 0.5米 中厅后金础 0 0.5米 中厅前檐柱础 民国，高围新居		
惠州Ⅴ型（榎瓶座础）	 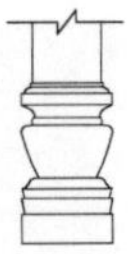 0 0.5米 廊房柱础 民国，吉坑世居	 民国，安贞楼	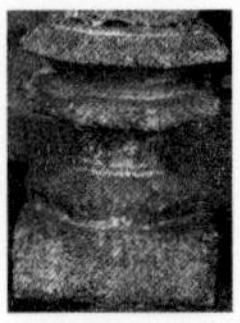 民国，和悦老屋村
兴梅Ⅰ型（盆莲座础）	 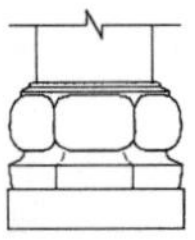 0 0.5米 同治，阳和世居		

10式	11式	12式
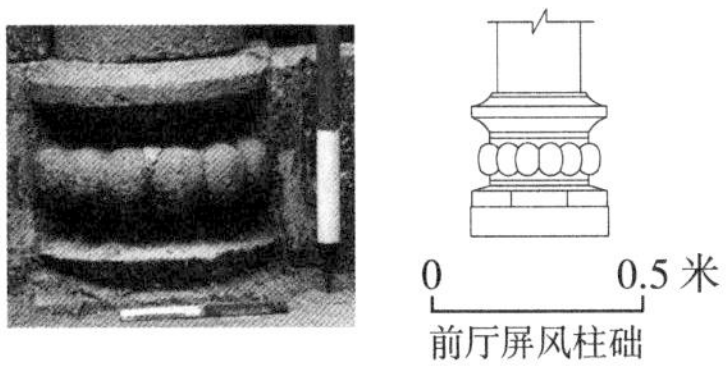 0 0.5米 前厅屏风柱础 同治，上禾塘老围	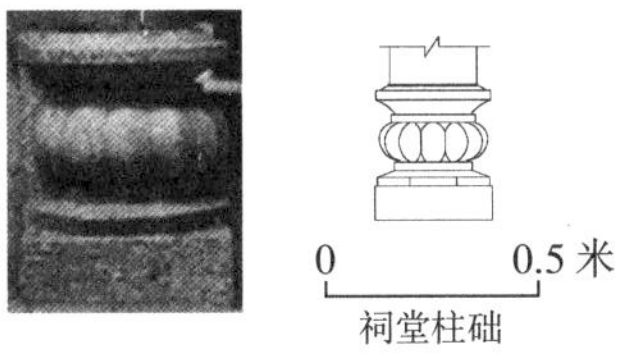 0 0.5米 祠堂柱础 同治，紫阳世居	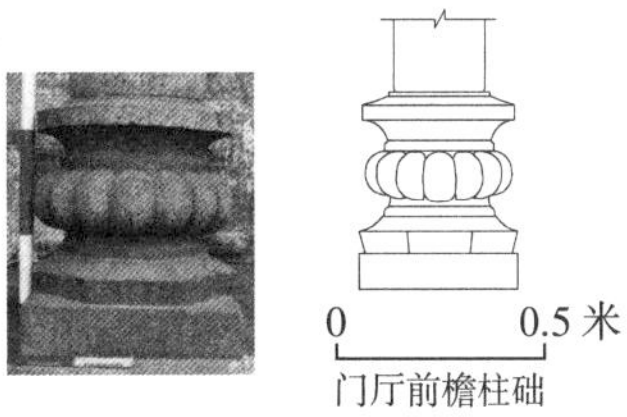 0 0.5米 门厅前檐柱础 同治，大田世居
 民国，玉田世居		
 民国，坑梓长田世居	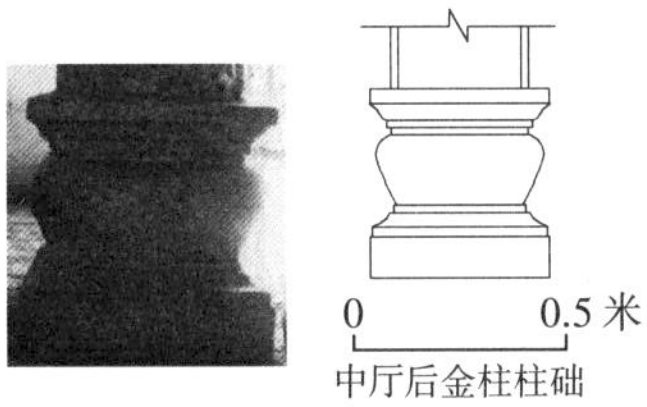 0 0.5米 中厅后金柱柱础 民国，阳和世居	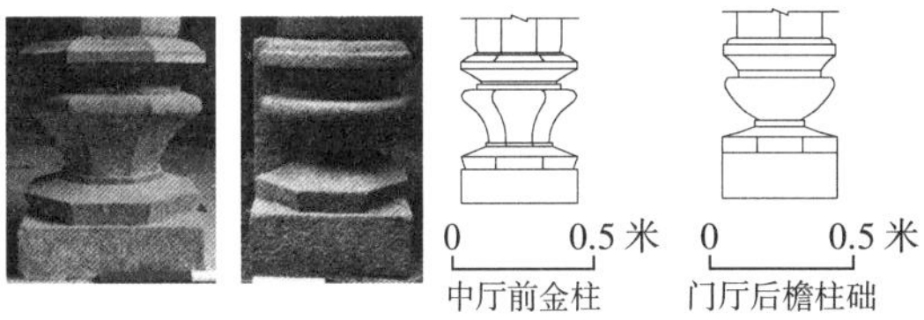 0 0.5米 中厅前金柱 0 0.5米 门厅后檐柱础 民国，高围新居

续表 48

型	13 式	14 式	15 式
惠州 I 型（槓盆座础）			
惠州 II 型（槓莲座础）	 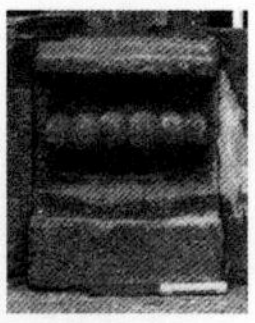 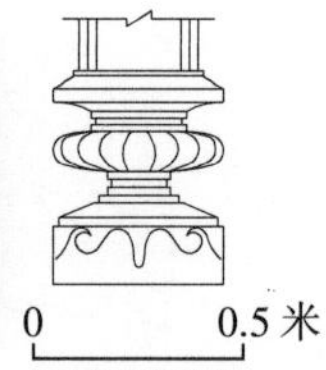 0 0.5 米 门厅前檐柱础 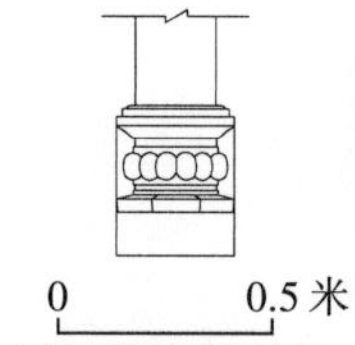 0 0.5 米 大门后檐屏风门柱础 光绪，茂盛世居	 光绪十四年（1888 年），吉龙世居	 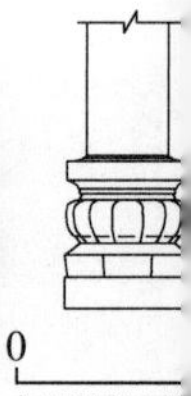 0 门厅屏风柱 光绪，六联李氏围屋
惠州 III 型（槓方座础）			
惠州 IV 型（槓鼓座础）			
惠州 V 型（槓瓶座础）	 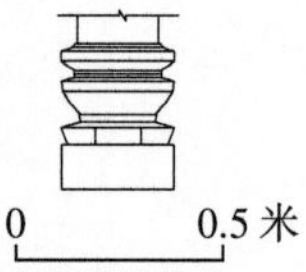 0 0.5 米 门厅屏风柱础 民国三十七年（1948 年），璇庆新居		
兴梅 I 型（盆莲座础）			

16式	17式	18式	19式	20式	21式
 光绪，青排山居	 光绪，龙岗新人坑	 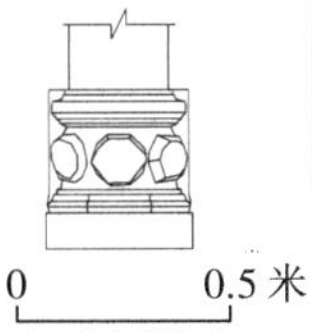 0 0.5米 中厅屏风柱础 民国，东升围	 民国，西埔新居	 民国，寿田世居	 民国，秀新黄氏围屋

表 49　深圳东北地区广府系柱础分型分式表

型	1 式	2 式	3 式
广州型（榱盆座础）	  明，平湖大围刘氏宗祠	  仿明，西湖塘老围、平湖大围刘氏宗祠	
惠河Ⅰ型（榱盆座础）	 清初，西湖塘老围王氏宗祠	 清初，西湖塘老围王氏宗祠	 乾隆，白坭坑老围德元公祠
惠河Ⅱ型（榱鼓座础）	 同治，西湖塘老围	 同治，平湖大围刘氏宗祠	 同治，德元公祠
惠河Ⅲ型（榱方座础）	 咸丰，白坭坑老围德元公祠		
惠河Ⅳ型（榱瓶座础）	 光绪，平湖大围刘氏宗祠		
兴梅型（盆鼓座础）	 咸丰，坪地香氏宗祠		

表 50　深圳东北地区与广东省广府系柱础年代对照表 1：本地区广府系用广州型

	年代	标型器（样本）	特征描述（櫍盆座础）
广东广州型	成化	 晴川苏公祠，天河区车陂街道龙口社区居委会车陂村祠前大街 2 号	櫍盆座础的基本型，四元素齐全。与八方柱配套的櫍与盆，盆腹凹弧，盆唇卷出，唇厚约为盆高的 1/4。材质为玄武岩（鸭屎石）
	成化七年（1471 年）始建	 余屋余氏宗祠，东莞市东城街道余屋社区园头巷 38 号	櫍盆座础的基本型，四元素齐全。与八方柱配套的櫍与盆，盆腹凹弧，盆唇卷出，唇厚约为盆高的 1/4
	嘉靖十八年（1539 年）	  仁甫李公祠，番禺区钟村镇谢村凝紫里大街	
	明末	  乐善麦公祠、合水口麦氏大宗祠，光明新区公明街道	
本地区广府系用广州型	明中期	 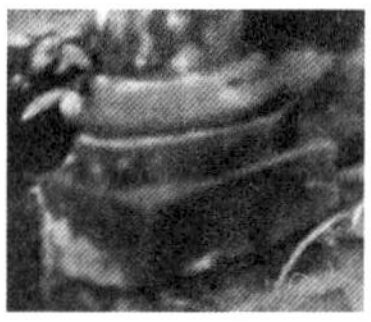 平湖大围、松柏围	櫍盆座础的四元素缺少櫍。圆盆盆腹凹弧，盆唇卷出，唇厚约为盆高的 1/4 到 1/5。八方座退台。材质为红砂岩
	近代仿明中期	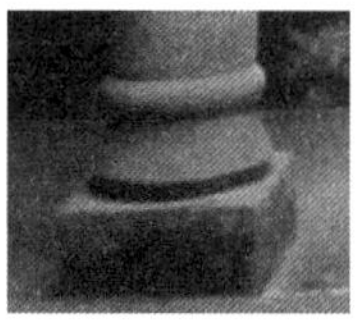 西湖塘老围王氏宗祠	櫍盆座础的四元素缺少座。櫍与盆连体，圆盆盆腹凹弧，盆唇卷出，唇厚约为盆高的 1/5。材质为红砂岩
	明末	 平湖大围刘氏宗祠	櫍盆座础的四元素缺少座。木櫍；圆盆盆腹凹弧，盆唇卷出，唇厚约为盆高的 1/10。腹越来越高，唇越来越薄直至消失，是此式的晚期特征。材质为红砂岩

表 51　深圳东北地区与广东省广府系柱础年代对照表 2：本地区广府系用惠河型

	年代	标型器（样本）	特征描述（槓盆座础）
广东广府系用惠河型	乾隆二十一年（1756 年）	   贾氏宗祠，从化市鳌头镇民乐村南埔村	
	清乾隆十年（1745 年）	 刘氏宗祠，从化市温泉镇源湖村	
	乾隆三十四年（1769 年）	 念六何公祠，从化市城郊街新开村石合社	
	道光重修	 南园吴氏宗祠，深圳市南山区南山街道南园社区	
		 简氏宗祠，深圳市福田区新洲村	
	清	 果融招公祠，广州市白云区金沙街道	

续表 51

	年代	标型器（样本）	特征描述（櫍盆座础）
广东广府系用惠河型	同治	 西庄书室，深圳市宝安区西乡镇上合村	
		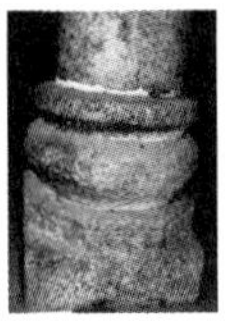 谦宜二祖祠，深圳市宝安区沙井镇新二村	
	同治三年（1864 年）	 何仙姑庙，增城市石滩镇沙陇村	
	光绪八年（1882 年）	 黄氏大宗祠，增城市新塘镇白石村	
	光绪十七年（1891 年）重修	 湛怀德祠，增城市新塘镇群星村南约石街	
本地区广府系用惠河型	清初	  西湖塘老围王氏宗祠	櫍盆座础的四元素缺少座。八方盆腹垂直，盆唇折出，唇厚约为盆高的1/10。腹越来越高，唇越来越薄直至消失，是此式的晚期特征。材质为花岗岩

续表 51

	年代	标型器（样本）	特征描述（槚盆座础）
本地区广府系用惠河型	乾隆	 德元公祠，平湖街道白坭坑	槚盆座础的四元素齐全。圆盆凹弧腹，盆唇弧出，唇厚约为盆高的 1/5。切角八方座，为惠河型的基本特征之一。材质为花岗岩
	咸丰	 德元公祠，平湖街道白坭坑	槚方座础四元素齐全。方矩四面开光内凹。退台四方座。材质为花岗岩
	同治	 平湖大围刘氏宗祠	槚鼓座础的四元素齐全。圆鼓，微退台八方座。材质为花岗岩
	同治	 德元公祠，平湖街道白坭坑	槚鼓座础的四元素齐全。圆鼓，切角八方座，座上有筋。材质为花岗岩
	光绪	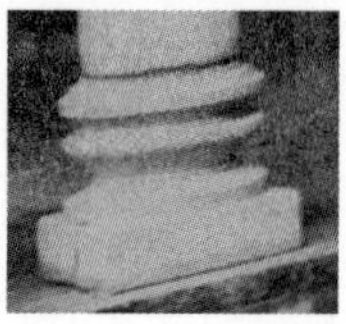 平湖大围刘氏宗祠	槚瓶座础的四元素齐全。圆瓶较矮，退台圆座。材质为花岗岩

表 52　深圳东北地区与广东省广府系柱础年代对照表 3：本地区广府系用客家型

本地区广府系用客家型			广东广府系用客家型		
年代	样本	特征描述		标形器	
咸丰，坪地街道六联，广府用客家	 香氏宗祠	盆鼓座础四元素齐全，浅盆直腹薄唇，素面鼓，切角八方座，偏厚。材质为花岗岩	咸丰潘氏十五世祖	 景星围，梅县南口镇侨乡村塘肚村	《梅县三村》

表 53　深圳东北地区与广东省客家系柱础年代对照表 1：本地区客家系用兴梅Ⅰ型（盆莲座础）

	年代	标型器（样本）	特征描述（樌盆座础）
广东客家系用兴梅Ⅰ型	嘉靖三十三年（1554 年）	  西山陈氏大屋跨，梅县程江镇	
	嘉靖	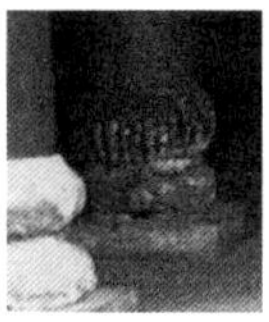 兴宁兴田镇祠堂下罗屋	
	明?	 杨氏祖祠，兴宁市，大坪镇，布骆村	
	万历	 马路下大王屋，兴宁市兴田街道办事处西郊居委	

续表 53

	年代	标型器（样本）	特征描述（榎盆座础）
广东客家系用兴梅 I 型	乾隆十八年（1753 年）	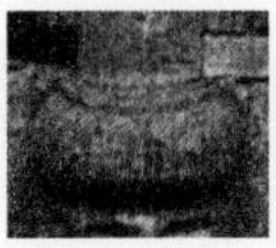  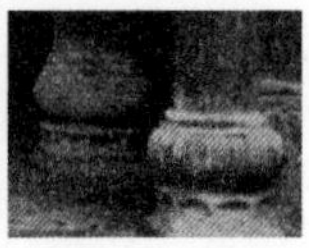 兴宁宁中镇丝新龙岗围	
	乾隆三十六年（1771 年）	 兴宁市，东升围，祖祠门厅前檐廊柱础	
	嘉庆？	 惠阳县，永湖镇，求水岭祖祠散柱础	
	雍正？	 松山公祠，梅县南口镇七贤村	
		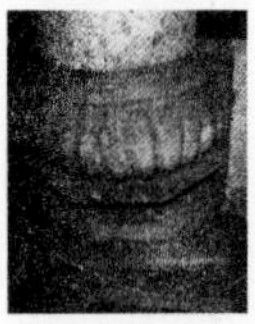 大夫第，梅州市，五华县，华城镇，塔岗，应昌	
	光绪？	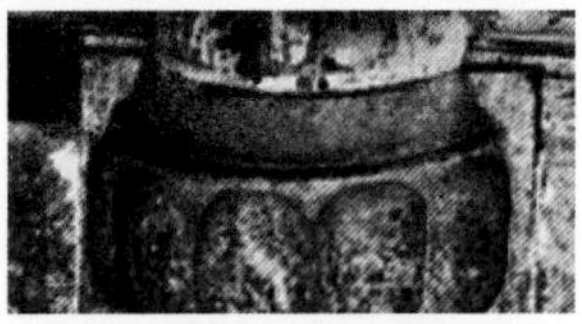 兴宁宁中镇彭承昌屋	

续表 53

	年代	标型器（样本）	特征描述（槚盆座础）
广东客家系用兴梅Ⅰ型	道光	 围上庆安第，兴宁市黄槐镇双下村围上	
		 梅州市，丰顺县，隮隍镇，上围村，祖祠檐廊柱础	
	道光始建，光绪重修	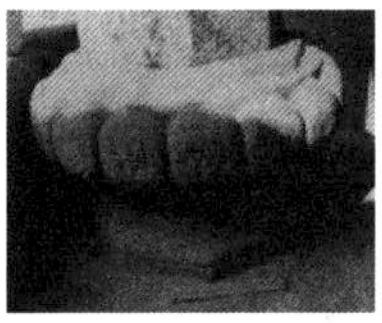 乌石岩庙，宝安区，石岩镇，石岩墟	
	民国初	 承德堂，梅县南口镇侨乡村	
本地区客家系用兴梅Ⅰ型	Ⅰ式 嘉道之际	  青排世居；大田世居道光五年（1825 年，匾额）	本式主要特征为覆盆发育良好，弧腹，中唇；莲瓣清晰，出海棠角；八方座下部内敛，退台 样本 1 八方座上平，略有小筋；样本 2 八方座上有二层弦文，下凹弧线清晰，小筋明显。材质为花岗岩
	Ⅱ式 嘉道之际	 青排世居	覆盆发育退化严重，直腹，厚唇；莲瓣清晰，出海棠角；八方座上平，小筋不明显，下部内敛，退台。材质为花岗岩

续表 53

	年代	标型器（样本）	特征描述（楻盆座础）
本地区客家系用兴梅Ⅰ型	Ⅲ式 道光五年 （1825 年，族谱）	 吉坑世居	覆盆立腹折唇，明显退化；莲瓣纹饰弱化，有转为瓜瓣的倾向；八方座上内凹弧线明显，小筋清晰，下部略有内敛，稍有退台。材质为花岗岩
	Ⅳ式 道光五年 （1825 年）	 大田世居	此式主要特征为增加了一个楻，仰盆，直缘；覆盆直腹微卷出薄唇；莲瓣清晰，出海棠角；八方座上平，都有小筋，下部内敛，退台 样本仰盆楻矮腹，覆盆较矮，八方座小筋明显
	Ⅴ式 道光十四年 （1834 年，匾额） 嘉庆二十二年 （1817 年，族谱）	 鹤湖新居	本式主要特征为：仰盆楻，直缘；覆盆弧出，中厚唇卷出；莲瓣清晰，出海棠角；八方座上平，有小筋，下部内敛，退台 样本 1 是本式发育成熟的典型器物。材质为花岗岩
	Ⅵ式 道光三十年 （1850 年，匾额）	 秀岭世居	本式主要特征为盆瓜座础四元素；盆为直腹折唇；莲瓣已演变为瓜瓣，瓣沟较浅；八方座上平无筋，中用线刻分为二层，整体退台。材质为花岗岩
	Ⅶ式 同治？	 阳和世居	盆瓜座础四元素齐全。低腹折唇盆；莲瓣已演变为瓜瓣，瓣沟较深；八方座上平有筋，整体退台。材质为花岗岩

表 54 深圳东北地区与广东省客家系柱础年代对照表 2：本地区客家系用兴梅Ⅱ型（盆鼓座础）

	年代	标型器（样本）	特征描述（盆鼓座础）
广东客家系用兴梅Ⅱ型	康熙年间	    澄联刘屋（又名原朊隆基），兴宁市罗浮镇澄联村	
	康熙	       河大塘围龙屋，增城市派潭镇河大塘村	
	乾隆	 西湖十厅九井，梅州市平远县石正镇西湖村十厅村	
	雍正	  大圳四阁楼，兴宁市宁新街道办事处大圳村	
	道光	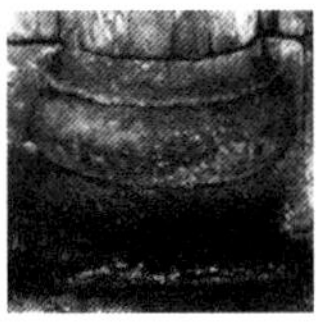 下莲塘杨屋厅堂，梅州市兴宁市水口镇河口村下莲塘	

续表 54

	年代	标型器（样本）	特征描述（盆鼓座础）
广东客家系用兴梅Ⅱ型	咸丰	 叶氏宗祠，南雄市坪田镇姜塘村	
	咸丰	 兴宁市宁中镇乾顺屋	
	咸丰	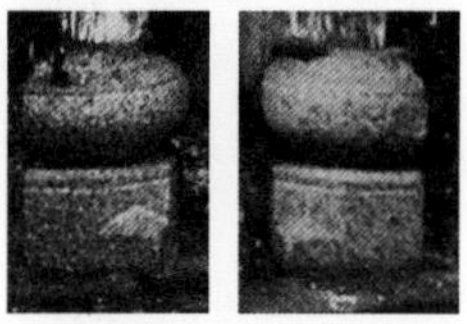 坎下屋，东源县蓝口镇秀水村	
	咸丰	 鸡姆塘陈屋，兴宁市龙田镇五一村	
	道光、咸丰	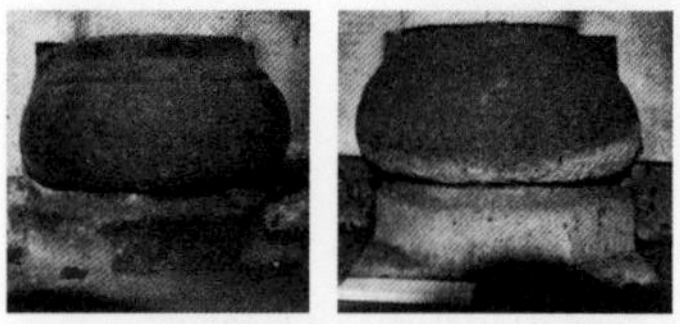 拱星庐，梅县南口镇侨乡村塘肚村	
	咸丰	 上新屋潘屋，梅县南口镇寺前排村	

续表 54

	年代	标型器（样本）	特征描述（盆鼓座础）
广东客家系用兴梅Ⅱ型	咸丰	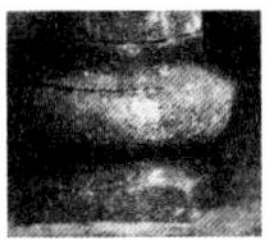 恒丰围，兴宁市罗岗镇官庄村  大布丛德楼，五华县水寨镇（咸丰八年）	
	同治	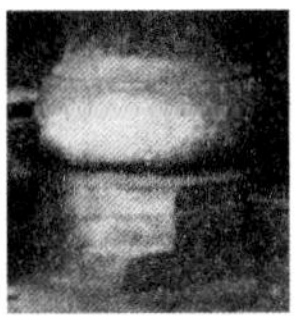 大成村四角楼，兴宁市永和镇大成村   上塘背朝阳第，兴宁市石马镇刁田村  双塘文蔚第，兴宁市永和镇永生村	
	民国二十五年（1936 年）	 济济楼，梅州市梅县	
本地区客家系用兴梅Ⅱ型	Ⅰ式 乾嘉之际	  龙塘世居	本式主要特征为重唇大盆，盆与鼓几乎等高，弧腹卷出唇；鼓素面较扁，八方座上平无筋，础埋入地下。材质为花岗岩

续表 54

	年代	标型器（样本）	特征描述（盆鼓座础）
本地区客家系用兴梅Ⅱ型	Ⅱ式 道咸之际	 坪地山塘尾——萧氏宗祠	本式主要特征：盆弧腹，卷出唇，盆高约为鼓高的 1/4；鼓素面较高，下有八方垫，垫上有小筋，切角八方座。材质为花岗岩
	Ⅲ式 1、2、4 咸丰 3、5、6 咸同年间	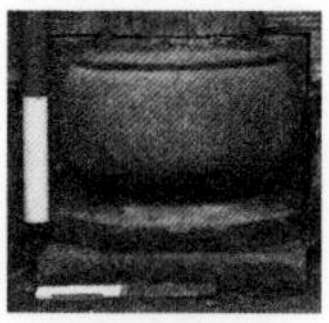  1. 吉坑世居　2. 坪地山塘尾——萧氏宗祠 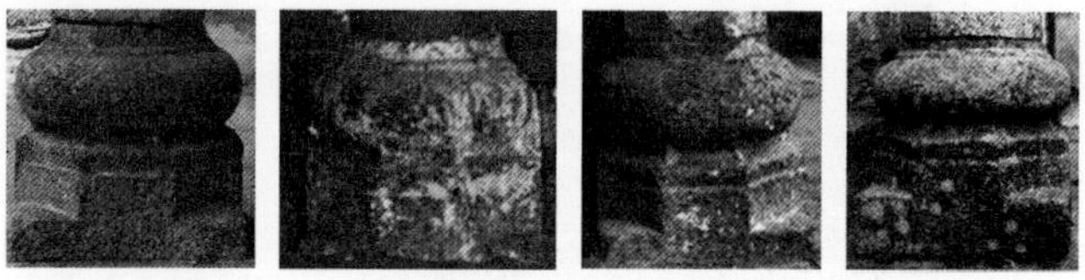 3. 丰田世居   4. 大万世居　5. 坪地麟阁世居 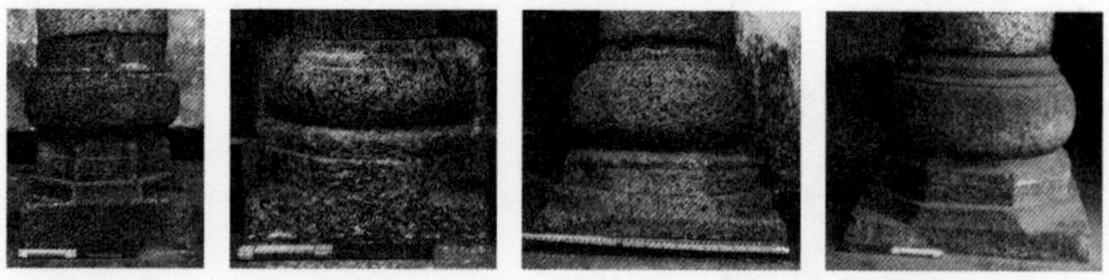 6. 正埔岭	本式主要特征：盆分两类，一为低腹折唇，盆高约为鼓高的 1/8；一为高直腹折唇，高度不等。鼓皆素面，切角八方座上平，或有小筋。材质为花岗岩
	Ⅳ式 咸丰	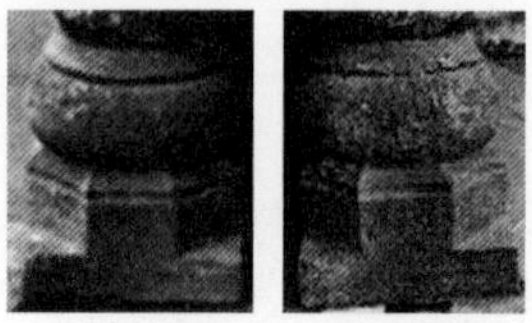 山塘尾——萧氏宗祠	本式主要特征：盆平腹直出唇，盆高约为鼓高的 1/4；鼓素面较高，下有八方垫，垫上有小筋，切角八方座。材质为花岗岩

续表 54

	年代	标型器（样本）	特征描述（盆鼓座础）
本地区客家系用兴梅Ⅱ型	Ⅴ式 同治	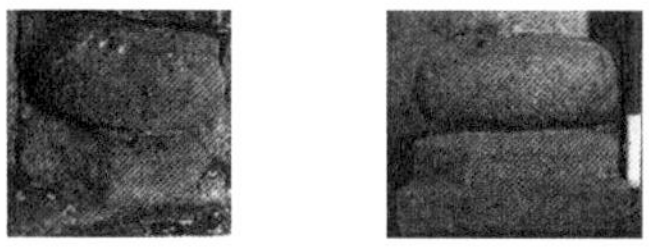 1. 坪地新乔世居　2. 龙岗阳和世居 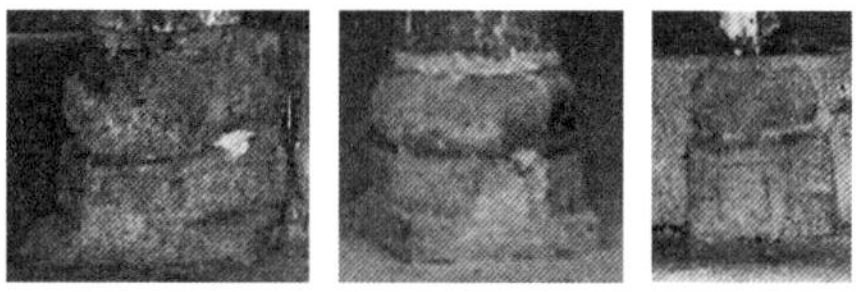 坪地麟阁世居 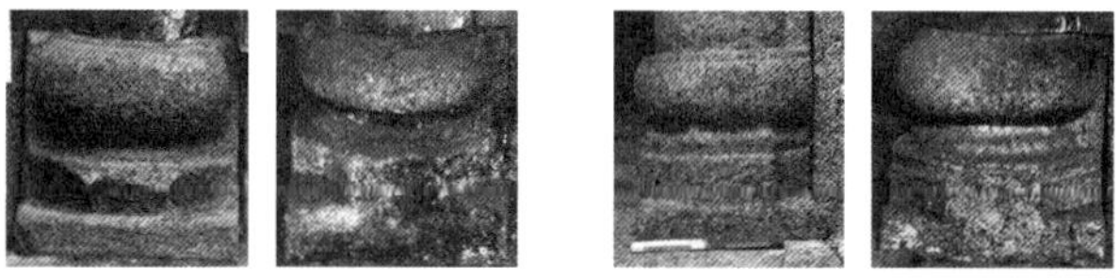 1、2. 安贞堂　3、4. 坑梓洪围 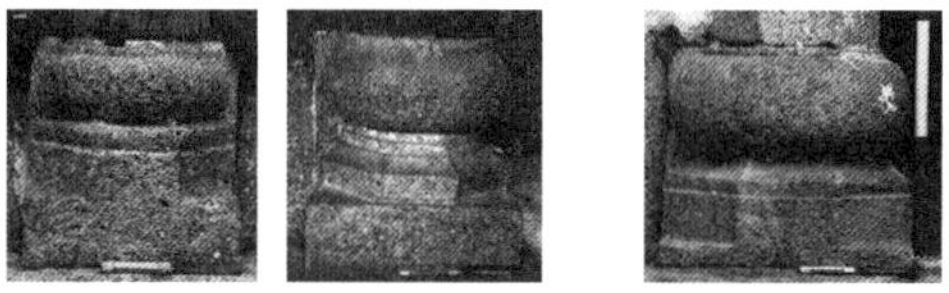 1、2. 龙岗鹤湖新居　3. 坪地泮浪世居 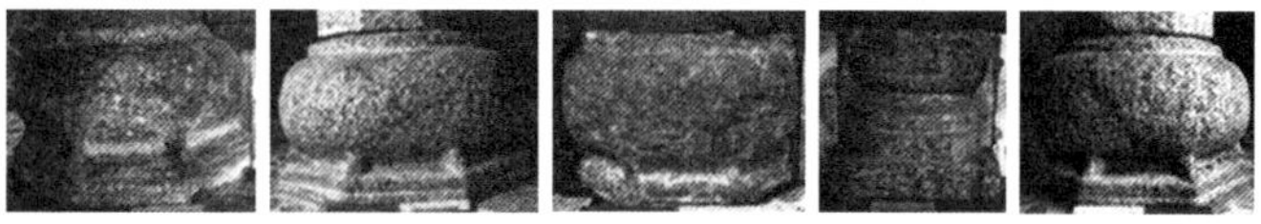 坑梓老坑黄氏围屋  1、2. 坑梓秀岭世居　3. 龙田世居  坪地露襄堂  坑梓新乔世居	本式主要特征：盆退化为饼状，称为“饼盆”；鼓中厚；八方座切角，约半数连筋。材质为花岗岩

续表 54

	年代	标型器（样本）	特征描述（盆鼓座础）
本地区客家系用兴梅Ⅱ型	Ⅵ式 同治	  1. 坪地山塘尾萧氏围村 2. 坪山田丰世居	本式主要特征为：盆完全消失，成为鼓座础三元素，保留切角八方座。材质有红砂岩、花岗岩
	Ⅶ式 光绪十四年 （1888 年，匾额） 未经扰动	 坑梓金沙社区荣田村荣田世居	

表 55 深圳东北地区与广东省客家系柱础年代对照表 3：本地区客家系用惠州Ⅰ型（櫍盆座础）

	年代	标型器（样本）	特征描述（櫍盆座础）
广东惠州Ⅰ型	嘉靖	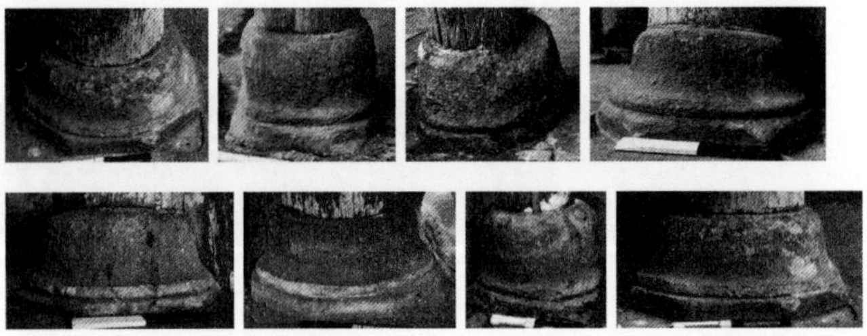 潘氏祖屋，梅县南口镇侨乡	
	嘉靖	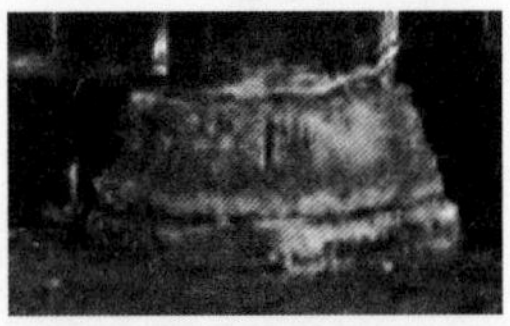 李氏宗祠，乐昌市庆云镇永乐村委会户昌山村	
	嘉靖三十三年 （1554 年）	  西山陈氏大屋跨，梅县程江镇	

续表 55

	年代	标型器（样本）	特征描述（楯盆座础）
广东惠州Ⅰ型	万历	  成功围祠堂，兴宁市龙田镇龙盘村	
	明	  新田村李氏宗祠，韶关市仁化县红山镇新白村委会	
	明末清初	 照夫友忠公祠，翁源县官渡镇龙船村	
	康熙（器形应为明）	 道公宗祠，连州市大路边镇东大村民委员会东村岗	
	明?	 肖氏祠堂，韶关市乳源瑶族自治县乳城镇大东村	
	康熙五十八年（1719 年）	 福星楼，和平县大坝镇高发村	

续表 55

	年代	标型器（样本）	特征描述（榍盆座础）
广东惠州Ⅰ型	雍正四年（1726 年）	 善仕黄公祠，从化市城郊街黄场村右首	
	乾隆十年（1745 年，三普）	 刘氏宗祠，从化市温泉镇源湖村	
	乾隆二十一年（1756 年，三普）	  贾氏宗祠，从化市鳌头镇民乐村南埔村面中央处	
	乾隆二十二年（1757 年）	 白鹿汤公祠，花都区炭步镇布头村	
	乾隆晚期	 叶氏宗祠，从化市温泉镇源湖村	
	乾隆（匾额题记）	  仕志黄公祠，从化市太平镇牙庄	

续表 55

	年代	标型器（样本）	特征描述（榹盆座础）
广东惠州Ⅰ型	嘉庆九年（1804 年）	 东埜李公祠，番禺区化龙镇柏堂村	
本地区客家系用惠州Ⅰ型	Ⅰ式 康熙	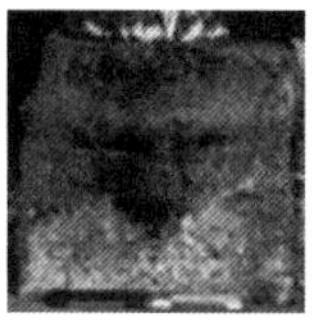  坪山朝瓒公祠	榹盆座础的四元素缺少榹。圆盆盆腹凹弧，盆唇卷出，唇厚约为盆高的 1/4。八方座退台。样本 1 材质为红砂岩。样本 2 八方座腰部刻深横槽，为鼓垫示意。材质为花岗岩
	Ⅱ式 雍正	 坪地山塘尾萧氏宗祠，未经扰动	榹盆座础的四元素齐全。榹退化为圆饼状；盆腹微凹弧，上圆下八方，盆唇微卷出，唇厚约为盆高的 1/6。八方座退台。础埋入地下。材质为花岗岩
	Ⅲ式 乾隆	 莘田围屋，匾额	榹盆座础的四元素齐全。仰盆榹顶部突出；覆盆略高，腹凹弧，唇卷出，唇厚约为盆高的 1/3。切角八方薄座。材质为花岗岩
	Ⅳ式 乾隆末	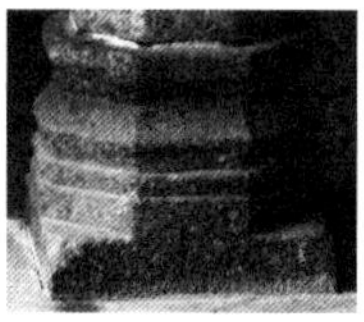 坪山大万世居，乾隆二十六年（1761 年）始建，乾隆五十六年（1791 年）建成	榹盆座础的四元素齐全。仰盆八方榹；八方覆盆略矮，腹凹弧，唇直出，唇厚约为盆高的 1/2。盆下有窄垫。切角八方座。材质为花岗岩
	Ⅴ式 嘉庆	 田丰世居，康熙末，广府与客家人共用的围屋	榹盆座础的四元素齐全。仰盆八方榹，榹腹略高，腹下与盆间有八根筋；八方覆盆略矮，腹凹弧，唇直出，唇厚约为盆高的 1/5。切角八方座。材质为花岗岩

表 56　深圳东北地区与广东省客家系柱础年代对照表 4：本地区客家系用惠州 II 型（榧莲座础）

	年代	标型器（样本）	特征描述（榧莲座础）
广东近似类型	万历	 翟氏宗祠，东莞市莞城街道罗沙社区罗村路 28 号	
	明末	 雷祖宗祠，惠州市博罗县龙溪镇钟屋村	
	清初	 埔心王氏大宗祠，东莞市石排镇埔心村	
	乾隆	 袁氏宗祠，增城市石滩镇岳埔村村尾	
	嘉庆	  邵氏大宗祠，增城市新塘镇上邵	
	道光十九年（1839 年）始建，民国十六年（1927 年）重修	 白沙桥刘氏二世祠，佛山市南海区狮山镇白沙桥村	

续表 56

	年代	标型器（样本）	特征描述（槚莲座础）
广东近似类型	光绪九年（1883 年）	 孔尚书祠，番禺区石碁镇大龙村	
本地区客家系用惠州Ⅱ型	Ⅰ式 乾隆辛丑年（1781 年）	 坑梓龙湾世居	槚莲座础的四元素齐全。八方槚边缘突出；八方覆莲，腹直下垂，唇直出，唇厚约为莲高的 1/6。莲下有窄垫。切角八方座。材质为花岗岩
	Ⅱ式 嘉庆、道光年间	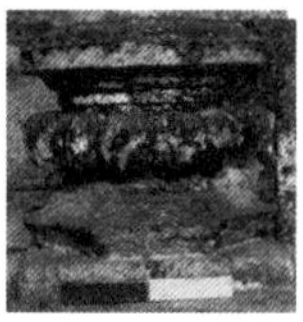 坑梓青排世居	槚莲座础的四元素齐全。八方槚边缘突出；覆莲莲瓣呈球面，中部刻莲瓣边缘线，唇厚约为莲高的 1/6。莲下有窄垫。切角八方座。材质为花岗岩
	Ⅲ式 道光二十八年（1848 年，匾额）	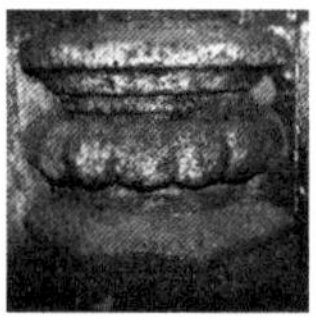 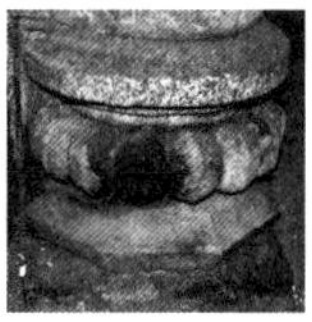 坑梓廻龙世居	槚莲座础的四元素齐全。圆槚边缘突出；覆莲莲瓣呈球面，中部或刻莲瓣边缘线，或起小筋。唇厚约为莲高的 1/6。切角八方座。材质为花岗岩
	Ⅳ式 咸丰	 葵涌福田世居，匾额	槚莲座础的四元素齐全。圆槚边缘突出；覆莲莲瓣呈球面，中部刻起小筋。唇厚约为莲高的 1/6。退台八方座。材质为花岗岩
	Ⅴ式 咸丰 未经扰动	 坑梓龙敦世居	槚莲座础的四元素齐全。圆槚边缘突出；覆莲莲瓣呈球面，中部刻莲瓣边缘线。唇厚约为莲高的 1/6。退台八方座。材质为花岗岩

续表 56

	年代	标型器（样本）	特征描述（槚莲座础）
本地区客家系用惠州Ⅱ型	Ⅵ式 同治	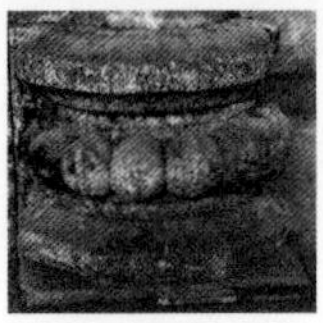  1. 坑梓秀岭世居　2. 坑梓洪围，康熙三十年（1691 年）始建，道光十年（1830 年）重修   1. 大鹏王桐山钟氏围屋　2. 龙岗大田世居，道光五年（1825 年）   1. 葵涌上禾塘老围　2. 龙岗南联紫阳世居	槚莲座础的四元素齐全。圆槚边缘突出；覆莲莲瓣呈球面，中部刻起小筋。唇厚约为莲高的 1/6。退台八方座。材质为花岗岩
	Ⅶ式 同治	 坪山田丰世居	槚瓜座础的四元素齐全。圆槚边缘突出；瓜瓣较宽。退台八方座。材质为花岗岩
	Ⅷ式 光绪	 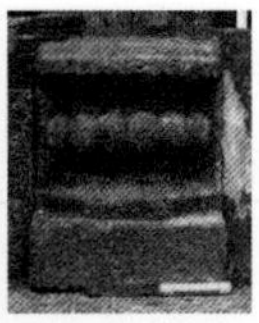 横岗茂盛世居	槚瓜座础的四元素齐全。方槚边缘突出；瓜瓣较窄。退台八方座。材质为花岗岩
	Ⅸ式 光绪	  1. 坪山吉龙世居，光绪十四年（1888 年，匾额）　2. 龙岗新大坑   1. 六联李氏围屋　2. 青排世居	槚瓜座础的四元素齐全。圆槚边缘突出；瓜瓣较宽。退台八方座。材质为花岗岩

续表 56

	年代	标型器（样本）	特征描述（榠莲座础）
本地区客家系用惠州Ⅱ型	X式 民国	爱联社区西埔新居，民国十七年（1928 年） 1. 坑梓寿田世居　2. 坑梓秀新黄氏围屋	榠瓜座础的四元素齐全。圆榠边缘突出；瓜瓣较宽。退台八方座。材质为花岗岩
	XI式 民国	横岗东升围屋	榠瓜座础的四元素齐全。圆榠边缘突出；瓜瓣极宽。退台八方座。材质为花岗岩

表 57　深圳东北地区与广东省客家系柱础年代对照表 5：本地区客家系用惠州Ⅲ型（榠方座础）

	年代	标型器（样本）	特征描述（榠方座础）
广东惠州Ⅲ型	嘉庆	文峰社学殿，番禺区大石街道植村马地	
	道光	果融招公祠，广州市白云区金沙街道横沙居委	

续表 57

	年代	标型器（样本）	特征描述（榱方座础）
广东惠州Ⅲ型	道光	 梅菉祖庙，湛江市吴川市梅菉街道梅菉头社区	
	咸丰元年（1851 年）	 云亭书室，恩平市圣堂镇区村	
	咸丰九年（1859 年）	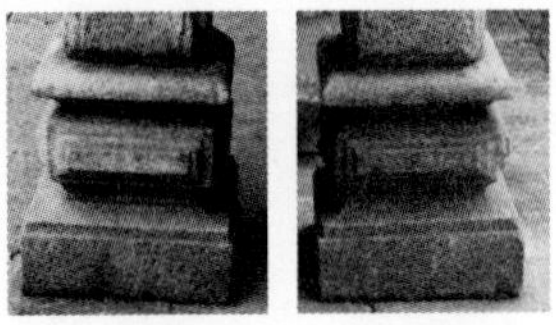 三善黎氏宗祠，番禺区沙湾镇	
	咸丰	 峻峰家塾，顺德区均安镇三华居委	
	同治十一年（1872 年）	 常氏大宗祠，花都区新华街道大陵村	
	光绪六年（1880 年）	 半峰黄公祠，番禺区石楼镇茭塘西村	

续表 57

	年代	标型器（样本）	特征描述（槚方座础）
广东惠州Ⅲ型	光绪八年（1882 年）	 瑞堂家塾，增城市正果镇岳村	
	光绪三十年（1904 年）	  谢氏祖祠，花都区花东镇莘田二村	
	宣统元年（1909 年）	 南川何公祠，番禺区沙湾镇西村	
	光绪	 莲塘黄氏大宗祠，番禺区石碁镇莲塘村	
	咸丰	  荷村麦氏宗祠，顺德区乐从镇荷村	
	民国	 子俊黄公祠，广州市天河区黄村	

续表 57

	年代	标型器（样本）	特征描述（櫍方座础）
广东惠州Ⅲ型	民国	 横街朱氏宗祠，龙川县佗城镇佗城村	
本地区客家系用惠州Ⅲ型	Ⅰ式 道光十七年 （1837 年）	 坑梓龙田世居黄氏宗祠	櫍方座础的四元素齐全。方櫍边缘突出；方矩开光，有突出回纹浅浮雕。退台四方座。材质为花岗岩
	Ⅱ式 咸丰	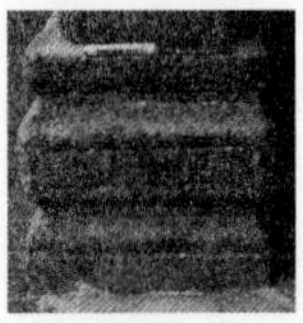 大万世居，乾隆二十六年（1761 年）始建，乾隆五十六年（1791 年）建成  坑梓荣田世居，光绪十四年（1888 年）	櫍方座础的四元素齐全。方櫍边缘突出；方矩开光，有突出回纹浅浮雕。退台四方座。材质为花岗岩
	Ⅲ式 光绪末期	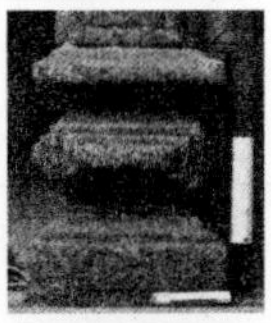 龙田世居	櫍方座础的四元素齐全。方櫍边缘突出；方矩回纹突起较高。退台四方座。材质为花岗岩
	Ⅳ式 宣统	 1. 龙东大田世居　2. 坪地吉坑世居  1. 碧岭社区嘉绩世居　2. 龙岗鹤湖新居	櫍方座础的四元素齐全。方櫍边缘突出；方矩回纹突起较高。退台四方座。材质为花岗岩

续表 57

	年代	标型器（样本）	特征描述（槚方座础）
本地区客家系用惠州Ⅲ型	Ⅴ式 宣统	  1. 大鹏街道王桐山钟氏围屋　2. 龙岗鹤湖新居	槚方座础的四元素齐全。方槚边缘突出；方矩有矩形圆角突起。退台四方座。材质为花岗岩
	Ⅵ式 民国年间	 龙岗玉田世居	槚方座础的四元素齐全。方槚边缘突出；扁方矩。退台四方座。材质为花岗岩

表 58　深圳东北地区与广东省客家系柱础年代对照表 6：本地区客家系用惠州Ⅳ型（槚鼓座础）

	年代	标型器（样本）	特征描述（槚鼓座础）
广东惠州Ⅳ型	同治十三年 （1874 年）	  胜惠何公祠，广州市番禺区沙头街道横江村	
	同治三年 （1864 年）	 何仙姑庙，增城市石滩镇沙陇村	
	宣统元年始建 （1909 年）	 廷亨陆公祠，黄埔区文冲街道文冲社区东坊大街 43 号	

续表 58

	年代	标型器（样本）	特征描述（櫍鼓座础）
本地区客家系用惠州Ⅳ型	Ⅰ式 同治	 坪山田丰世居	櫍鼓座础的四元素齐全。圆櫍边缘突出；素面鼓中厚。退台八方座，座上平有小筋。材质为花岗岩
	Ⅱ式 同治	 田丰世居	方櫍边缘突出；素面方鼓偏厚。四方座。材质为花岗岩
	Ⅲ式 同治	  1. 坪地吉坑世居　2. 横岗茂盛世居	櫍鼓座础的四元素齐全。圆櫍边缘突出；素面鼓中厚。鼓下有垫。退台八方座。材质为花岗岩
	Ⅳ式 宣统	 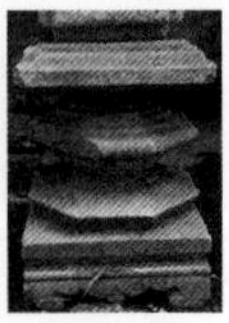 龙岗棠梓新居	櫍鼓座础的四元素齐全。方櫍边缘突出；鼓偏薄，趋盘状。退台八方座。础作几座形。材质为花岗岩
	Ⅴ式 民国十七年 （1928 年）	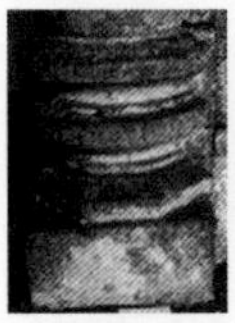  龙岗爱联社区西埔新居	櫍鼓座础的四元素齐全。圆櫍边缘突出；鼓偏薄。退台八方座。材质为花岗岩
	Ⅵ式 民国	 横岗高围新居	櫍鼓座础的四元素齐全。方櫍边缘突出；方鼓偏薄。退台四方座。材质为花岗岩

表 59　深圳东北地区与广东省客家系柱础年代对照表 7：本地区客家系用惠州Ⅴ型（榀瓶座础）

	年代	标型器（样本）	特征描述（榀瓶座础）
广东惠州Ⅴ型	光绪十七年（1891 年）重修	  湛怀德祠，增城市新塘镇群星村南约石街	
	光绪十七年（1891 年）	  文璲古公祠，番禺区石碁镇傍江东村	
	光绪二十四年	 卿品骆公祠，花都区赤坭镇莲塘村十社	
	光绪	 莲塘黄氏大宗祠，番禺区石碁镇莲塘村	
	光绪二十六年（1900 年）	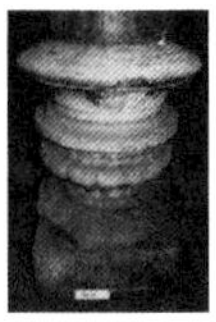 序西书室，宝安区石岩镇浪心村	
	宣统元年（1909 年，匾额）	 袁氏宗祠，深圳市宝安区浪心村	

续表 59

	年代	标型器（样本）	特征描述（榥瓶座础）
广东惠州Ⅴ型	宣统二年（1910 年）	 绍庆围门厅，兴宁市石马镇向前村	
	民国	 刁潭纪荣第，兴宁市刁坊镇刁潭村	
	光绪二十一年（1895 年）	 河西磐安围兴宁市叶塘镇河西村	
	宣统二年（1910 年）	  雷氏宗祠，番禺区钟村镇钟一村	
	光绪	 灌水塘大夫第，兴宁市兴田街道	
	民国	 官田村叶氏宗祠，宝安区石岩街道官田社区	

续表 59

	年代	标型器（样本）	特征描述（横瓶座础）
广东惠州Ⅴ型	民国六年（1917 年）	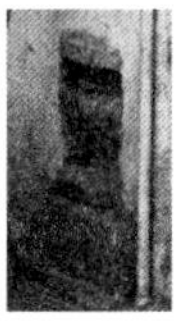 云巢祖祠，光明新区公明街道合水口	
	民国	  克守张公祠，从化市江浦镇锦二村	
	民国	 子忠邵公祠，增城市新塘镇上邵村	
	民国三年（1914 年）	 号斌邵公祠，增城市新塘镇上邵村	
	民国	 子忠邵公祠，增城市新塘镇上邵村	
	民国	 刁潭纪荣第，兴宁市刁坊镇刁潭村	

续表 59

	年代	标型器（样本）	特征描述（槓瓶座础）
广东惠州Ⅴ型	民国	 南墅祖祠，广州市天河区黄村	
本地区客家系用惠州Ⅴ型	Ⅰ式 光绪	   龙岗龙和世居，光绪七年（1881 年）	槓瓶座础的四元素齐全。圆槓边缘突出；圆瓶偏厚。退台八方座，座上有小筋。材质为花岗岩
	Ⅱ式 光绪七年 （1881 年）	 龙岗龙和世居	槓瓶座础的四元素齐全。方槓边缘突出；方瓶偏厚。退台四方座。材质为花岗岩
	Ⅲ式 光绪	 龙田世居，道光十七年（1837 年）建	槓瓶座础的四元素齐全。圆槓边缘突出；圆瓶偏厚。退台八方座。材质为花岗岩
	Ⅳ式 宣统	 龙岗梅岗世居	槓瓶座础的四元素齐全。方槓边缘突出；八方瓶中厚。退台八方座。材质为花岗岩
	Ⅴ式 宣统	 龙岗梅岗世居宣统	

续表 59

	年代	标型器（样本）	特征描述（槓瓶座础）
本地区客家系用惠州Ⅴ型	Ⅵ式 宣统	 碧岭社区嘉绩世居	槓瓶座础的四元素齐全。圆槓边缘突出；圆瓶偏厚。退台八方座，座上有小筋。材质为花岗岩
	Ⅶ式 宣统	  横岗茂盛世居，文献：道光十八年（1838年）	槓瓶座础的四元素齐全。方槓边缘突出；方瓶偏厚，下腹收细。退台四方座。材质为花岗岩
	Ⅷ式 宣统	 横岗茂盛世居，文献：道光十八年（1838年）	槓瓶座础的四元素齐全。圆槓边缘突出；圆瓶偏厚，瓶身偏高，下腹收细。退台八方座，座上有小筋。材质为花岗岩
	Ⅸ 民国	 坝光社区老屋村九牧世居	槓瓶座础的四元素齐全。圆槓边缘突出；圆瓶偏厚。切角八方座。材质为花岗岩
	Ⅹ式 民国	  1. 坪西吉坑世居　2. 横岗高围新居  龙岗璇庆新居，民国三十七年（1948年）	槓瓶座础的四元素齐全。圆槓边缘突出；圆瓶偏厚。退台八方座，座上有小筋。材质为花岗岩

续表 59

	年代	标型器（样本）	特征描述（櫍瓶座础）
本地区客家系用惠州Ⅴ型	Ⅺ式 民国	 龙岗安贞堂	櫍瓶座础的四元素齐全。方櫍边缘突出；方瓶偏厚。退台四方座。材质为花岗岩
	Ⅻ 民国	  1. 横岗街道和悦老屋村　2. 高围新居	櫍瓶座础的四元素齐全。八方櫍边缘突出；八方瓶偏厚，瓶身偏高，下腹收细。退台八方座。材质为花岗岩
	ⅩⅢ式 民国	 龙岗阳和世居	櫍瓶座础的四元素齐全。方櫍边缘突出；方瓶偏厚。退台四方座。材质为花岗岩
	ⅩⅣ式 民国	 坑梓长田世居	櫍瓶座础的四元素齐全。圆櫍边缘突出；瓜瓣圆瓶下腹收细。退台八方座。材质为花岗岩

第五章　总　结

本章主要就课题组最初设定工作目标的完成情况做几点说明。

一　取舍之间

在本课题的《立项报告书》中，我们最初设定的工作目标是“撰写一本比较完整科学反映深圳东北地区围屋建筑的调查报告”，但是在课题的实施操作中，通过深入的整理分析已有的大量样本，最终对于原定目标还是有所取舍的。

首先，舍弃的是关于本地区围屋建筑的风水原则与实践的调查研究，有以下原因：

1. 对本地原住民的调查研究显示，由于1949年以后发生的巨大的社会文化转型，想了解任何使用超过三代人（60年）以上的历史建筑建造时的原始风水原则与实践，几乎都是不可能的，传承本地传统风水理论的链条早已被打断，我们能够获取的哪怕是相对可靠的相关信息量总体上少得可怜。

2. 调查显示，本地人所遵循的风水原则与一般流行的风水理论基本上没有什么区别，因此我们无法获知本地风水理论有哪些基本特征，也就是仍然无法判断它们的当代价值和意义。

3. 通过对国内外风水理论研究的最新成果和本地风水理论进行的调查研究表明，传统的风水理论与现代科学技术之间仍然没有任何实质性的沟通，对于满脑子西方科学技术知识的当代学子，传统风水理论的大门仍然是紧紧关闭的。

4. 传统风水理论本身就是一个庞大的课题，并且其研究工作很可能不得不从最初做起，调查研究的工作量要远远超过本课题。

其次，舍弃的是关于本地区围屋建筑内外檐装修的调查研究，理由如下：

1. 历史建筑的内外檐装修本身就是一个巨大的课题，一旦展开就很难在短时间内结束，因此即使是涉及这个课题，也仅仅限于不得不提起的局部范围。

2. 本次调查研究的主要目标是解决本地区历史建筑的文物价值，即其历史文化意义与珍稀度问题，具体操作集中在类型与年代问题；而一般历史建筑中，主体结构与内外檐装修的使用寿命（即大修周期）往往有很大差异。根据我们调查的经验，本地区历史建筑特别是围屋建筑中，主体结构如墙体、梁架、柱础的平均使用寿命都可以达到50年以上，而内外檐装修的平均使用寿命都在30年以下。主体结构中的墙体、梁架、柱础，它们之间的平均使用寿命也有差异，墙体的使用寿命可以达到上千年，柱础的使用寿命可以达到七八百年，梁架的使用寿命则一般不会超过100年。因此在面对类型与年代问题时，主体结构中的各个部分都可以提供或多或少的有效信息，而内外檐装修所能够提供的帮助是极其微小有限的。

第三，舍弃的是关于本地区围屋建筑材料使用年代问题的研究，理由如下：

1. 目前获取建筑材料使用寿命的方法局限于物理学方法，而物理学方法如 ^{14}C 测定，有效年代范围在 50 年以上，同时还有许多附加条件和干扰因素，远远无法满足解决历史建筑类型与年代问题的要求。

2. 各种材料自身的品质决定其使用寿命各个不同，不同环境下各种材料的使用寿命不同，而对于主要建筑材料木材、石材、砖瓦材、夯土等的相关的物理、化学研究告诉我们，其使用寿命的误差远远超出类型与年代研究的需要。

二　田野调查

不过我们还是基本上完成了最初设定工作目标的核心部分。课题组完成了深圳东北地区（原龙岗区范围）围屋建筑的田野调查，范围完全覆盖了该地区所有的平湖街道、横岗街道、龙城街道、龙岗街道、坪地街道、布吉街道、坂田街道、南湾街道、葵涌街道、大鹏街道、南澳街道、坪山街道、坑梓街道。实际上课题组主要成员对这片地区的田野调查开始于 20 世纪 90 年代初期，止于 2007 ~ 2011 年全国第三次文物普查，已经对区内绝大部分古村落做过至少一次初步的调查记录，对区内绝大部分重要历史建筑有了基本认识。本课题开展以来，课题组全体成员对这片地区又进行了新一轮田野调查，按照拟定的调查对象名单，逐村逐点推进，大大增加了调查难度和深度，获取了大量新资料，编制出详细的《田野调查记录》，为深入进行研究工作铺了路。

三　类型与样式

所谓“类型与样式”，是从空间维度上对本地区历史建筑的总体和局部构件进行分类。为了完成这个分类，我们引进了两个重要的工具：分类学的理论和考古学的方法。基于分类学的基本原理为海量的历史建筑样本确定命名和排序，使我们能够为当下的秩序和逻辑找到理由；借鉴遵循考古学的方法论，从海量的历史建筑样本中挖掘出稀少的标形器，使我们能够触摸古代近代建筑物进化的历史脉搏。宏观地看，围屋的类型特征不仅仅来自于平面形制，更有立面尺度和比例；微观地看，每一个局部或者构件都可能有自己独特的形制和纹饰。尺度、比例、纹饰、平面、立面、剖面，都属于“外观形态”，集合在一起就形成“风格”。因此文物鉴定与研究领域，物质的“外观形态”是我们观察文物的物质存在唯一可靠的切入点，非物质文化遗产的“非物质形态”只能作为参照系而存在。所有这些宏观和微观特征的总和，才能形成建筑物的总体特征，形成“类型与样式”。

据此我们运用分类学方法，清理出本地区历史建筑主要的基本类型与样式，将本地区历史建筑主要分类为两个建筑文化系统：“广府系统”和“客家系统”，简称“广府系”和“客家系”。“广府系”下面分为两个类型：广府系宝安型围屋、广府系归善类型围屋；客家系下面分为五个类型：客家系惠州型围屋、客家系兴梅型围屋、客家系本地型围屋（上下梨园、香港三栋屋等等）、客家人用广府型围屋、客家系统河源类型（前角楼）；最后还有一个特殊类型：广府与客家人共用的围屋。

四　形制与年代序列

检索目前流行的有关历史建筑调查与研究的文献，现存历史建筑的形制与年代序列问题似乎早已解决。大量“权威”的论文著作都在说，唐代建筑的形制是怎样怎样，宋代、明代、清代建筑的形制是怎样怎样，言之凿凿，无人不信。但是实践出真知。全国第三次文物普查启动后，人们拿了“权威”的尺子去衡量本地区历史建筑。按照建筑物的背景文献去衡量，对不上号；按照建筑物的形态特征去衡量，也对不上号。于是几乎所有《三普登记表》上的年代记录，除了沿袭文献的，就是推测的。断代标准的缺失，使年代判断成为《三普登记表》上的软肋和短板。

课题组对已有的调研成果和新的《田野调查记录》进行了深入的分析研究，运用考古学的工作原理和分类学方法，在掌握一定数量的类型与样式标本的基础上，按照严格的标准，在广东省范围内找到了尽可能多的“标形器”，追踪大量建筑构件在历史进程中的演变规律，寻找作为器物的建筑构件的形制与年代之关系，以柱础这种相对寿命最长的构件为突破点，编制出《深圳东北地区广府系柱础分型分式表》、《深圳东北地区客家系柱础分型分式表》、《深圳东北地区广府系围屋梁架类型样式表》和《深圳东北地区客家系围屋梁架类型样式表》等，最终编制出《深圳东北地区围屋建筑柱础源流表》。

五　方法论的探索

虽然有一些学者曾经提出，应该在历史建筑研究中借鉴考古学方法，但是在实际操作中往往未见其真正实行，究其原因不外乎一个字：“难”。考古学研究的核心理论基础是“地层学”和“类型学”，历史建筑研究中似乎比较容易运用“类型学”，前人研究中也常常可以看到“类型学”的影子，而对于“地层学”，则从未有人提及，更未有人模仿。

在本课题的调查研究中，课题组成员除进行了大量的田野调查和资料整理工作之外，还花费了大量时间和精力来探讨类型的划分和年代的排序。在这个过程中，我们对原有的历史学理论和建筑史学理论进行重新审视，发现必须要有一些新的理论和方法，才能更加客观、科学，更有说服力地解释手中的资料，进而在工作上做到真正有所突破。课题组在掌握一定数量的类型与样式标本的基础上，运用考古学的工作原理，特别是前文提及的“地层学”原理，对已有的调研成果和新的《田野调查记录》进行深入分析研究，从而探索出历史建筑研究与文化遗产保护的新方法、新途径。

具体而言，我们的研究并非机械地模仿考古学方法，而是借鉴引入考古学方法中的“地层学”，构建历史建筑研究的“层位”理论。所谓“层位”理论，就是指任何现存的历史建筑都可能是由多个不同时期多次修缮造成的结果，尤其是存在超过100年以上的历史建筑，几乎全部都是由一层一层的修缮堆积而成的，借用一句著名的史学格言，是“层累地造成的”。如果用这样的眼光去分析观察我们的研究对象，首先就会面临一个巨大的困难：如何能看出历史建筑上不同时期多次修缮造成的“层次”？这时我们引入了一组重要概念：“扰动”、“原真性”、“标形器”。在这三件利器面前，许多基本的困难都迎刃而解了。

通过对历史建筑“原真性”的识别，对其“扰动”过程的判断分析以及对“标形器”的分类排队，我们寻找到了一套行之有效的“工具”，或许可以称作一种“历史建筑考古学方法”——“历史建筑层位学”。由此我们在前人研究偏重平面特征的基础上，使用“历史建筑层位学”的理论和方法，力图对历史建筑平面、立面、细部结构、构件、作法、装饰等相关问题进行全方位的探讨，但受时间和篇幅所限，本文只是针对历史建筑中核心的部分——柱础与梁架，尤其是柱础，进行了比较深入的排队和分析，找到了历史建筑构件形成、演变的部分规律，或许对今后古建筑历史的研究能够有所裨益。

后　记

深圳东北地区是著名的客家人生活、聚居之地，境内分布着自清代至民国时期大量的传统民居建筑。近年来随着深圳特区内外一体化的推进以及城市更新的快速发展，纳入城市更新范围的古民居、古村落数量越来越多，富有区域性特色的传统民居数量正逐年快速地减少，抢救性保护这些传统民居建筑的形势陡然严峻，尽快开展调查和深入研究的任务摆在我们眼前。本课题能够从立项到付梓出版，得益于几个方面因素的机缘聚合：

其一，张一兵博士多年来从事深圳本土历史建筑的调查，对本地区传统建筑文化的研究颇有自己独特的见解。虽有部分观点在之前已散见于其本人发表的论文论著，但系统化整理却一直无法付诸现实，除了时间及精力有限外，对于本地区民居建筑分类和演变的一些关键节点也尚未彻底厘清。一直到全国第三次文物普查乃至近两年配合深圳城市更新项目过程中，我与杨耀林、赖德劭这两位深圳本土客家文化研究和古建筑专家会同张一兵博士一起走村进户现场勘查，在不断积累新资料的过程中，大家一起互相讨论和交流碰撞，产生了新的思想火花。

其二，我本人在20世纪90年代十余年田野考古的经历，养成了对田野调查工作锲而不舍的坚持和对调查资料及时整理的习惯。在深圳这十年当中，针对本地区文化遗产的实际情况已组织实施了数次规模不等的专项调查，积累了丰富的基础资料。在我眼里，这一座座传统民居，就像考古人眼中的一个个陶器，因此我便有了一种将这成百上千座民居当做一个个陶器进行分类整理的冲动。对乡土建筑而言，开展考古学的分类研究何尝不是一种有益的探索呢？为此，2011年我们先完成了《龙岗记忆——深圳东北地区炮楼建筑调查》（文物出版社）。

其三，长期以来对区域性乡土建筑的调查研究缺失，已导致了我国大量的古村落、古民居成片消失，而对这些普通民居建筑在开展研究的过程中却往往发现已有传统历史建筑研究的模式无法对号入座。正如杨耀林先生在本书《代序》中所言，我国幅员辽阔，民族民系众多，构成了种类繁多、千变万化的乡土建筑，已远非传统建筑学已有的“法式”、“做法”所能概括得了。

基于以上三个方面原因，同时又恰逢深圳市龙岗区政府实施第二届“专家提升计划”，我邀请张一兵博士一起成立课题组，由我牵头向龙岗区政府申请课题资助，从最终评审结果得知，本课题是龙岗区政府宣传文化系统硕果仅存的唯一资助项目。在课题实施过程中，本书主要章节由张一兵博士负责初稿的撰写，由我来负责全部统稿工作。虽然对一些细节的处理上我尽量尊重张一兵博士的意见，有些问题是我们俩经过反复讨论和斟酌之后才确定下来。但思想不统一之处依然存在，比如在有关柱础的分型分式表中，张博士认为应按照清代各皇帝年号为时间轴序列排列出柱础式别，但苦于篇幅所限，最后我按照式别序号排出柱础序列，但在相关柱础旁注明年号来处理，殊途同归。另外，在本书中还提出一个本地类型问题，本地区民居建筑在清末以前其类型特征相对比较清晰，但进入民国以后则呈现出更为复杂的变化和样式，除了最具典型的围屋和炮楼院式建筑（也分客家和广府系统以及各种因素混合式）外，尚有大量没有围墙或围屋围合的排屋、散屋，其文化因素复杂多元，鉴于篇幅和主题所限，在本研究中没有深入系统地展开讨论。但这部分建筑存量占了现存民居建筑数量的两到三成，因此需要在以后的田野调查中多加关注。由于本人古建筑专业知识有限，统稿过程中出现错误和疏漏之处在所难免，敬请方家批评指正。

课题组其他成员各尽其责，同样付出了辛勤劳动。具体分工如下：

张一兵负责第一章第三节、第三章、第四章、第五章的撰写工作。

杨荣昌承担第一章第一、二节，第二章的撰写工作，主要负责统稿和校对任务。

苏勇承担了部分历史背景调查工作；王颖承担了第二章附表的初步整理工作；曲文承担了部分文献和表格的整理工作。

照片由杨荣昌、陈武远、温雅惠负责摄制；西坑围局部图由王浪提供，在此感谢。

线图由王相峰、陈素敏、王岩绘制。

文物出版社的张晓曦、梁秋卉对本研究成果的出版付出了很多心血，谨表感谢。

深圳博物馆原馆长杨耀林研究员为本书作序，专此致谢。感谢深圳博物馆原馆长黄崇岳教授、深圳考古所所长任志录研究员等，在本课题的早期调研上曾经给予的大力支持。

最后，特别感谢龙岗区委组织部人才工作协调小组、龙岗区委宣传部对本课题的高度重视和大力支持，本课题是龙岗区政府“专家提升计划”资助项目。

杨荣昌

二〇一四年四月于深圳

图版 1　兴宁市刁坊镇洋窝落居祖屋俯视图

图版 2　兴宁市龙田镇鸡姆堂陈屋俯视图

图版 3　惠州市大亚湾区西区百阶新居

图版 4　潮州市潮安县金一乡从熙北路北畔某宅

图版 5　深圳市宝安区沙井镇上星村曾耀添宅

全貌

正门

图版6　深圳市龙岗区龙岗街道璇庆新居

天井

檐步架木雕

图版7　深圳市龙岗区龙岗街道璇庆新居

檐板木雕之一

檐板木雕之二

檐板木雕之三

檐板木雕之四

檐板木雕之五

檐板木雕之六

檐板木雕之七

檐板木雕之八

图版8　深圳市龙岗区龙岗街道璇庆新居

檐板木雕之九

檐板木雕之十

檐板木雕之十一

檐板木雕之十二

山墙装饰之一

山墙装饰之二

山墙装饰之三

排水口

图版9　深圳市龙岗区龙岗街道璇庆新居

斜撑

中堂侧屏装饰

柱础之一

柱础之二

图版 10　深圳市龙岗区龙岗街道璇庆新居

图版 11　深圳市南山区南头街道办一甲村一巷 11 号二水归管

图版 12　深圳市宝安区福永镇塘尾村某民居二水归管

图版 13　深圳市龙岗区龙城街道格水炮楼院西炮楼

图版 14　深圳市龙岗区龙岗街道圳埔世居

图版 15　深圳市龙岗区龙岗街道仙人岭老屋村全貌

图版 16　深圳市龙岗区平湖街道松柏围局部

图版 17　深圳市龙岗区平湖街道鹅公岭大围全貌

全貌

月池与左右门

图版 18　深圳市坪山新区坑梓街道青排世居

左前门

右前门

右前门厅

图版 19　深圳市坪山新区坑梓街道青排世居

西门上部俯瞰图

西门外景

图版 20　深圳市坪山新区坑梓街道城肚内围

西门内景

望楼

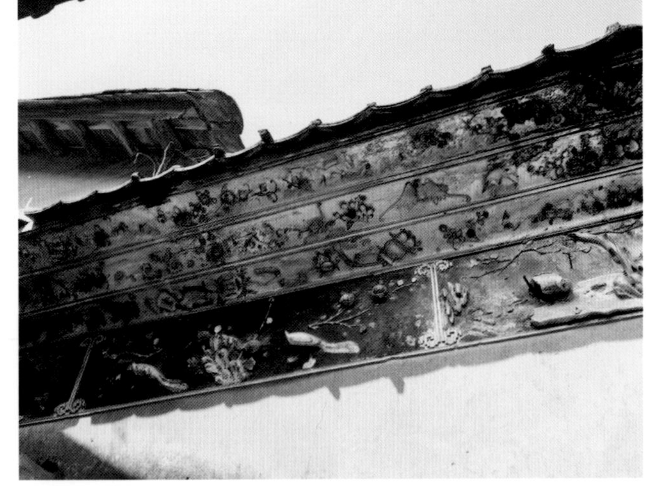

灰塑

图版 21　深圳市坪山新区坑梓街道城肚内围

图版 22　深圳市坪山新区坑梓街道龙湾世居

图版 23　深圳市坪山新区坪山街道丰田世居

图版 24　深圳市龙岗区横岗街道西坑围屋局部

全貌

正门

凉勋门

图版 25　深圳市龙岗区龙城街道七星世居

全貌

柱础之一

柱础之二

图版 26 深圳市大鹏新区大鹏街道王桐山钟氏围屋

侧门样式

四阿式顶炮楼

壁画

神龛

乾隆十九年匾额（钟氏宗祠）

檐板木雕

图版 27　深圳市大鹏新区大鹏街道王桐山钟氏围屋

全貌

前景

图版 28　深圳市龙岗区龙岗街道田丰世居

炮楼

柱础之一

柱础之二

柱础之三

柱础之四

檐板木雕和壁画

檐头梁架

图版 29　深圳市龙岗区龙岗街道田丰世居

全貌

东门

单元式建筑

古井

图版 30　深圳市龙岗区平湖街道平湖大围

全貌

正门

图版 31　深圳市龙岗区平湖街道白坭坑老围

正门和中巷全貌

全貌

正门侧视

图版 32　深圳市龙岗区坪地街道西湖塘老围

右前侧门

柱础之一

柱础之二

后角楼

后中部望楼

王氏宗祠前景

王氏宗祠俯瞰

图版 33　深圳市龙岗区坪地街道西湖塘老围

图版 34　深圳市罗湖区元勋旧址俯视图

图版 35　深圳市宝安区松岗镇上山门老围村门

全貌

前景

图版 36　深圳市龙岗区横岗街道塘坑围屋

图版 37　深圳市大鹏新区大鹏街道王母围

俯瞰图

前景

图版 38　深圳市龙岗区南湾街道南岭围

正门

俯视图

秀贤郑宗祠梁架

图版 39　深圳市龙岗区南湾街道吉厦老围

全貌

正门

图版 40　深圳市龙岗区龙岗街道简湖世居

全貌之一

全貌之二

图版 41　深圳市龙岗区龙岗街道鹤湖新居

正门牌楼

祠堂梁架

内围角楼之一

柱础之一

柱础之二

柱础之三

图版 42　深圳市龙岗区龙岗街道鹤湖新居

全貌

中堂

图版 43　深圳市龙岗区横岗街道茂盛世居

中堂梁架

匾额

梁架结构

角花

柱础

图版44　深圳市龙岗区横岗街道茂盛世居

全貌

正门

图版 45　深圳市坪山新区坪山街道大万世居

“东鲁旧家”匾

祠堂梁架

柱础之一

柱础之二

柱础之三

柱础之四

图版 46　深圳市坪山新区坪山街道大万世居

全貌

望楼（龙庭）

下天街

哨门

倒座牌坊

图版 47　深圳市坪山新区坑梓街道龙田世居

梁架

护城河围墙

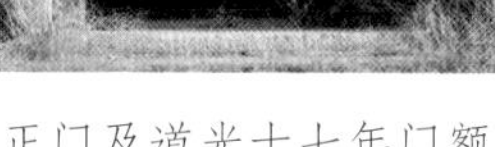

正门及道光十七年门额

角花

柱础之一

柱础之二

柱础之三

图版 48　深圳市坪山新区坑梓街道龙田世居

全貌

檐口斜撑木雕构件

窗花

图版 49　深圳市坪山新区坑梓街道新乔世居

乾隆十八年匾额

后围龙

檐口木结构

梁头木雕

柱础之一

柱础之二

图版 50　深圳市坪山新区坑梓街道新乔世居

全景

柱础之一

柱础之二

柱础之三

柱础之四

道光十年重修石匾额

木构架

图版 51　深圳市坪山新区坑梓街道洪围

全貌

屋脊装饰

图版 52　深圳市龙岗区横岗街道东升围

全貌

正门及炮楼

侧门

图版 53　深圳市龙岗区南湾街道田心围

全貌

前景

图版 54　深圳市龙岗区坪地街道洋浪世居

“泮浪世居”匾额

蕭氏宗祠

祠堂梁架

柱础

图版 55　深圳市龙岗区坪地街道泮浪世居